普通高等教育"十二五"规划教材

石油化学工程
基础实验指导

孙　亮　马占华　王万里　主编

中国石化出版社

内 容 提 要

　　本书旨在介绍石油化学工程基础实验研究全过程所涉及的基本问题,内容包括工程问题的实验研究方法、实验规划和流程设计、化工测量技术及常用仪表、化工原理基础实验技术和计算机数据处理等方面的内容。

　　本书以处理工程问题的实验研究方法为主线,注重系统性和实用性,着重于理论联系实际,强调研究方法和工程意识的培养,并将现代化工研究的新技术、新方法引入教材,实用与理论兼顾,以期拓宽学生视野、增强创新意识。

　　本书不仅可以作为高等院校、高职院校化工类专业的实验教材,亦可作为化工、材料、环境、生物工程、医药、机械及自动化信息控制等部门从事研究、设计与生产的工程技术人员的技术参考书。

图书在版编目(CIP)数据

石油化学工程基础实验指导 / 孙亮,马占华,王万里主编. —北京:中国石化出版社,2012.7(2022.1重印)
普通高等教育"十二五"规划教材
ISBN 978 - 7 - 5114 - 1503 - 5

Ⅰ.①石… Ⅱ.①孙… ②马… ③王… Ⅲ.①石油化工 -
化学工程 - 实验 - 高等学校 - 教材 Ⅳ.①TE65 - 33

中国版本图书馆 CIP 数据核字(2012)第 140307 号

中国石化出版社出版发行
地址:北京市东城区安定门外大街 58 号
邮编:100011　电话:(010)57512500
发行部电话:(010)57512575
http://www.sinopec-press.com
E-mail:press@ sinopec.com
北京艾普海德印刷有限公司印刷
全国各地新华书店经销
＊
787×1092 毫米 16 开本 12.25 印张 307 千字
2012 年 7 月第 1 版　2022 年 1 月第 3 次印刷
定价:30.00 元

前　言

　　化学工程学是建立在实验基础上的科学，它不仅有完整的理论体系，而且具有一些独特的实验研究方法，是化工及相关专业学生必修的一门重要技术基础课。石油化学工程基础实验是在石油化学工程的基础上，由化工原理实验发展演变而成的。其教学目的是使学生加深理解和巩固化工单元操作的基本原理，熟悉和掌握各单元操作设备的工作原理、特性及使用方法，熟悉和掌握常见的化工仪表(如温度计、压力表或压差表、流量计等)的工作原理和使用方法。在实验中培养学生分析和解决化工过程中实际工程问题的能力，加强学生的动手能力，培养和提高学生的实验研究能力。

　　本书是《化学工程基础》、《化工原理》及其相关课程的配套教材，内容包括化学工程基础实验相关理论知识、化学工程基础实验、演示实验及数据的计算机处理，其中实验部分重点介绍了流体流动阻力的测定实验、流量计校核实验、离心泵性能参数的测定、恒压过滤常数的测定、固体流态化实验、套管换热器传热系数的测定、吸收传质系数的测定实验、筛板精馏塔全塔效率的测定实验、液－液萃取实验、干燥速率曲线的测定等10个实验项目的实验原理、流程及相关的实验操作方法。

　　本书从大量的实际生产操作经验及实验教学经验出发，重点阐述了实验操作基本技能、实验注意事项及安全基本知识等内容，以注重培养学生的工程意识以及提出、分析、解决问题的能力。

　　本教材之成书，皆赖于中国石油大学化工原理前辈几十年之研究基础，又借鉴了国内各兄弟院校同类教材之经验。为避免繁冗，除必要的参考书目在书末列出外，国内出版的同类教材不再列出，在此一并表示感谢。

　　由于编著水平有限，书中难免存在不妥之处，希望专家、读者提出宝贵意见，以助修正。

目　录

0 绪 论

0.1　课程的特点和重要性

化工工程基础实验属于工程实验范畴，它是用自然科学的基本原理和工程实验方法来解决化工及相关领域的工程实际问题。化学工程基础实验的研究对象和研究方法与物理、化学等基础学科明显不同。在基础学科中，较多的是以理想化的简单的过程或模型作为研究对象，研究的方法也是基于理想过程或模型的严密的数学推理方法；而工程实验则以实际工程问题为研究对象，对于化学工程问题而言，由于被加工的物料千差万别，设备大小和形状相差悬殊，涉及的变量繁多，实验研究的工作量之大之难是可想而知的。因此，面对实际的工程问题，要求人们采用不同于基础学科的实验研究方法，即处理实际问题的工程实验方法。化学工程基础实验就是一门以处理工程问题的方法论指导人们研究和处理实际化工过程问题的实验课程。

化学工程的教学在于指导学生掌握各种化工单元操作的工程知识和计算方法，但仅有这些是远远不够的。由于化工过程问题的复杂性，许多工程因素的影响仅从理论上是难以解释清楚的，或者虽然能从理论上做出定性的分析，但难以给出定量的描述，特别是有些重要的设计或操作参数，根本无法从理论上计算，必须通过必要的实验加以确定或获取。对于初步接触化工单元操作的学生或有关工程技术人员，更有必要通过实验来加深对有关过程及设备的认识和理解。因此，化学工程基础实验在化工原理教学过程中占有不可替代的重要地位。

0.2　课程的研究内容

一个化工过程往往由很多单元过程和设备组成，为了进行完善的设计和有效的操作，化学工程师必须准确了解并把握设备的特性，必须掌握正确判断有关设计或操作参数的可靠性的方法。由于许多重要的工艺参数，不能够由文献查取，或文献中虽有记载，但由于操作条件的限制，这些参数的可靠性难以确定；而且化工过程的影响因素众多，有些重要工程因素的影响尚难以从理论上解释，还有些关键的设备特性和过程参数往往不能由理论计算而得。所有这些，都必须通过实验加以研究解决。因此，采取有效的实验研究方法，组织必要的实验以测取这些参数，或通过实验来加深理解基础理论知识的应用，掌握某些工程观点，把握某些工程因素对操作过程的影响，了解单元设备的操作特性，不仅十分重要而且是十分必要的。

为了适应不同层次、不同专业的教学要求，本教材将化学工程基础实验分成基础实验、综合实验和演示实验三部分。其中基础实验部分介绍了典型的化工单元操作实验，即流体流动阻力测定实验、离心泵特性测定实验、流量计流量校正实验、过滤常数测定实验、固体流态化实验、对流给热系数测定实验、吸收操作及吸收传质系数测定实验、精馏操作及精馏塔效率测定实验、液–液萃取实验和干燥实验等内容。同时为了培养学生的实验技能和科学研究能力，本书对化工过程技术与设备、实验方法学、现代测控原理等理论知识也略有介绍，以期使学生在完成化学工程基础实验的同时，对先进的测量手段、计算机控制技术及计算机在化学工程领域中的应用等方面也有所了解。

0.3　课程的教学目的、方法及基本要求

21 世纪科学技术的迅猛发展，对高等学校人才的培养提出了新的要求。化工及相关专业的学生，在掌握了必要的理论知识的基础上，还必须具备一定的原创开发实验研究能力，这些能力包括：对于过程有影响的重要工程因素的分析和判断能力；实验方案和实验流程的设计能力；进行实验操作、观察和分析实验现象的能力；正确选择和使用有关设备和测量仪表的能力；根据实验原始数据进行必要的数据处理以获得实验结果的能力；正确撰写实验研究报告的能力等等。只有掌握了扎实的基础理论知识并具备实验研究的综合能力，才能为将来独立地开展科研实验或进行过程开发打下坚实的基础。

0.3.1　化学工程基础实验的教学目的

本课程是化学工程教学的重要组成部分。它是用自然科学的原理考查、解释和处理工程实际问题，其研究方法主要是理论解析和理论指导下的实验研究。课程强调工程观点，定量运算和设计能力的训练，着重培养学生运用化学工程和有关先修课程所学知识处理工程问题的综合能力，同时培养学生实事求是、严肃认真的工作态度和团结协作的工作作风。化学工程基础实验的教学目的主要有以下几个方面：

（1）培养学生从事实验研究的初步能力。在科学实践过程中，从事实验研究应该具备如下能力：一是对实验现象具有敏锐的观察能力；二是运用各种实验手段正确地获得所需的实验数据；三是分析和归纳实验数据并得出合理的结论。这些能力正是创新型人才必须具备的基本素质。

（2）初步掌握有关化学工程的实验研究方法和实验技术技能。主要包括两个方面：一是以数学模型法和因次分析法为指导的实验研究方法，灵活应用这些方法研究和处理各种化工工程问题；二是分析和解决化工工程问题的综合能力的培养，包括统筹合理地规划实验的能力、正确选择设备和设计流程的能力、正确选择和使用工程测试仪表的能力等。

（3）培养学生在学习理论课程的基础上，加深对主要原理、方法和重要概念的理解，并能灵活应用这些概念对实验结果进行正确分析、讨论和总结，以及用简明的文字和适当的图表撰写实验研究报告的能力。

各专业的化学工程基础实验在实际操作时因受各种条件的制约，一般来说学生只能在已有的实验装置和规定的实验条件范围内进行，所以，上述能力的培养只能是初步的，若想取得更好的效果，则实验应由学生从确定课题、设计实验内容、安装实验装置等做起。即便如此，化学工程基础实验所包含的内容，也远不是科学研究方法的全部，也达不到实验研究能

力的全面训练，只能是为以后从事科学实验打下良好的基础。

0.3.2 化学工程基础实验课程的教学环节

化学工程基础实验是由若干教学环节组成，即实验理论课(即实验预习课)、撰写预习报告、实验前提问、实验操作、撰写实验研究报告等。实验理论课主要阐明实验方法论、实验基本原理、流程设计、测试技术及仪表的选择和使用方法、典型化工设备的操作、实验操作的要点和数据处理注意事项等内容。实验前提问是为了检查学生对实验内容的准备程度。实验操作是整个实验教学中最重要的环节，要求学生在该过程中能正确操作，认真观察实验现象，准确记录实验数据，并在实验结束后对实验数据进行处理，检查核对实验结果。实验研究报告应独立完成，并按标准的科研报告形式撰写。

0.3.3 化学工程基础实验的教学基本要求

(1)掌握处理工程问题的实验研究方法

化学工程基础实验中始终贯穿着"处理工程问题的实验研究方法论"的主线，这些方法对于处理工程实际问题是行之有效的，正确掌握并灵活运用这些方法，对于培养学生的工程实践能力和过程开发能力是很有帮助的。在教学过程中应结合具体实验内容重点介绍有关工程研究方法的应用。

(2)熟悉化工数据的基本测试和仪表的选型及应用

化工数据包括物性参数(如密度、黏度、比热容等)，操作参数(如流量、温度、压力、浓度等)，设备结构参数(如管径、管长等)和设备特性参数(如阻力系数、传热系数、传质系数、功率、效率等)等数据。物性参数可从文献或有关手册中直接查取，而操作参数则需在实验过程中采用相应的测试仪表测取。学生应熟悉化工常用测试技术及仪表的使用方法，如流量计、温度计、压力表、传感器技术、热电偶技术等。设备特性参数一般要通过数据的计算整理而得到。

(3)熟悉并掌握化工典型单元设备的操作

化学工程基础实验的实验装置在基本结构和操作原理方面与化工生产装置基本是相同的，所处理的问题也是化工过程的实际问题。学生应重视实验中设备的操作，通过操作了解有关影响过程的参数和装置的特性，并能根据实验现象调整操作参数，根据实验结果预测某些参数的变化对设备性能的影响。

(4)掌握实验规划和流程设计的方法

正确地规划实验方案对于实验顺利开展并取得成功是十分重要的，学生要根据实验理论课的学习和有关实验规划设计理论知识正确地制订详细可行的实验方案，并能正确设计实验流程，其中特别要注意的是测试点(如流量、压力、温度、浓度等)和控制点的配置。

(5)严肃认真准确地记录原始数据，熟悉并掌握实验数据的处理方法

在实验过程中，学生应认真观察和分析实验现象，严肃记录原始实验数据，培养严肃认真的科学研究态度。要熟悉并掌握实验数据的常用处理方法，根据有关基础理论知识分析和解释实验现象，并根据实验结果总结归纳过程的特点或规律。

0.4   实验研究报告的撰写格式及要求

化学工程基础实验的实验报告应包括下述基本内容：实验内容、实验目的、实验基本原理、实验(设计)方案、实验装置及流程图、原始数据记录、实验数据处理结果、实验结果分析与讨论。在教学过程中，为了培养学生严肃认真的学习态度和一丝不苟的严密科学作风，可将实验报告分为两部分来撰写，第一部分为实验预习，第二部分为实验数据的记录与处理。具体要求如下：

0.4.1   实验预习

认真预习实验是做好实验的前提，所以要充分预习，并按下述要求完成实验预习报告。

(1) 认真阅读实验指导教材，明确实验的目的、原理及注意事项。

(2) 根据实验的具体任务，明确实验的内容和步骤分析，应测定哪些数据，并估计实验数据在测量范围内的变化规律。

(3) 在实验现场结合实验指导教材，仔细观查设备流程、主要设备的构造及仪表的种类，了解设备的开启方法及设备的操作注意事项。

实验预习报告应在实验操作前交给指导教师审阅，获得通过后方能参加实验。

0.4.2   实验数据的记录

此步骤是在预习报告的基础上，将实验中获得的数据填入原始数据表格，并在实验结束后完成实验报告的其余内容。需要强调的是，学生在撰写实验数据处理部分内容时，除了要将计算结果全部附上外，还应有一组手算的计算过程示例。具体要求如下：

(1) 按原始实验数据记录表的要求，记录测定的各项实验数据，并记录实验条件。实验条件一般包括环境条件、仪器设备和药品条件，前者如室温、大气压、湿度等，后者包括使用仪器设备的名称、规格、型号、实验精度以及药品的名称、纯度等。

(2) 必须在实验数据稳定后读数，当实验条件改变后，也应等待一定时间后再读取数据，以排除在管路系统中含有气泡或仪表滞后等引起的读数不准情况发生。

(3) 记录实验数据必须准确、可靠，严禁随意涂抹数据，在相同的实验条件下，至少应读取两次数据，而且只有在两次读数相近的情况下才可改变实验条件，进行下一步操作。

(4) 数据记录必须真实地反映仪表的精度，一般要记录至仪表最小分度下一位数。

(5) 实验中若出现异常情况或数据有明显误差时，应在备注栏中加以注明。

实验报告的具体书写格式，可参见附录1。

0.5   实验室的安全

化学工程基础实验是一门基于实践的技术基础课程，与基础化学实验有所不同，每一个实验都相当于一个小型单元的生产流程，电器、仪表及机械传动设备等组合为一体，有些实验过程还要在高压、高温、低温或高真空条件下操作，要特别注意实验设备及仪表的安全使用，因此在进行实验操作之前必须掌握实验室在防火、用电、高压钢瓶及化学药品使用等方面的安全知识。

0.5.1　防火安全

化工实验室发生火灾的隐患主要包括易燃化学品、电器设备及加热系统等，在实验操作过程中首先要避免火灾的发生，如在实验室不要存放过多的易燃品，用后及时回收、处理。在实验前要检查电器设备，对已经老化的线路要及时更换。另外必须要熟悉消防器材的使用方法。一旦发生火情，应该冷静判断情况，采取有效的措施，迅速找来灭火器或消防水龙头等进行灭火，并尽快报警。

0.5.2　用电安全

（1）电对人体的危害

电对人体的伤害可分为外伤（如电灼伤）和内伤（电击）两种情况。其中造成电击的触电主要有单相触电和两相触电两种情况。单相触电是最容易发生的触电事故，是指人体接触到一相带电体的触电；两相触电是指人体同时接触到两相带电体的触电，此时，人体处于线电压380V之下，是最危险的。人体触电危险的程度主要与电流大小、电流作用于人体的时间和人体电阻的大小有关（因各人的身体状况不同，其触电危险的程度也不一样）。通常把10mA以下的交流电或50mA以下的直流电通过人体视为安全电流，人接触这种电流时可自动摆脱电源。电流作用于人体的时间越长，由于人体出汗发热等原因，人体电阻就会下降，这时电的危害就越大。

（2）电源的使用与安全

实验室一般提供有220V和380V的交流电源以及直流电源，使用时应根据实验需要和电器所需电源电压来接插不同的电源。220V电源是一种单相电源，在实验室中最常见，其插座有两孔和三孔两种，接线时应注意按左零右火的原则布置线路。380V的电源也称为动力电源，采用三相供电制，是实验室用电中最危险的部分，除了一根地线外，其余三根均为火线。使用时应加装铁盒闸刀开关或空气断路器，并采取保护性接地措施，使漏电设备的对地电位降到40V以内的安全限度。

使用电器时应注意其额定电压和功率，电器线路应有良好的绝缘性，注意防潮，不带电操作。电源发生火灾时，首先要切断电源。在火灾的初期可用干毛巾捂灭明火，灭火器宜用四氯化碳灭火器、二氧化碳灭火器和干粉灭火器灭火。使用灭火器时要先去掉保险销，并对准火的根部，按下手柄。

为保证用电安全，应注意以下事项：

① 实验前须了解室内总电闸及分电闸的位置，便于出现用电事故时及时切断电源。

② 接触或操作电器设备时，手必须干燥。不能用试电笔去试高压电。

③ 导线的接头应紧密牢固，裸露的部分必须用绝缘胶布包好或塑料管套好；接头损坏或绝缘不良时应及时更换。进行上述操作或电器设备维修时必须停电作业。

④ 电源或电器设备上的保护熔断丝（或保险管）都应该在额定电流标准内使用，不能任意加大，更不能用铜丝或铝丝替代。所有电器设备的金属外壳应有接地线，并定期检查是否连接良好。

⑤ 启动电动机时，应先用手转动一下电机的轴，接通电源后，立即查看电机是否已转

动；若不转动，应立即切断电源，否则电机很容易烧毁。若电源开关是三相刀闸，合闸时一定要快速地合到底，否则容易发生"跑单项"，即三相中有一相实际上未接通。这样电机极易被烧毁。

⑥ 若用电设备是电热器，在通电之前，一定要搞清楚进行电加热所需要的前提条件是否已经具备。比如在精馏实验中，在接通塔釜电热器之前，必须清楚釜内液面是否符合要求，塔顶冷凝器的冷却水是否已经打开等。

⑦ 在电源开关与用电器之间若有电压或电流调节器时，在接通电源开关前，一定要将电压或电流调节器置于"零位"状态，以保护用电器不被损坏。

0.5.3 高压气瓶的安全使用

实验室使用的很多气体是由工厂生产后，贮存在气体钢瓶里备用。为了便于从钢瓶的外观对气体进行区别，国家制定有统一的规定，表 0-1 列举了我国部分气体钢瓶的色标。

表 0-1 我国部分气体钢瓶的颜色标志

充装气体名称		化学式	瓶色	字样	字色	色环
氧		O_2	淡(酞)兰	氧	黑	白色
氢		H_2	淡绿	氢	大红	淡黄色
氮		N_2	黑	氮	淡黄	白色
空气		—	黑	空气	白	白色
氨		NH_3	淡黄	液氨	黑	—
二氧化碳		CO_2	铝白	液化二氧化碳	黑	黑色
乙炔		$CH\equiv CH$	白	乙炔不可近火	大红	
丙烷		$CH_3CH_2CH_3$	棕	液化丙烷	白	
氩		Ar	银灰	氩	深绿	白色
液化石油气	工业	—	棕	石油液化气	白	
	民用	—	银灰	家用燃料 LPG	大红	

氢气、氧气、氮气和空气等气体在钢瓶中呈压缩气状态，二氧化碳、氨气等在钢瓶中呈液化状态，乙炔是一种特种气体，乙炔瓶内装有多孔性物质(如木屑或活性炭)和丙酮，乙炔气体在高压下溶于含有丙酮的多孔性物质中。钢瓶的色环与钢瓶内的压力有关，一般来说钢瓶内压力等于 15MPa 时不加环，压力为 20MPa 时加一道环，压力为 30MPa 时加二道环。

气体钢瓶是由无缝碳素钢或合金钢制成的，通常适用于装介质压力在 15MPa 以下的气体，使用气瓶的主要危险是气瓶可能爆炸和漏气。已充气的气体钢瓶爆炸的主要原因是气瓶受热而使其内部气体膨胀，以致压力超过气瓶的最大负荷而爆炸。另外，可燃性气体的漏气也会造成危险，如氢气泄露时，与空气混合后体积分数达到 4.0% ~75.2% 时，遇明火就会发生爆炸。因而在使用高压钢瓶时要注意以下事项：

（1）搬运钢瓶时，应检查钢瓶帽和橡胶安全圈是否齐全，并严防钢瓶摔倒或受到撞击，以免发生意外事故。钢瓶应远离热源，放在阴凉、干燥的地方。使用时，必须牢固地固定在架子上、墙上或实验台旁，离火源不得少于 5m。乙炔瓶使用时不应倒放，且在使用中受热有聚合爆炸的危险，如有发热应立即停用，采用水冷降温。

（2）严禁油或其他易燃性有机物玷污在气瓶上，特别是出口和气压表处；在使用助燃、可燃或自燃气体时，其送气管道也应避免被油脂污染。气瓶若发生泄漏，也不可用棉、麻等堵漏，以防燃烧引起事故。氧气瓶漏气时，不能用肥皂液试漏，也不能与乙炔瓶同时使用。

（3）使用钢瓶时，一定要用气压表，而且各种气压表不能混用。一般可燃性气体的钢瓶螺纹是左旋螺纹(如氢气瓶、乙烯气瓶等)，不可燃或助燃性气体的钢瓶气门螺纹是右旋螺纹(如氮气瓶、氧气瓶等)。

（4）使用钢瓶时必须连接减压阀或高压调节阀，不经这些部件让系统直接跟钢瓶连接是非常危险的。不同气体的钢瓶配有不同的减压阀，专用减压阀的颜色与钢瓶的颜色一致。减压阀一般来说不能混用，但氧气减压阀可用于氮气和压缩空气的减压，而氮气减压阀只有在充分洗除油脂后，才能用于氧气的减压。

（5）开启钢瓶阀门及调压时，人不要站在气体出口的前方，头不要在瓶口上方，以防钢瓶的总阀门或气压表被冲出伤人。使用减压阀时应先开钢瓶的顶阀，再开减压阀，用完后，先关闭顶阀，待低压指示回零时，再关闭减压阀。

（6）当钢瓶使用到瓶内压力为 0.5MPa 时，应停止使用。压力过低会给重新充气带来不安全因素，当钢瓶内的压力与外界压力相同时，会引起空气的进入。

0.5.4 汞的安全使用

汞蒸气的最大安全浓度为 $0.01mg \cdot m^{-3}$，在 20℃时汞的饱和蒸气压为 0.2MPa，比安全浓度大 100 多倍。若在一个不通风的房间内，汞直接暴露于空气中，就有可能使空气中汞蒸气超过安全浓度，所以必须严格遵守以下有关安全用汞的操作规定：

（1）汞不能直接暴露于空气中，因此在容器内汞的上面应用水或其他液体覆盖，然后再给容器加盖。

（2）取汞时，一定要缓慢倾斜倒出，以免溅出，并在浅搪瓷盘内进行。

（3）实验操作前应检查用汞仪器安放处或仪器连接处是否牢固，及时更换已老化的橡皮管。橡皮管或塑料管的连接处一律用金属结缚牢，以免在实验时脱落使汞流出。

（4）当有汞散落在地上、桌上或水槽等处时，应尽可能地用吸汞管将汞珠收集起来，再用金属片(如锌、铜)在汞溅落处多次刮扫；最后用硫黄粉覆盖在有汞溅落的地方，并磨擦之，使汞变为硫化汞，也可用高锰酸钾溶液使汞氧化。擦过汞的滤纸或布块必须放在有水的陶瓷缸内，统一处理。

（5）装有汞的仪器应避免受热，保存汞的地方应远离热源。严禁将有汞的器具放入烘箱。

（6）用汞的实验室要有良好的通风设备，并与其他实验室分开，经常通风排气。

有关玻璃仪器及化学药品的安全使用在有关先修课程的实验里已有介绍，此处不再赘述。

1 工程问题的实验研究方法

由于化工工程问题实验研究的困难在于所涉及的物料组成、性质及其状态千变万化,设备形状尺寸相差悬殊,因此变量数量众多,如采用通常的实验研究方法,必须遍历所有的物料和一切可能的设备几何尺寸,其所需的实验工作量和实验难度是人们难以承受的。一般来说,若一个过程所涉及的变量为 n,每个变量改变的次数(即水平数)为 m,则所需的实验次数为:

$$i = m^n \tag{1-1}$$

以流体流动阻力实验为例:影响流体阻力 h_f 的变量有流体的密度 ρ、黏度 μ、管路直径 d、管长 l、管型的粗糙度 ε、流速 u 等6个变量,即

$$h_f = f(u,d,l,\varepsilon,\rho,\mu) \tag{1-2}$$

如果按照一般的网格法组织实验,若每个变量改变10个水平,则实验的次数将达 10^6 之多。这样的实验无论是在时间上还是物质消耗上都是无法接受的。例如,为改变 ρ、μ 必须选择多种流体物料;为适应不同的 d、l、ε 必须建设不同的实验装置。此外为考察 ρ 的影响而保持 μ 不变则又往往是难以做到的。因此,针对工程实验的特殊性,必须采用有效的工程实验方法,才能达到事半功倍的效果。

化学工程基础理论在发展过程中,已形成了一系列行之有效的实验方法理论,在这些理论指导下的实验研究方法具有两个功效:一是能够"由此及彼",二是可以"由小见大",即借助于模拟物料(如空气、水等物系),在实验室规模的小型设备中,经过有限次数的实验并加以理性的推断可以得出工业过程的规律。这种在实验物料上能做到"由此及彼",在设备上能"由小见大"的实验方法理论,正是化学工程基础理论精华所在。

本章将介绍在处理化工过程的实际问题中采用的一些实验研究方法,包括:因次论指导下的实验研究方法、数学模型方法、过程分解与合成方法、过程变量分离方法、参数综合方法以及直接实验的方法等。

1.1 因次论指导下的实验研究方法

1.1.1 问题的提出

在化工过程中,当对某一单元操作过程的机理没有足够的了解,且过程所涉及的变量较多时,人们可以暂时撇开对过程内部真实情况的剖析而将其作为一个"黑箱",通过实验研究外部条件(输入)与过程结果(输出)之间的关系及其动态特征,以掌握该过程的规律。在实验研究方法理论中,这种方法也称为"黑箱"法。

前述中流体湍流流动过程可用图 1-1 所示的"黑箱模型"表示:

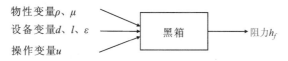

图 1 – 1　湍流流动阻力的"黑箱模型

实验研究的任务是要找出 $h_f = f(u, d, l, \varepsilon, \rho, \mu)$ 的函数形式及式中的有关参数。

在"黑箱"方法中，过程的输入变量必须是可控的，过程的输出结果必须是可测的。然而用直接实验方法研究流体流动阻力将面临实验工作量很大和实验难以组织(无法分别改变 ρ、μ)的困难，而因次分析理论指导下的实验研究方法则可以轻而易举地解决这些困难，并能达到"由此及彼"、"由小见大"的功效。

1.1.2　因次分析理论

1.1.2.1　几个基本概念

(1)基本物理量、导出物理量

流体流动问题在物理上属于力学领域问题。在力学领域中，通常规定长度、时间和质量这三个物理量为基本物理量，其他力学物理量，如速度、压力等可以通过相应的物理定义或定律导出，称为导出物理量。

(2)因次、基本因次、导出因次、无因次准数(无因次数群)

因次(又称量纲，英文名称 Dimension)是物理量的表示符号，如以 L、T、M 分别表示长度、时间和质量，则 $[L]$、$[T]$、$[M]$ 分别称为长度、时间和质量的因次。

基本因次　基本物理量的因次称为基本因次，力学中习惯上规定 $[L]$、$[T]$、$[M]$ 为三个基本因次。

导出因次　导出物理量的因次称为导出因次，导出因次可根据物理定义或定律由基本因次组合表示，例如：

速度 u，$u = l/t$，其导出因次为 $[u] = [L]/[T] = [L^1 T^{-1} M^0]$

压力 P 或 σ，$\sigma = F/A$，其导出因次为 $[P] = [MLT^{-2}]/[L^2] = [ML^{-1}T^{-2}]$

无因次准数　又称无因次数群，由若干个物理量可以组合得到一个复合物理量，组合的结果是该复合物理量关于基本因次的指数均为零，则称该复合物理量为一无因次准数，或称无因次数群。如流体力学中的雷诺数

$$Re = du\rho/\mu \tag{1 – 3}$$

$$[Re] = \frac{[d][u][\rho]}{[\mu]} = \frac{[L][LT^{-1}][ML^{-3}]}{ML^{-1}T^{-1}} = [M^0 L^0 T^0] \tag{1 – 4}$$

1.1.2.2　几个重要的定理

(1)物理方程的因次一致性定理

对于任何一个完整的物理方程，不但方程两边的数值要相等，等式两边的因次也必须一致。此即为物理方程的因次一致性定理或称因次一致性原则。物理方程的因次一致性原则是因次分析方法的重要理论基础。

此外，在化学工程中还广泛应用着一些经验公式，这些公式两边的因次未必一致，在具体应用时应特别注意其中各物理量的单位和公式的应用范围。

(2)π定理(Buckingham 定理)

如果在某一物理过程中共有 n 个变量 x_1, x_2, x_3, …, x_n，则它们之间的关系原则上可

用以下函数式表示：

$$f_1(x_1, x_2, \ldots, x_n) = 0 \tag{1-5}$$

如若规定了 m 个基本变量，根据因次一致性原则可将这些物理量组合成 $n-m$ 个无因次准数 π_1，π_2，…，π_{n-m}，则这些物理量之间的函数关系可用如下的 $n-m$ 个无因次准数之间的函数关系来表示：

$$f_1(\pi_1, \pi_2, \ldots, \pi_n) = 0 \tag{1-6}$$

此即为 Buckingham 的 π 定理。π 定理可以从数学上得到证明。

在应用 π 定理时，基本变量的选择要遵循以下原则：

① 基本变量的数目要与基本因次的数目相等。

② 每一个基本因次必须至少在此 m 个基本变量之一中出现。

③ 此 m 个基本变量的任何组合均不能构成无因次准数。

（3）相似定理

① 相似的物理现象具有数值相等的相似准数（即无因次准数）。

② 任何物理现象的诸变量之间的关系，均可表示成相似准数之间的函数。

③ 当诸物理现象的等值条件（即约束条件）相似，而且由单值条件所构成的决定性准数的数值相等时，这些现象就相似。

需要说明的是，相似准数有决定性和非决定性之分，决定性准数由单值条件所组成，若准数中含有待求的变量，则该准数即为非决定性准数。

准数函数最终是何种形式，因次分析方法无法给出。基于大量的工程经验，最为简便的方法是采用幂函数的形式，例如，流体流动阻力的无因次准数关联式的形式为

$$Eu = C\,Re^a \left(\frac{l}{d}\right)^b \tag{1-7}$$

式中，$Eu = \dfrac{\Delta P}{\rho u^2}$，称为欧拉数；$Re = \dfrac{du\rho}{\mu}$，称为雷诺数；$\left(\dfrac{l}{d}\right)$，称为几何相似数。

式中常数 C 和指数 a，b 均为待定系数，须由实验数据拟合确定。

设有两种不同的流体在大小长短不同的两根圆管中作稳定流动，且知此两种流动现象彼此相似。若令 A 和 B 分别表示这两种现象，则按相似第一定理，有

$$\left(\frac{du\rho}{\mu}\right)_A = \left(\frac{du\rho}{\mu}\right)_B \tag{1-8}$$

$$\left(\frac{l}{d}\right)_A = \left(\frac{l}{d}\right)_B \tag{1-9}$$

$$\left(\frac{\Delta P}{\rho u^2}\right)_A = \left(\frac{\Delta P}{\rho u^2}\right)_B \tag{1-10}$$

反之，对于流动现象 A 和 B，可分别以准数函数式表示：

$$Eu_A = f_A\left[Re_A, \left(\frac{l}{d}\right)_A\right] \tag{1-11}$$

$$Eu_B = f_B\left[Re_B, \left(\frac{l}{d}\right)_B\right] \tag{1-12}$$

若 $Re_A = Re_B$ 和 $\left(\dfrac{l}{d}\right)_A = \left(\dfrac{l}{d}\right)_B$，依相似第二定律，则 A 和 B 必为相似现象，且有 $f_A = f_B$。

相似定理在没有化学变化的化工工艺过程和装置的放大设计中有重要的作用，是工业装置经验放大设计的重要依据。

1.1.3 因次分析方法

利用因次分析理论建立变量的无因次准数函数关系的一般步骤如下所述：

（1）变量分析：通过对过程的分析，从三个方面找出对物理过程有影响的所有变量，即物性变量、设备特征变量、操作变量，加上一个因变量，设共有 n 个变量 x_1，x_2，$\cdots$，x_n。写出一般函数关系式：

$$F_1(x_1, x_2, \cdots, x_n) = 0 \qquad (1-13)$$

（2）指定 m 个基本因次，对于流体力学问题，习惯上指定 $[M]$、$[L]$、$[T]$ 为基本因次，即 $m=3$。

（3）根据基本因次写出所有各基本物理量和导出物理量的因次。

（4）在 n 个变量中选定 m 个基本变量。

（5）根据 π 定理，列写出 $n-m$ 个无因次准数

$$\pi_i = x_i x_A^a x_B^b x_C^c \qquad (i = 1, 2, \cdots, n-m, i \neq A \neq B \neq C) \qquad (1-14)$$

式中，x_A、x_B、x_C 为选定的 $m(=3)$ 个基本变量，x_i 为除去 x_A、x_B、x_C 之后所余下的 $(n-m)$ 个变量中之任何一个，a、b、c 为待定指数。

（6）将各变量的因次代入无因次准数表达式，依照因次一致性原则，可以列出各无因次准数的关于各基本因次的指数的线性方程组，求解这 $n-m$ 个线性方程组，可求得各无因次准数中的待定系数 a、b、c，从而得到各无因次数群的具体表达式。

（7）将原来几个变量间的关系式 $f_1(x_1, x_2, \cdots, x_n) = 0$ 改写成 $(n-m)$ 个无因次准数之间的函数关系表达式

$$F_2(\pi_1, \pi_2, \cdots, \pi_n) = 0 \qquad (1-15)$$

以函数 F_2 中的无因次准数作为新的变量组织实验，通过对实验数据的拟合求得函数 F_2 的具体形式。

由此可以看到，利用因次分析方法可将几个变量之间的关系转变为 $(n-m)$ 个新的复合变量（即无因次准数）之间的关系。这在通过实验处理工程实际问题时，不但可使实验变量的数目减少，使实验工作量大幅度减少，而且还可通过变量之间关系的改变使原来难以进行或根本无法进行的实验得以容易实现。因此，把通过因次分析理论指导组织实施实验的研究方法称为因次论指导下的实验研究方法。

应用因次分析方法，解决了一般实验方法对于某些变量无法组织实验的困难。例如要分别考察 ρ、μ 对流动过程的影响，由于 ρ、μ 同时受温度的影响而变化，其实验难度之大是难以想象的。但由于 ρ、μ、d 和 u 共组于无因次数群 Re 中，所以无需设法改变 ρ 和 μ，只需简单地调节 u 使 Re 改变即可，这是其他实验方法所不具备的强特优点。

应该指出的是，虽然因次论指导下的实验方法有上述诸多优点，但由于因次分析方法在处理工程问题时不涉及过程的机理，对影响过程的变量亦无轻重之分，因此，实验研究结果只能给出实验数据的关联式，而无法对各种变量尤其是重要变量对过程的影响规律进行分析判断。当过程比较复杂时，无法对过程的控制步骤或某些控制因素给出定量甚至是定性的描述。从根本上说，这种实验方法还是一种"黑箱"方法，其实验结果的应用仅限于实验范围，若将实验范围外延，其误差是难以预测的。此外，在分析过程的影响变量时，有可能漏掉重要的变量而使结果不能反映工程实际情况，也有可能把关系不大的变量考虑进来而使得问题复杂化。

1.2　数学模型方法

1.2.1　基本原理

数学模型方法是将化工过程各变量之间的关系用一个(一组)数学方程式来表示,通过对方程的求解可以获得所需的设计或操作参数。

按数学模型的由来,可将其分为机理模型和经验模型两大类。前者从过程机理推导得出,后者由经验数据归纳而成。习惯上一般称前者为解析公式,后者为经验关联式。如流体力学中的哈根－泊谡叶(Hagon－Poiseuille)公式, $\Delta P = 32\mu Lu/d^2$,即为流体在圆管中作层流流动的解析公式;而流体在圆管中湍流时摩擦系数的表达式 $1/\sqrt{\lambda} = 1.74 - 2\lg(2\varepsilon/d)$,则为经验关联式。化学工程中应用的数学模型大都介于两者之间,即所谓的半经验半理论模型。本节所讨论的数学模型,主要指这种模型。机理模型是过程本质的反映,因此结果可以外推;而经验模型(关联式)来源于有限范围内实验数据的拟合,不宜于外推,尤其不宜于大幅度外推。在条件可能时还是希望建立机理模型。但由于化工过程一般都很复杂,再加上观测手段的不足,描述方法的有限,要完全掌握过程机理几乎是不可能的。这时就不得不提出一些假设,忽略一些影响因素,把实际过程简化为某种物理模型,通过对物理模型的数学描述建立过程的数学模型。

在解决实际工程问题时一般只要求数学模型满足有限的目的,而不是盲目追求模型的普遍性。因此只要在一定的意义下模型与实际过程等效而不过于失真,该模型就是成功的。这就允许在建立数学模型时抓住过程的本质特征,忽略一些次要因素的影响,从而使问题简化。过程的简化是建立数学模型的一个重要步骤。唯有简化才能解决复杂过程与有限手段和方法的矛盾。科学的简化如同科学的抽象一样,更能深刻地反映过程的本质。从这一意义上说,建立过程的数学模型就是建立过程的简化物理图像的数学方程式。在过程的简化中,一般遵循下述原则:

(1)过程的本质特征和重要变量得以反映;

(2)应能适应现有的实验条件和数学手段,使得能够对模型进行检验,对参数进行估值;

(3)应能满足应用的需要。

模型参数除极个别情况下可根据过程机理得到外,一般均为过程未知因素的综合反映,需通过实验确定。在建立模型的过程中要尽可能减少参数的数目,特别是要减少不能独立测定的参数,否则实验测定不易准确,参数估值困难,外推时误差可能很大。

1.2.2　建立数学模型的一般步骤

(1)对过程进行观测研究,概述过程的特征

根据有关基础理论知识对过程进行理性的分析,弄清哪些是重要变量必须考虑,哪些是次要变量一般考虑或者可以忽略。如有必要辅之以少量的实验,加深对过程机理的认识和考虑变量的影响。变量分析可依前述的方法,按物性变量、设备特征尺寸变量和操作变量三类找出所有变量。在此基础上对过程物理本质做出高度概括。

（2）抓住过程特征作适当简化，建立过程物理模型

寻求对过程进行简化的基本思路是研究过程的特殊性，亦即过程物理本质的特征，然后做出适当假设，使过程得以简化，这是建立物理模型乃至数学模型的关键也是最困难的环节，要做到简化而不失真。所谓物理模型就是简化后过程的物理图像。所建立的数学模型必须要与实际过程等效，并且能够用现有的数学方法进行描述。

（3）根据物理模型建立数学方程式（组），即数学模型

用适当的数学方法对物理模型进行描述，即得到数学模型。数学模型是一个或一组数学方程式。对于稳态过程，数学模型是一个（组）代数方程式；对动态过程则是微分方程式（组）。对化工单元过程，所采用的数学关系式有以下几种：

物料衡算方程；

能量衡算方程；

过程特征方程（如相平衡方程、过程速率方程、溶解度方程等）；

与过程相关的约束方程。

（4）组织实验、参数估值、检验并修正模型

模型中的参数须通过实验数据的拟合而确定，由此看出，在数学模型方法中，实验目的不是为了直接寻求各变量之间的关系，而是通过少量的实验数据确定模型中的参数。

所建立的数学模型是否与实际过程等效，所作的简化是否合理，这些都需要通过实验加以验证。检验的方法有二：一是从应用的目的出发，可从模型计算结果与实验数据（亦是工程应用范围）的吻合程度加以评判；二是适当外延，看模型预测结果与实验数据的吻合是否良好。如果两者偏离较大，超出工程应用允许的误差范围，则必须对模型进行修正。图1-2所示的是建立数学模型的工作程序框图。

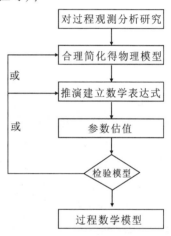

图1-2　建立数学模型的程序框图

1.3　过程分解与合成方法

过程分解与合成方法是研究处理复杂问题的一种有效方法，这一方法是将一个复杂的过程（或系统）分解为联系较少或相对独立的若干个子过程或子系统，分别研究各子过程本身特有的规律，再将各过程联系起来以考察各子过程之间的相互影响以及整体过程的规律。

这一方法显见的优点是从简到繁，先考察局部，再研究整体。同样用"黑箱"法做实验研究，在过程分解之后就可大幅度减少实验次数。例如，一个包含8个变量，各变量之间相互关联的过程，若每个变量改变4个水平进行实验，总实验次数为$4^8 = 65536$次。

假如通过对过程的研究发现可将整个过程分解为两个相对独立的子过程，每个子过程分别包括3个和5个变量，如果每个变量仍改变4个水平做实验，则总的实验次数为$4^3 + 4^5 = 1088$次。

可见，在将过程分解之后，实验次数大幅度减少，总的实验工作量仅为原来的1.66%。如果在子过程的实验研究中，再辅以因次分析方法指导组织实验，可使实验工作量进一步减少。

应当注意的是在应用过程分解的方法研究工程问题时，对每个子过程所得的结论只适用于局部。譬如通过实验研究得到了某一子过程的最优设计或操作参数，但子过程的最优并不等于整个过程的最优，通常整个过程在相当程度上受制于关键子过程的影响。在化学工程中，一般将这些关键子过程称为控制过程或控制步骤。

1.4　过程变量分离方法

所谓单元操作是由化工中的某一物理过程与过程设备共同构成的一个单元系统。对于同一物理过程，可在不同形式、不同结构的设备中完成。由于物理过程变量和设备变量交集在一起，使得所处理的工程问题变得复杂。但是如果可以在众多变量之间将交联较弱者切开，即有可能使问题大为简化，从而易于解决，这就是变量分离方法。

1.5　参数综合方法

在众多单元操作过程的数学模型中，不管是机理模型还是经验模型，都存在着模型参数的实验确定问题。很多情况下，模型中可能含有多个原始模型参数。为了在实验研究中避免单个参数测量和计算的困难，在数学模型的推导过程中，常常采取参数综合的方法，即将几个同类型参数归并成一个新的综合参数，以明确表示主要变量与实验结果之间的关系，从而只要通过真实物料的少量实验确定新的模型参数，即可获得必要的工程设计数据。

就过程的机理分析和寻求过程的特性规律而言，总希望将影响过程的因素尽可能分解，逐个讨论。而从工程应用角度讲，则希望将多个难以直接测定的参数归并为较少且易于测定的参数，并在指定条件下（真实物料，操作条件与工业相同）通过确定模型参数的间接实验代替测定真实变量的直接实验。

要特别指出的是，在建立数学模型时，人们总是期望能建立机理型模型，也总希望赋予模型参数以真实的物理含义。然而在将参数综合以后，特别是模型参数的数值是通过实验数据的拟合而得，因此过程中许多未知的不确定因素的影响，包括实验误差，均归并到模型参数本身。因此最终获得的模型参数只能是统计意义下的参数。

2 实验规划和流程设计

2.1 实验规划的重要性

实验规划又称实验设计，从 20 世纪 50 年代起它作为数学的一个重要分支，以数理统计原理为基础，率先在生物科学上发展起来，其后迅速地应用到自然科学、技术科学和管理科学等各个领域，并取得了令人瞩目的成就。在化工实验过程中，怎样组织实验、实验点怎样安排、检测变量怎样选择、变化范围如何确定等等，所有这些都属于实验规划的范畴。一个好的实验设计，要能以最少的工作量获取最大的信息，这样不仅可以大幅度地节省研究成本，而且往往会有事半功倍的效果。反之，如果实验研究计划设计不周，不仅费时、费力、费钱，而且可能导致实验结论谬误。

化工中的实验工作大致可以归纳为以下两大类型：

(1) 析因实验

影响某一过程或对象的因素可能有许多，究竟哪几种因素对该过程或对象有影响，哪些因素的影响比较大，需在过程研究中着重考察，哪些因素的影响比较小可以忽略，哪些变量之间的交互作用也可能对过程产生不可忽视的影响等等，所有这些都是化工工作者在面对一个陌生的新过程时首先要考虑的问题。通常解决这一问题的途径有二：一是根据有关化工基础理论知识加以分析，二是直接通过实验来进行鉴别。由于化工过程的复杂性，即使是经验十分丰富的工程技术人员，也往往难以做出正确地判断，因此必须通过一定的实验来加深对过程的认识。从这一意义上说，析因实验也可称为认识实验。在过程新工艺的开发或新产品开发的初始阶段，往往需要借助析因实验。

(2) 过程模型参数的确定实验

无论是经验模型还是机理模型，其模型方程式中都含有一个或数个参数，这些参数反映了过程变量间的数量关系，同时也反映了过程中一些未知因素的影响。为了确定这些参数，需要进行实验以获得实验数据，然后，即可利用回归或拟合的方法求取参数值。需要说明的是，机理模型和半经验半理论模型是先通过对过程机理的分析建立数学模型方程，再有目的地去组织少量实验拟合模型参数。经验模型往往是先通过足够的实验研究变量间的相互关系，然后通过对实验数据的统计回归处理得到相互的经验关联式，而事先并无明确的目的要建立什么样的数学模型。因此，所有的经验模型都可看成是变量间相互关系的直接测定的产物。

2.2　实验范围与实验布点

在实验规划中，正确地确定实验变量的变化范围和安排实验点的位置是十分重要的。如果变量的范围或实验点的位置选择不恰当，不但浪费时间、人力和物力，而且可能导致错误的结论。

例如，在流体流动阻力测定实验中，通常希望获得摩擦阻力系数 λ 与雷诺数 Re 之间的关系，实验结果可标绘在双对数坐标系中，如图 2-1 所示。显然，在小雷诺数范围内，λ 随 Re 的增大逐渐变小，且变化趋势随之平缓；当 Re 增大到一定数值，λ 则趋近一常数而不再变化，此即阻力平方区。如若想用有限的实验次数正确地测定 λ 与 Re 的关系，在实验布点时，应当有意识地在小雷诺数范围内多安排几个实验点，而大雷诺数范围适当少布点。倘若曲线部分布点不足，即使总的实验点再多，也难以正确地反映 λ 的变化规律。

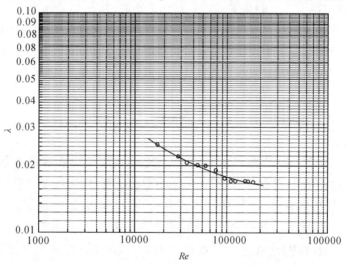

图 2-1　摩擦阻力系数 λ 与雷诺数 Re 的关系

这个例子说明，不同实验点提供的信息是不同的。如果实验范围和实验点选择不恰当，即使实验点再多，实验数据再精确，也达不到预期的实验目的。实验设计得不好，试图靠精确的实验技巧或高级的数据处理技术加以弥补，是得不偿失甚至是徒劳的。相反，选择适当的实验范围和实验点的位置，即使实验数据稍微粗糙一些，数据少一些，也能达到实验目的。因此，在化工实验中，恰当的实验范围和实验点位置与实验数据的精确性相比更为重要。

2.3　实验规划方法

实验规划，即实验设计方法的讨论属于数理统计课程的范畴，关于这方面内容的专著很多，本节仅从化工实验应用的角度，介绍几种常用的方法。

2.3.1 "网格"实验设计方法

在确定了实验变量数和每个变量的实验水平数后，在实验变量的变化范围内，按照均匀布点的方式，将各变量的变化水平逐一搭配，每一种搭配构成一个实验点，这就是网格实验设计方法。图2-2、表2-1和图2-3、表2-2给出了两变量和三变量的网格实验设计示意图及实验方案表。

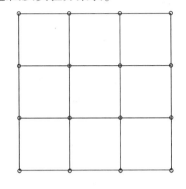

图2-2　两变量、四水平网格
实验设计示意图

表2-1　两变量、四水平网格实验设计方案表

项目	X_{21}	X_{22}	X_{23}	X_{24}
X_{11}	$X_{11}X_{21}$	$X_{11}X_{22}$	$X_{11}X_{23}$	$X_{11}X_{24}$
X_{12}	$X_{12}X_{21}$	$X_{12}X_{22}$	$X_{12}X_{23}$	$X_{12}X_{24}$
X_{13}	$X_{13}X_{21}$	$X_{13}X_{22}$	$X_{13}X_{23}$	$X_{13}X_{24}$
X_{14}	$X_{14}X_{21}$	$X_{14}X_{22}$	$X_{14}X_{23}$	$X_{14}X_{24}$

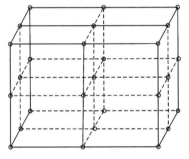

图2-3　三变量、三水平网格
实验设计示意图

表2-2　三变量、三水平网格实验设计方案表

项目	X_{31}			X_{32}			X_{33}		
	X_{21}	X_{22}	X_{23}	X_{21}	X_{22}	X_{23}	X_{21}	X_{22}	X_{23}
X_{11}									
X_{12}									
X_{13}									

网格实验方法是把实验点安排在网格示意图的各节点上。若实验变量数为n，实验水平数为m，则完成整个实验所需的实验次数为$i = m^n$。

显然，当过程的变量数较高时，实验次数要显著增加。对于化工实验，涉及的变量除了物性变量外，通常还要涉及流量、温度、压力、设备结构尺寸等变量。因此，除了一些简单过程实验以外，采用网格法安排实验是很不经济的。当涉及的变量较多时，尤不适于采用此方法。

2.3.2 正交实验设计方法

用正交实验表安排多变量实验的方法，称为正交实验设计法，这也是科技人员进行科学研究的重要方法之一。该方法的特点是：①完成试验所需的实验次数少；② 数据点分布均匀；③ 可以方便地应用方差分析方法、回归分析方法等对试验结果进行处理，获得许多有价值的重要结论。

对于变量较多和变量间存在相互影响的情况，采用正交实验方法可带来许多方便，不仅实验次数可较网格法减少许多，而且通过对实验数据的统计分析处理，直接获得因变量与各自变量之间的关系式，还可鉴别出各自变量(包括自变量之间的相互作用)对实验结果的影响程度大小，从而确定哪些变量对过程是重要的，需要在研究过程中重点考虑；哪些变量的影响是次要的，可在研究过程中做一般考虑，甚至忽略。

2.3.3 均匀实验设计方法

这是我国数学家方开泰运用数论方法，单纯地从数据点分布的均匀性角度出发所提出的一种实验设计方法。该方法是利用均匀设计表来安排实验，所需的实验次数要少于正交实验方法。当实验的水平数大于 5 时，宜选择采用该方法。

2.3.4 序贯实验设计方法

传统的实验设计方法都是先一次完成实验设计，当实验全部完成以后，再对实验数据进行分析处理。显然，这种先实验、后整理的研究方法是不尽合理的。一个有经验的科技人员总是会不断地从实验过程中获取信息，并结合专业理论知识加以判断，从而对不合理的实验方案及时进行修正，少走弯路。

因此，边实验，边对实验数据进行整理，并据此确定下一步研究方向的实验方法才是一种合理的方法。在以数学模型参数估计和模型筛选为目的的实验研究过程中，宜采用此类方法。序贯实验设计方法的主要思想是：先做少量的实验，以获得初步信息，丰富研究者对过程的认识；然后在此基础上做出判断，以确定和指导后续实验的条件和实验点的位置。这样，信息在研究过程中有交流、反馈，能最大限度地利用已进行的实验所提供的信息，使后续的实验安排在最优的条件下进行，从而节省大量的人力、物力和财力。

2.4 实验流程设计

流程设计是实验过程中一项重要的工作内容。由于化工实验装置是由各种单元设备和测试仪表通过管路、管件和阀门等以系统的合理的方式组合而成的整体，因此，在掌握实验原理、确定实验方案后，要根据前两者的要求和规定进行实验流程设计，并根据设计结果搭建实验装置，以完成实验任务。

2.4.1 实验流程设计的内容及一般步骤

实验流程设计一般包括如下内容：

（1）选择主要设备

例如在流体力学与流体机械特性的有关实验中，选择不同型号及性能的泵；在精馏实验中选择不同结构的板式塔或填料塔；在传热实验中选择不同结构的换热器等等。

（2）确定主要检测点和检测方法

化工实验，就是要通过对实验装置进行操作以获取相关的数据，并通过对实验数据的处理获得设备的特性或过程的规律，进而为工业装置或工业过程的设计与开发提供依据。所以，为了获取完整的实验数据，必须设计足够的检测点并配备有效的检测手段。在实验中，需要测定的数据一般可分为工艺数据和设备性能数据两大类。工艺数据包括物流的流量、温度、压力及浓度(组成)，主体设备的操作压力和温度等；设备性能数据包括主体设备的特征尺寸、功率、效率或处理能力等。需要说明的是，这里所讲的两大类数据是指直接测定的原始数据，不包括通过计算获得的中间数据。

（3）确定控制点和控制手段

一套设计完整的实验装置必须是可操作和可控制的。可操作是指既能满足正常操作的要求，也能满足开车和停车等操作的要求；可控制是指能控制外部扰动的影响。为满足这两点要求，设计流程必须考虑完备的控制点和控制手段。

化工实验流程设计的一般步骤如下：

① 根据实验的基本原理和实验任务选择主体单元设备，再根据实验需要和操作要求配套附属设备；

② 根据实验原理找出所有的原始变量，据此确定检测点和检测方法，并配置必需的检测仪表；

③ 根据实验操作要求确定控制点和控制手段，并配置必要的控制或调节装置；

④ 画出实验流程图；

⑤ 对实验流程的合理性作出评价。

2.4.2 实验流程图的基本形式及要求

在化工设计中，通常都要求设计人员给出工艺过程流程图（Process Flow Diagram，PFD）和带控制点的管道流程图（Piping and Instrumentation Diagram，PID），两者都称为流程图，且部分内容相同，但前者主要包括物流走向、主要工艺操作条件、物流组成、主要设备特性等内容；后者包括所有的管道系统以及检测、控制、报警等系统，两者在设计中的作用是不相同的。

在化学工程基础实验中，要求学生给出带控制点的实验装置流程示意图，其基本形式以吸收实验为例，如图 2 - 4 所示。

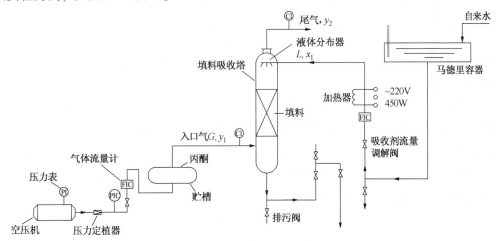

图 2 - 4 吸收实验流程示意图

由上图可见，带控制点的实验装置流程图一般由三部分内容组成：

（1）画出主体设备及附属设备（仪器）示意图；

（2）用标有物流方向的连线（表示管路）将各设备连接起来；

（3）在相应设备或管路上标注出检测点和控制点。检测点用代表物理变量的符号加上"I"表示，例如用"PI"表示压力检测点、"TI"表示温度检测点等等，而控制点则用代表物理量的符号加上"C"表示。

3 实验误差分析及实验数据处理

3.1 实验误差分析的重要性

由于实验方法和实验设备的不完善、周围环境的影响、人为的观察因素和检测技术及仪表的局限，使得所测物理量的真实值与实验观测值之间，总是存在一定的差异，在数值上表现为误差。

误差分析的目的是为了评判实验数据的精确性和可靠性。通过误差分析，可以弄清误差的来源及其对所测数据准确性的影响大小，排除个别无效数据，从而保证实验数据或结论的正确性，还可进一步指导改进实验方案，从而提高实验的精确性。

3.1.1 误差的基本概念

3.1.1.1 真值与平均值

（1）真值

真值是指物理量客观存在的确定值，它通常是未知的。根据正负误差出现几率相等的规律，当实验次数无限多时，测量结果的平均值可以无限逼近于真值。但是测量次数总是有限的，由此取出的平均值只能近似于真值，称此平均值为最佳值，计算时可将此最佳值作为真值使用。在实际应用过程中，有时也把高一级精度测量仪器的测量值作为真值。

（2）平均值

在工程计算中常将测量的平均值作为真值，但化工过程中所研究的问题不同，平均值的定义也不相同。化工过程中常用的平均值有以下几种：

① 算术平均值 $\bar{x}$

在工程计算中算术平均值最为常用。设 x_1，x_2，$\cdots$，x_i，$\cdots$，x_n 代表各次测量的测量值，n 为测量次数，x_i 为第 i 次的测量值，则算术平均值的表达式为：

$$\bar{x} = \frac{x_1 + x_2 + \cdots + x_n}{n} = \frac{\sum\limits_{i=1}^{n} x_i}{n} \qquad (3-1)$$

用最小二乘法的原理可以证明：在测定中当测量值的误差服从正态分布时，则在同一等级精度测量中，算术平均值为最佳近似值或最可信赖值。

② 加权平均值 $\bar{x}_w$

对于同一物理变量采用不同方法或在不同条件下观测得到的一组数据，常常根据不同数据的可靠程度给予不同的"权重"而得到加权平均值。

$$\bar{x}_w = \frac{\omega_1 x_1 + \omega_2 x_2 + \cdots + \omega_n x_n}{\omega_1 + \omega_2 + \cdots + \omega_n} = \frac{\sum\limits_{i=1}^{n} \omega_i x_i}{\sum\limits_{i=1}^{n} \omega_i} \qquad (3-2)$$

其中，ω_i 为相应于 x_i 的加权因子，ω_i 的数值一般多根据经验给出。

③ 几何平均值 $\bar{x}_q$

在工程计算中几何平均值也经常用到，其表达式为：

几何平均值可定义为

$$\bar{x}_q = \sqrt[n]{x_1 \cdot x_2 \cdot \cdots \cdot x_n} \qquad (3-3)$$

以对数的形式表示为

$$\lg \bar{x}_q = \frac{\sum\limits_{i=1}^{n} \lg x_i}{n} \qquad (3-4)$$

当将一组测量值取对数，所得图形的分布呈对称形时，常用几何平均值表示。可以看出，几何平均值的对数等于这些测量值的对数的算术平均值，几何平均值常小于算术平均值。

④ 对数平均值 $\bar{x}_m$

在化学反应过程、三传过程中，许多物理量的变化分布曲线常具有对数特性，此时采用对数平均值才符合实际情况。对数平均值的表达式为

$$\bar{x}_m = \frac{x_2 - x_1}{\ln x_2 - \ln x_1} = \frac{x_2 - x_1}{\ln(x_2/x_1)} \qquad (3-5)$$

对数平均值总小于算术平均值，当 $x_2 > x_1$，且 $x_2/x_1 < 2$ 时，可用算术平均值代替对数平均值，所引起的误差不超过4%，这在工程计算中是允许的。

⑤ 均方根平均值 $\bar{x}_\sigma$

均方根平均值多用于计算气体分子的平均动能，其表达式为

$$\bar{x}_\sigma = \sqrt{\frac{x_1^2 + x_2^2 + \cdots + x_n^2}{n}} = \sqrt{\frac{\sum\limits_{i=1}^{n} x_i^2}{n}} \qquad (3-6)$$

⑥ 中位值

将观测值的大小顺序排列后，处在中间位置的值即为中位值。当 n 为偶数时，取中间两数据的算术平均值作为中位值。

对于上述诸多平均值，都是从一组观测数据中找到最接近真值的那个数值。平均值的选择主要取决于观测数据的分布类型。化工实验中的大多数物理变量均服从正态分布，所以常采用算术平均值。

3.1.1.2 误差的分类

误差是指实验测量值（包括间接测量值）与真值之间的差异，根据误差的数理统计性质和产生的原因不同，可将其分为三类。

（1）系统误差　系统误差是指在实验测定过程中由某些固定原因（如仪器不良、环境改变等系统因素）产生的误差。其特点是在相同条件下，误差的大小与正负都有一定的规律

性；或者随着条件的变化而有规律的变化。引起系统误差的原因主要有：

① 测量仪器、设备方面的因素。由于仪器设计、制造上存在的某些缺陷，安装不合乎要求或未经校准而使用等引起的误差。

② 测量方法方面的影响因素。由于使用近似测量方法及近似计算公式而引起的误差。

③ 测量环境方面的因素。由于环境温度、压力、湿度、振动等引起的测量误差。

④ 测量者的因素。由于测量者读数等某些习惯上的偏向引起的误差。

⑤ 过程滞后因素。在动态测量过程中，由于过程的滞后因素，测量时并未达到平衡或稳定状态而引起的误差。

尽管系统误差的影响因素很多，但由于其具有一定的规律性，一般情况下只要根据产生误差的原因（如对测量仪器的校正或对环境条件影响的修正）采取适当措施进行修正，就可以消除系统误差。

（2）随机误差

随机误差是由某些意想不到的因素或不易控制的偶然因素而造成的误差，例如观测对象的波动、肉眼观测欠准确等。随机误差在实验观测过程中是必然产生、无法消除的。但是随机误差具有统计规律性，各种大小误差的出现有着确定的概率。在相同的条件进行测量时，观测值变化无常，但误差的绝对值不会超过一定界限，绝对值小的误差比绝对值大的误差出现的次数要多，近于零的误差出现的次数最多，正、负误差出现的次数几乎相等，误差的算术均值随观测次数的增加而趋于零。可采用概率统计的方法对随机误差进行研究。

（3）过失误差

过失误差是一种显然与事实不符的误差，它主要是由于实验人员粗心大意如读错数据、记录错误或操作失误所致。这类误差无一定的规律，数据往往与真实值相差很大。这类误差的消除主要是靠测量人员严肃认真的工作态度，及细致的校对工作来避免。对于此类误差，可以通过某些原则加以判断，可在整理数据时予以剔除。

综上所述，系统误差和过失误差是可以消除的。如在使用前应对仪器、设备进行校正，读数时要待过程稳定等。而随机误差是不易消除的，这种误差是误差理论的主要研究对象。

3.1.1.3　观测的精密度、正确度和准确度

测量时，可用误差表示数据的可靠性，也可以用精密度等概念来表示。习惯上所讲的精密度，通常是指误差。这种误差的来源、性质一般可以用以下概念来描述。

（1）精密度

精密度是对某物理量进行几次平行测定的测量值相互接近的程度，即重现性。它反映了偶然误差的影响程度，偶然误差越小，则精密度越高。如果纯由偶然误差引起的实验的相对误差为 0.1%，则可认为精密度为 10^{-3}。

（2）正确度

正确度是指在一定的测量条件下，没有偶然误差的影响，测量值与真值的符合程度。是测量中所有系统误差的综合，反映了所有系统误差对测量值的影响程度。系统误差越小则正确度越高。如果纯由系统误差引起的实验的相对误差为 0.1%，则可认为正确度为 10^{-3}。

（3）准确度

准确度是指在测量过程中，测量值与真值的符合程度。是所有系统误差及随机误差的综合，反映了系统误差及随机误差对测量值的影响程度。准确度越高则表示系统误差及随机误差越小。如果由系统误差及随机误差引起的测量的相对误差为 0.1%，则测量值的准确度为 10^{-3}。

对于实验或测量而言，精密度好，并非表示正确度一定好，反之亦然。但是准确度好则必须是精密度和正确度都好。

图 3-1 中(A)说明精密度和正确度都很好，即测量结果与真值接近，系统误差及偶然误差均小，准确度高；(B)说明精密度高，偶然误差小，但系统误差大，正确度和准确度都不高；(C)说明系统误差和偶然误差都大，精密度和正确度都低。由此可知，在科学实验研究过程中，应首先着重于实验数据的准确性，其次考虑数据的精确性。

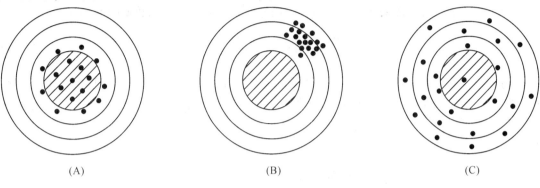

(A)   (B)   (C)

图 3-1　准确度、精密度及正确度

3.2　误差的表示方法

3.2.1　离差 ν

若观测变量的真值以 n 次观测数据的算术平均值来近似，则其中某项数据 x_i 的离差用下式表示

$$\nu_i = x_i - \bar{x} \tag{3-7}$$

通常也称离差的绝对值为绝对误差。如果在实验中对物理量的测量只进行一次，则可根据测量仪器说明书中标注的误差或取测量仪器最小刻度值的一半作为单次测量的误差。例如某压力表注明其精度为 1.5 级，即表明该压力表最大测量误差为其最大量程的 1.5%，若此压力表的最大量程为 0.16MPa，则其最大测量误差为

$$0.16 \times \frac{1.5}{100} = 2.4 \times 10^{-3} \text{MPa} = 2.4 \text{kPa}$$

若某天平的名义分度值为 0.1mg，则表明该天平的最小刻度为 0.1mg，此时，可认为该天平的最大测量误差为 0.1mg。在化学工程基础实验中最常用的 U 形管压差计、转子流量计、秒表、电压表等测量仪表，原则上取其最小刻度值为测量的最大误差，取其最小刻度值的一半作为绝对误差计算值。

3.2.2　算术平均误差 η

算术平均误差也简称平均误差，是离差绝对值的算术平均值，即

$$\eta = \frac{1}{n}\sum_{i=1}^{n}|\nu_i| = \frac{1}{n}\sum_{i=1}^{n}|x_i - \bar{x}| \tag{3-8}$$

23

用算术平均值来表示实验观测数据的准确度，优点是计算简单，缺点是无法表示各组观测数据之间彼此符合的情况。因为在一组测量值很接近（各次测量的误差接近）的情况下所得的算术平均误差，可能与另一组测量值中测量误差有大有小所得的算术平均误差相同。因此，只有当 n 较大时，才能比较可靠地用平均误差来表示观测数据的准确性。

3.2.3 相对误差 d_i

为了便于不同组次数据之间的比较，可用相对误差来表示观测数据的准确程度

$$d_i = \frac{\nu_i}{\bar{x}} \times 100\% = \frac{x_i - \bar{x}}{\bar{x}} \times 100\% \qquad (3-9)$$

例 3 - 1　欲测量表压为 8kPa 的空气压力，实验可选用的仪表：（1）量程 0.2MPa，精度 1.5 级的弹簧管式压力表；（2）标尺分度为 1mm 的 U 形管水银压差计；（3）标尺分度为 1mm 的 U 形管水柱压差计。试求各测量仪表的绝对误差和相对误差。

解：（1）弹簧压力表

绝对误差 $\nu = 0.2 \times \dfrac{1.5}{100} = 0.003\text{MPa} = 3\text{kPa}$

相对误差 $d = \dfrac{\nu}{8} \times 100\% = \dfrac{3}{8} \times 100\% = 37.5\%$

（2）水银压差计

取水银的密度为 13.546g/cm^3，重力加速度为 9.807m/s^2

绝对误差 $\nu = \dfrac{1}{2} \times 1 \times 13.546 \times 9.807 = 66.42\text{Pa}$

相对误差 $d = \dfrac{\nu}{8 \times 10^3} \times 100\% = \dfrac{66.42}{8 \times 10^3} \times 100\% = 0.83\%$

（3）水柱压差计

取水的密度为 0.998g/cm^3，重力加速度为 9.807m/s^2

绝对误差 $\nu = \dfrac{1}{2} \times 1 \times 0.998 \times 9.807 = 4.89\text{Pa}$

相对误差 $d = \dfrac{\nu}{8 \times 10^3} \times 100\% = \dfrac{4.89}{8 \times 10^3} \times 100\% = 0.061\%$

可见，用量程较大的仪表测量数值较小的物理量时，相对误差较大。

3.2.4 示值误差

对于仪器或仪表的测量误差可用示值误差和最大静态测量误差来表示。示值误差是指对于指针式或标尺式的测量仪表，研究人员可用肉眼观测至仪表最小分度的 1/5 数值。因此，一般以仪表最小分度的 1/5 或 1/10 数值作为示值误差。而仪表的最大静态测量误差是以仪表精度与最大量程的乘积来表示。仪表的精度是指在规定的正常情况下，仪表在量程范围内的最大测量相对误差。例如，某测量仪表的精度为 0.5 级，则该仪表的最大测量相对误差为仪表量程的 ±0.5%。

例 3 - 2　某精密压力表的精度为 0.25 级，量程为 1.6MPa，最小指示分度为 5kPa，若用该压力表测定气体压力，试估计测量误差。

解：由于压力表的最小指示分度为 5kPa，实验观测读数可估计至最小分度的 1/5，则压

力表的示值误差为

$$\Delta P_1 = 5 \times \frac{1}{5} = 1\mathrm{kPa}$$

最大静态测量误差为

$$\Delta P_2 = (1.6 - 0) \times 10^3 \times \frac{0.25}{100} = 4\mathrm{kPa}$$

在对实验观测数据做误差分析时，通常取较大的误差值，所以该压力表的最大测量误差约为 4kPa。

例 3 - 3 某涡轮流量计的量程为 $3 \sim 20\mathrm{m}^3/\mathrm{h}$，精度为 0.5 级，二次仪表采用流量积算仪，精度为 0.5 级，试求该流量计的最大测量误差。

解： $\Delta Q = (20 - 3) \times \left[\left(1 + \frac{0.5}{100} \right) \left(1 + \frac{0.5}{100} \right) - 1 \right] = 0.1704\mathrm{m}^3/\mathrm{h}$

即该系统的最大测量误差为 $0.1704\mathrm{m}^3/\mathrm{h}$。

3.2.5 标准误差 σ

标准误差亦称为均方根或均方误差，又称方差，它是各观测数据误差平方和算术平均值的平方根，即

$$\sigma = \sqrt{\frac{1}{n-1} \sum_{i=1}^{n} (x_i - \bar{x})^2} \qquad (3-10)$$

标准误差不取决于各观测数据误差的符号，但与一组测量值中的每一个数据有关，而且对一组测量值中的较大误差或较小误差的敏感性很强，通常用来表示观测数据的精密度大小。对于算术平均值相同的两组测量值，其标准误差也会不同，它能反映出一组测量值的离散程度。因而这种误差表示方法广泛用于化工实验的数据处理过程中。

3.3 误差的基本性质

3.3.1 误差的正态分布

对于测量数据中所包括的随机误差，有如下几个特征：（1）绝对值相等的正负误差出现的概率相等，称为误差的对称性；（2）绝对值小的误差比绝对值大的误差出现的概率大，称为误差的单峰性；（3）在一定测量条件下，随机误差的绝对值不会超过一定界限，称为误差的有界性；（4）随着测量次数的增加，随机误差的算术平均值趋于零，称为误差的抵偿性。抵偿性是随机误差最本质的统计特性，凡具有抵偿性的误差，原则上均按随机误差处理。

实验与理论均证明，正态分布能描述大多数实验中随机误差的分布。随机误差的正态分布如图 3 - 2 所示，横坐标为随机误差 x，纵坐标为随机误差的概率

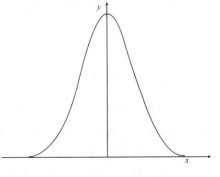

图 3 - 2　随机误差的正态分布

密度函数 y，p 为误差出现的概率。

$$y = \frac{\Delta p}{\Delta x} \approx \frac{\mathrm{d}p}{\mathrm{d}x} \qquad\qquad (3-11)$$

$$\Delta p = \frac{m}{n} \qquad\qquad (3-12)$$

式中　Δp——在 $x \sim (x+\Delta x)$ 范围内误差值出现的相对次数，称为相对频率或概率；

　　　　m——在 $x \sim (x+\Delta x)$ 范围内误差值出现的次数；

　　　　n——总测量次数。

概率密度函数用高斯(Gauss)误差分布定律表示：

$$y(\sigma) = \frac{1}{\sqrt{2\pi}\,\sigma}\mathrm{e}^{-\frac{x^2}{2\sigma^2}} \qquad\qquad (3-13)$$

式中　σ——标准误差，$\sigma > 0$；

　　　　x——随机误差(测量值减去平均值)；

　　　　y——概率密度函数。

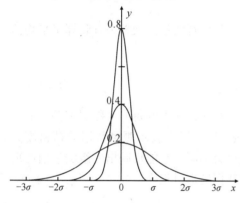

图 3-3　不同 σ 的误差分布曲线

σ 是决定误差分布曲线幅度大小的因子，是评价实验质量的一种有效指标。σ 越小，分布曲线的峰越高且越窄，数据越集中，小误差所占的比重越大，测量精度越高；反之，σ 越大，分布曲线越平坦且越宽，大误差所占的比重越大，测量精度越低。误差分布曲线随 σ 取值不同时的变化情况，如图 3-3 所示。若 $\sigma = 1$ 时，式(3-13)所描述的分布称为标准正态分布。分布曲线的面积为观察值的误差 x 出现的概率，即

$$\mathrm{d}p = y\mathrm{d}x \qquad\qquad (3-14)$$

若 $x \in (-\infty, \infty)$，即随机误差 x 落在 $(-\infty, \infty)$ 区间的概率为

$$p(-\infty,\infty) = \int_{-\infty}^{\infty} y\mathrm{d}x = 1 \qquad\qquad (3-15)$$

若 $x \in (a, b)$，即随机误差 x 落在 $[a, b]$ 区间的概率为

$$p(a,b) = \int_a^b y(\sigma)\mathrm{d}x = \frac{1}{\sqrt{2\pi}\,\sigma}\int_a^b \mathrm{e}^{-\frac{x^2}{2\sigma^2}}\mathrm{d}x \qquad\qquad (3-16)$$

理论上随机误差的正态分布可以延伸到 $\pm\infty$ 处，但实际上有 99.7% 的数据点落在 $(-3\sigma, 3\sigma)$ 之间。也就是说，当随机误差的绝对值大于 3σ 时，只含有 0.3% 的实验点。因此随机误差的绝对值大于 3σ 的可能性非常小。

3.3.2　误差的传递

在许多场合下，往往涉及间接测量的物理变量的误差估计问题。所谓间接测量的变量，就是本身不能直接被测量，但与其他直接可测的物理量之间存在着某种函数关系。由于直接可测变量所存在的误差，那么经过一系列函数运算，间接变量也产生了一定的误差，称为函数误差。显然，在直接变量与间接变量之间存在着误差传递过程。在实验过程中，有时由于变量不止一个，在数学上是不定解，此时可假定各个变量的误差对函数的影响相同，这种设

计原则称为等效应原则或等传播原则。

3.3.2.1 函数误差的一般形式

设 $y = f(x_1, x_2, \cdots, x_n)$，若自变量（亦即直接可测变量）$x_1, x_2, \cdots, x_n$ 的最大绝对误差分别为 $\Delta x_1, \Delta x_2, \cdots, \Delta x_n$，由泰勒展开式可知，函数 y 的最大绝对误差和最大相对误差分别为

$$\Delta y = \sum_{i=1}^{n} \left| \frac{\partial f}{\partial x_i} \Delta x_i \right| \tag{3-17}$$

$$\left| \frac{\Delta y}{y} \right| = \sum_{i=1}^{n} \left| \frac{\partial f}{\partial x_i} \frac{\Delta x_i}{y} \right| \tag{3-18}$$

其中，$\dfrac{\partial f}{\partial x_i}$ 称为误差传递函数。

由误差的基本性质和标准误差的定义可知，函数的标准误差为

$$\sigma_y = \sqrt{\sum_{i=1}^{n} \left(\frac{\partial f}{\partial x_i} \right)^2 \sigma_i^2} \tag{3-19}$$

3.3.2.2 某些函数误差的计算

（1）加法和减法

设 $y = x_1 \pm x_2 \pm \cdots \pm x_n$，且 x_i 的标准误差为 σ，则由式（3-17）和式（3-19）得函数的最大误差为

$$\Delta y = \sum_{i=1}^{n} |\Delta x_i| \tag{3-20}$$

函数的标准误差为

$$\sigma_y = \sqrt{\sum_{i=1}^{n} \sigma_i^2} \tag{3-21}$$

（2）乘法

设 $y = x_1 \cdot x_2 \cdots \cdot x_n$ 由式（3-17），得函数的最大相对误差

$$\left| \frac{\Delta y}{y} \right| = \sum_{i=1}^{n} \left| \frac{\Delta x_i}{x_i} \right| \tag{3-22}$$

（3）除法

设 $y = \dfrac{x_1}{x_2}$，由式（3-18）可知 y 的最大相对误差

$$\left| \frac{\Delta y}{y} \right| = \left| \frac{\Delta x_1}{x_1} \right| + \left| \frac{\Delta x_2}{x_2} \right| \tag{3-23}$$

（4）乘方或方根

设 $y = x^m$，由式（3-18）可知 y 的最大相对误差

$$\left| \frac{\Delta y}{y} \right| = m \left| \frac{\Delta x}{x} \right| \tag{3-24}$$

（5）对数

设函数 $y = \ln x$，由式（3-18）可知

$$\Delta y = \left| \frac{1}{x} \right| \cdot \Delta x \tag{3-25}$$

3.3.2.3 误差传递公式在间接测量中的应用

在实验研究过程中，对于间接变量的测定和误差分析，通常会遇到两类问题：一是当已知一组直接可测变量的误差后，计算间接变量的误差；二是预先规定间接变量的误差，计算各直接变量所允许的最大误差，从而为改进测定方式或选择适当的检测仪表提供依据。

例 3 - 4 已知计量槽横截面尺寸为 $0.3000m \times 0.5000m$，当计量槽中液位 $\Delta h = 0.5500m$ 时，用秒表测得时间 $\Delta \tau = 32.16s$。其中长度测量所用标尺最小刻度为 1mm，时间测量所用秒表可以读到 0.01s。试求在某水力学实验中，采用体积 – 时间法测定流量时的误差。

解： 由题知：计量槽横截面尺寸为 $a = 0.3000m$，$b = 0.5000m$。则各直接测量值的误差估算如下：

$\because a = 0.3000m$，且长度测量所用标尺最小刻度为 1mm

$\therefore$ 绝对误差 $\nu(a) = 0.0005m$　　相对误差 $d(a) = \dfrac{\nu(a)}{|a|} = 1.7 \times 10^{-3}$

同理，因 $b = 0.5000m$，则：

绝对误差 $\nu(b) = 0.0005m$　相对误差 $d(b) = \dfrac{\nu(b)}{b} = 1.0 \times 10^{-3}$

$\because \Delta h = h_2 - h_1 = 0.5500m$，取 $\nu(h_1) = \nu(h_2) = 0.0005m$，则：

$\nu(\Delta h) = \sqrt{[\nu(h_1)]^2 + [\nu(h_2)]^2} = 7.1 \times 10^{-4}m$

$d(\Delta h) = \dfrac{\nu(\Delta h)}{|\Delta h|} = 1.3 \times 10^{-3}$

考虑到秒表在开启和关闭时，操作者人为因素所带来的随机误差，取秒表的绝对误差为 0.1s，即 $\nu(\tau_1) = \nu(\tau_2) = 0.1s$，则

$\nu(\Delta \tau) = \sqrt{[\nu(\tau_1)]^2 + [\nu(\tau_2)]^2} = 0.14s$

$d(\Delta \tau) = \dfrac{\nu(\Delta \tau)}{|\Delta \tau|} = 4.35 \times 10^{-3}$

因计量槽的横截面积 $S = a \times b = 0.3000 \times 0.5000 = 1.500 \times 10^{-1}m^2$，则

$d(S) = \sqrt{[d(a)]^2 + [d(b)]^2} = \sqrt{(1.7 \times 10^{-3})^2 + (1.0 \times 10^{-3})^2} = 1.97 \times 10^{-3}$

$\nu(S) = d(S) \cdot |S| = 2.96 \times 10^{-4}m$

又，体积流量 $Q = \dfrac{\Delta V}{\Delta \tau} = \dfrac{S \cdot \Delta h}{\Delta \tau} = \dfrac{0.1500 \times 0.5500}{32.16} = 2.565 \times 10^{-3}m^3/s$

$\therefore d(Q) = \sqrt{[d(S)]^2 + [d(\Delta h)]^2 + [d(\Delta \tau)]^2}$

$\qquad = \sqrt{(1.97 \times 10^{-3})^2 + (1.30 \times 10^{-3})^2 + (4.35 \times 10^{-3})^2} = 0.50 \times 10^{-2}$

$\nu(Q) = d(Q) \cdot |Q| = 0.013 \times 10^{-3}m^3/s$

所以采用体积 – 时间法测定的流量为 $Q = (2.565 \pm 0.013) \times 10^{-3}m^3/s$

当秒表测量的绝对误差取不同值时，各测量值的误差占总误差的比例见表 3 – 1。

表 3 - 1　秒表的绝对误差对其他测量值误差的影响

$\nu(\tau_1) = \nu(\tau_2)$	$\dfrac{[d(\Delta \tau)]^2}{[d(Q)]^2}$	$\dfrac{[d(\Delta S)]^2}{[d(Q)]^2}$	$\dfrac{[d(\Delta h)]^2}{[d(Q)]^2}$
0.3	96.97%	2.10%	0.92%
0.1	78.07%	15.25%	6.67%

$\nu(\tau_1) = \nu(\tau_2)$	$\dfrac{[d(\Delta\tau)]^2}{[d(Q)]^2}$	$\dfrac{[d(\Delta S)]^2}{[d(Q)]^2}$	$\dfrac{[d(\Delta h)]^2}{[d(Q)]^2}$
0.05	47.10%	36.80%	16.10%
0.01	3.44%	67.17%	29.39%

由上表可以看出，若操作不当，时间误差是主要影响因素。减小由时间测量所带来的误差，可采用增加流体测量槽容积，使测定时间 $\Delta\tau$ 延长的方法。若时间测量的误差很小时，计量槽截面积 S 和液位高度 Δh 的测量值所带来的误差成为误差的主要影响因素，此时可以通过加大测量槽截面积和增加液面变化高度的方法加以解决。若规定测量的总误差，可确定每一个单项测量的误差。

例 3 - 5 拟设计层流条件下圆直管中流体摩擦阻力系数的测定实验装置。已知管道内流体介质为水，实验段管道内径 $d_0 = 6.00 \times 10^{-3}\text{m}$，当雷诺数 Re 等于 2000 时，摩擦阻力系数 λ 的相对误差要小于 5%。试确定相关实验设备的尺寸和选用仪表。

解：由题知：$\lambda = h_f \cdot \dfrac{d_0}{l} \cdot \dfrac{2g}{u^2} = 2g \cdot \left(\dfrac{\pi}{4}\right)^2 \cdot \dfrac{d_0^5 \cdot h_f}{l \cdot Q^2}$，其中 h_f 为测量管段上下游压强差，单位是 mH_2O。则摩擦阻力系数 λ 的误差为：

$$d(\lambda) = \sqrt{[5d(d_0)]^2 + [2d(Q)]^2 + [d(l)]^2 + [d(h_f)]^2}$$

当 d_0 和 Q 确定之后，$d(l)$ 和 $d(h_f)$ 均随测量段直管长度 l 的变化而变化，为简化问题，按等作用原则进行误差分配。

假设 $[5d(d_0)]^2 = [2d(Q)]^2 = [d(l)]^2 + [d(h_f)]^2 = m^2$，则 $d(\lambda) = \sqrt{3m^2} = 0.05$，即

$$m = 2.887 \times 10^{-2}$$

（1）流量测量误差的估算

由假设条件可知，$2d(Q) = m$，即流量测量的相对误差为 $d(Q) = \dfrac{m}{2} = 1.443 \times 10^{-2}$。而当雷诺数 $Re = 2000$ 时，流量为

$$Q = \frac{\pi}{4} \cdot \frac{d \cdot Re \cdot u}{\rho} = \frac{\pi}{4} \cdot \frac{6.00 \times 10^{-3} \times 2000 \times 10^{-3}}{1000} = 9.42 \times 10^{-6}\text{m}^3/\text{s} = 33.9\text{L/h}$$

因此可选用量程为 6~60L/h 的玻璃转子流量计，此时若满足测量要求，有

$$\nu(Q) = d(Q) \cdot |Q| = 1.443 \times 10^{-2} \times 33.9 = 0.49\text{L/h}$$

设流量计的精度等级为 P，有 $\nu(Q) = P\% \times (\text{上限量程} - \text{下限量程})$，则

$$P = \frac{0.49}{60 - 6} \times 100 = 0.91$$

所以选用浮子流量计的精度等级为 0.5 级。此时测量的绝对误差 $\nu(Q) = 0.27\text{L/h}$，相对误差 $d(Q) = 7.96 \times 10^{-3}$。

（2）管内径测量误差的估算

由假设条件可知，$d(d_0) = \dfrac{m}{5} = 5.78 \times 10^{-3}$。若采用最小分度为 0.02mm 的游标卡尺测量直径，其测量的绝对误差为 $\nu(d_0) = 0.01\text{mm}$，此时相对误差为

$$d(d_0) = \frac{\nu(d_0)}{|d_0|} = \frac{0.01}{6.00} = 1.67 \times 10^{-3} < 5.78 \times 10^{-3}$$

因此管内径测量可选用最小分度为 0.02mm 的游标卡尺。

（3）管长和压降测量误差的估算

被测直管段上下游之间的压降可用 U 形管压差计测量。若 U 形管压差计标尺的最小分度为 1mm，其读数分别为 R_1、$R_2 (R_2 > R_1)$，则读数的绝对误差和相对误差分别为

$$\nu(R_1) = \nu(R_2) = 0.0005m$$

$$d(h_f) = d(R_2 - R_1) = \frac{\nu(R_2 - R_1)}{|R_2 - R_1|} = \frac{\sqrt{[d(R_2)]^2 + [d(R_1)]^2}}{R_2 - R_1}$$

$$= \frac{\sqrt{0.0005^2 \times 2}}{R_2 - R_1} = \frac{7.07 \times 10^{-4}}{R_2 - R_1}$$

由范宁公式可知 $(R_2 - R_1)$ 与测量段直管长度存在如下关系：

$$h_f = (R_2 - R_1) = \lambda \frac{l}{d} \frac{u^2}{2g}$$

对于层流，有 $\lambda = \dfrac{64}{Re}$，当雷诺数 $Re = 2000$ 时

$$\therefore h_f = (R_2 - R_1) = \frac{64}{Re} \cdot \frac{l}{d} \cdot \frac{u^2}{2g} = \frac{64}{Re} \cdot \frac{l}{d} \cdot \frac{Re^2 \cdot \mu^2}{d^2 \cdot \rho^2 \cdot 2g}$$

$$= \frac{64 \times 2000 \times 10^{-6} \times l}{(0.006)^3 \times 1000^2 \times 2g} = 3.02 \times 10^{-2} \cdot l$$

取被测直管段的绝对误差 $\nu(l) = 0.0005mm$（标尺的最小分度为 1mm），则管长和压降测量误差 $[d(l)]^2 + [d(h_f)]^2$ 随两测压点间距 l 的变化情况见表 3 - 2。

表 3 - 2　压降测量误差随管长的变化关系

l/m	$R_2 - R_1/mmH_2O$	$d(l)$	$d(R_2 - R_1)$	$[d(l)]^2 + [d(R_2 - R_1)]^2$
0.500	1.51×10^{-2}	2.00×10^{-3}	4.68×10^{-2}	2.19×10^{-3}
1.000	3.02×10^{-2}	1.00×10^{-3}	2.34×10^{-2}	5.49×10^{-4}
1.500	4.53×10^{-2}	6.67×10^{-4}	1.56×10^{-2}	2.44×10^{-4}
2.000	6.04×10^{-2}	5.00×10^{-4}	1.17×10^{-2}	1.37×10^{-4}

若取被测直管段管长为 1m，由上表可知，此时摩擦阻力系数 λ 的测量误差

$$d(\lambda) = \sqrt{[5d(d_0)]^2 + [2d(Q)]^2 + [d(l)]^2 + [d(h_f)]^2}$$

$$= \sqrt{(5 \times 1.67 \times 10^{-3})^2 + (2 \times 7.96 \times 10^{-3})^2 + 5.49 \times 10^{-4}}$$

$$= 2.95 \times 10^{-2} < 5.0 \times 10^{-2}$$

由上表可知，若要求摩擦阻力系数 λ 的测量误差小于 5%，被测量段直管长度大于 0.5m 即可满足要求。

3.4　实验数据的有效数字与计数法

3.4.1　有效数字

在实验中，无论是直接测量的数据还是计算结果，总是以一定位数的数字来表示。在记录测量数据以及对测量数据进行计算时，确定测量数据及计算结果的有效数字的位数是很重

要的。实验数据的有效位数是由测量仪表的精度来决定的，也就是说，测量值所取的有效数字的位数，应正确反映所用仪器和测量方法所能达到精度。一般而言，实验数据应记录到测量仪表最小分度的十分之一位。例如，压差计标尺的最小分度为1mm，则最小读数可以到0.1mm。如果测定的液柱高度在318mm与319mm的中间，则应记录液柱高度为318.5mm。其中，前三位数字是直接从标尺上读出的，是准确的，最后一位是估计的，也称为可疑数字。这样数字318.5就有4位有效数字。如果液柱高度恰在318mm分度上，则该数据应记作318.0mm，若记为318mm则失去一位有效数字，从而降低了数据的精度。总之，有效实验数据的末尾只能有一位可疑数字，可靠数字比有效数字少一位。在记录数据时，有效数字应保留一位可疑数字，可疑数字表示该位上有 ±1 个单位或下一位有 ±5 个单位的误差。

一个数据中，除定位用的"0"外，其他数字都是有效数字（包括1至9以及它们中间的数字"0"和四舍五入后保留下来的数字"0"）。也就是说数字"0"在前面不是有效数字，在后面用于定位的也不是有效数字，例如，长度0.00234m，前面三个0不是有效数字，它与所用的单位有关。若用 mm 为单位，则为 2.34mm，其有效数字为三位。那么长度为360000cm的有效数字是几位呢？若后面的三个"0"是用来定位的，则都不是有效数字，其有效数字为三位。

3.4.2 科学计数法

在科学研究中，为了清楚简要地表述数据的精度，通常将有效数字写出并在第一位数后加小数点，而数值的数量级由 10 的整数幂来表示，这种以 10 的整数幂来计数的方法称为科学计数法。如前述中 0.00234m 应记为 2.34×10^{-3}m，360000cm 应记为 3.60×10^3m。在科学记数法中，在 10 的整数幂之前的数字应全部为有效数字，这种表示方法的有效数字的位数就一目了然了。

3.4.3 有效数的运算

（1）四舍六入五变偶

当有效数字位数确定后，其余数字应一律舍去。目前多采用"四舍六入五变偶"或"四舍六入五留奇"的规则对数字进行修整。即当末位有效数字之后第一位数字大于 5 时，末位有效数字加1；小于 5 时，舍去不计；等于 5 时，末位有效数字为奇数时，则末位有效数字增1，末位有效数字为偶数时，则略去不计。如：数据 1.25676 有效数字为四位时应记为 1.257；数据 1.26556 有效数字为四位时应记为 1.266，三位有效数字时应记为 1.26。

（2）加减运算法则

有效数相加或相减，其和或差的位数应与其中位数最少的有效数相同。例如，在传热实验中，测得水的进出口温度分别为 25.4℃ 和 55.57℃，为了确定水的定性温度，需计算两温度之和：

$$25.4 + 55.57 = 80.97 \approx 81.0℃$$

由该例可看出，由于计算结果有两位可疑数字，而按照有效数的定义只能保留一位，第二位可疑数字应按四舍五入法舍弃。

实际计算时，为了简化起见，可以在进行加减计算之前就将各数据进行修整，舍去没有意义的数字。具体原则是使加减数据中各数据的小数点后的位数与最少位数者相同。

（3）乘除运算法则

有效数的乘积或商，其位数应与各乘、除数中位数最少的相同，而与小数点的位置

31

无关。

（4）乘方和开方运算法则

乘方或开方后的有效数字位数应与其底数位数相同。

（5）对数运算法则

对数的有效数字位数应与真数相同。

（6）常数的有效数字

对于常数 π，g，e 及某些因子 1/3、$\sqrt{2}$、$\sqrt{3}$ 等的有效数字，可以为无限的，需要几位就写几位。

（7）平均值的计算

若对四个或四个以上数据进行平均值计算时，则平均值的有效数字可增加一位。

（8）精度（或误差）的表示

在表示精度（或误差）时，一般只取 1~2 位有效数字，过多位数已失去意义。如误差为 0.01384，可写为 0.014。由于误差是用来表征数据结果的准确性程度的，并提供必要的保险，所以适用于在误差值截断后末位进 1，以使误差大一点，而无须考虑通常的"四舍五入"原则。当然，这种方法是对最终表达误差而言的。

（9）测量结果与实验数据的表达

在表达测量及实验数据时，其最少位数应与保留的误差的位数对齐并按"四舍六入五变偶"的原则进行舍入。

（10）所有取自手册上的数据，其有效位数按计算需要选取，但原始数据如有限制，则应服从原始数据。

一般而言，在工程计算中取三位有效数字已经足够精确，在科学研究中根据需要和仪器的性能，可以取到四位有效数字。从有效数字的运算规则可以看出，实验结果的精确度很可能会同时受到几个仪表的影响，因此在进行实验测试时，应选择精确度一致的仪表，采用一两个精度特别高的仪表，无助于实验结果整体精度的提高。例如在某过滤实验中，计量滤液体积的量具分度为 0.1L，采用百分之一秒的电子秒表计时，测得在 30.56s 中流过的滤液量为 1.35L，计算每升滤液通过所需的时间为 $\tau = 30.56/1.35 = 22.6\,\mathrm{s/L}$。由此可见采用十分之一秒的机械秒表，测量精度就可以满足实验需要。

3.5　实验数据的处理

3.5.1　实验数据处理的重要性

实验数据处理是整个实验研究过程中的一个重要环节，其目的是将实验中获得的大量数据进一步计算处理，最终整理得出各变量之间的定量或定性关系。对于一个考虑周密、设计完善的实验研究方案，数据处理绝不是实验结束后的一个工作步骤，而是贯穿于整个实验研究过程的始终，如实验变量的确定、实验范围的选择、实验点的布置、变量关系的表达方式等等，都伴有大量的数据处理工作。此外，数据处理方法的选择也足相当重要的，它直接影响实验工作量的大小和实验结果的质量。因此，在实验研究过程中应充分重视数据处理的工作。

3.5.2 实验数据处理的方法

数据处理的方法一般可分为列表法、图示法和数学模型法等三种方法。

3.5.2.1 实验数据的列表表示法

所谓列表法是指将实验直接测取的数据以表格形式表示，以反映出各变量之间的对应关系。通常，这仅是数据处理过程前期的工作，为随后的曲线标绘或函数关系拟合做准备。为便于列表和查阅数据，在拟定记录表格时应注意下列问题：

（1）在表格的表头中要列出变量名称和计量单位，不要和数据写在一起，以免分辨不清。

（2）同一直列的数字，数据必须真实地反映所用测量仪表的精确度。即数字写法应注意有效数字的位数，每行之间的小数点对齐。

（3）对于数量级很大或很小的数，在名称栏中乘以适当的倍数。如 $Re = 35000$，用科学记数法表示为 3.5×10^4。列表时，项目名称栏中写为：$Re \times 10^{-4}$，则数据表中记为 3.5，这种情况在化工数据表中是经常用到的。

（4）整理数据时，尽量将一些计算中始终不变的物理量归纳为常数，避免不必要的重复计算。

（5）在记录表格下边，要求附以计算示例，表明各项之间的关系，以便于阅读或查阅、校核。

（6）为便于对实验中出现的特殊情况进行说明，在表格中应加上备注一栏。

（7）表格的标题要简明，能恰当说明实验内容，数据书写要清楚整齐，不得潦草。

实验数据表可按所记录数据的因果关系分为原始数据记录表，中间运算表和最终处理结果表。原始数据记录表须在实验开始之前设计好。在实验过程中每完成一组实验数据的测定，须及时将有关数据记录入表中，当实验完成时，就得到一张完整的原始数据表。切忌按操作岗位分开单独记录，实验结束后再汇总成表的记录方法，这种方法既费时又容易造成差错。中间运算表是记录数据处理过程的中间结果。使用该表有助于计算方便，不易混乱，而且可清楚地表达中间计算步骤和结果，便于检查。实验最终结果表简明扼要，只用于表达主要变量之间的关系和实验结论。

3.5.2.2 实验数据的图示法

列表法表示实验结果虽具有简单明了的优点，但在大多数情况下，为便于观察某两个实验参数之间的关系，需要将实验结果以图形表示出来。图示法是将离散的实验数据或计算结果标绘在坐标纸上，通过"光滑"的曲线将各数据点连结起来，从而直观地反映出因变量和自变量之间的关系。根据图中曲线的形状，可以分析和判断变量间函数关系的极值点、转折点、变化率及其他特性，还可对不同条件下的实验结果进行直接比较。从而帮助确定适当的函数形式来表示变量间的关系，必要时，还可以借助于曲线进行图解积分和微分。

应用图示法时经常遇到的问题是怎样选择适当的坐标纸和如何合理地确定坐标分度。

（1）坐标纸的选择

在化工研究过程中经常使用的坐标纸有直角坐标纸、双对数坐标纸和单对数坐标纸。坐标纸的选择一般是根据变量数据的关系或预测的变量函数形式来确定，其原则是尽量使变量数据的函数关系接近直线。这样，可使数据处理工作相对容易。

① 根据数据之间的函数关系和图形选坐标纸。

直线关系：变量间的函数关系形如 $y = kx + b$，选用直角坐标纸。

指数函数关系：变量间的函数关系形如 $y = a^{kx}$，选用单对数坐标纸，因 $\lg y$ 与 x 呈直线关系。

幂函数关系：变量间的函数关系形如 $y = kx^b$，选用双对数坐标纸，因 $\lg y$ 与 $\lg x$ 呈直线关系。

② 根据实验数据的变化大小选择坐标纸。

若实验数据的自变量和因变量，均在较大的数量级范围内变化，一般可选用双对数坐标纸来标绘。如果实验数据的两个变量中一个量的数量级变化很大，而另一个变化不大，一般使用单对数坐标纸来表示。例如：直管内流体摩擦阻力系数 λ 与雷诺准数 Re 的关系，在实验中的变化关系为：$Re = 10^2 \sim 10^8$，$\lambda = 0.008 \sim 0.10$，两个变量的数量级都变化很大，所以选用双对数坐标纸来标绘。同时，也可以将层流区的 $Re \sim \lambda$ 成指数变化的关系转化成直线关系表示出来。而流量计孔流系数测定实验中，$Re = 5 \times (10^3 \sim 10^6)$，$C_o = 0.60 \sim 0.85$，$Re$ 变化范围很大，而 C_o 变化范围很小，所以取单对数坐标纸为佳。

例 3 - 6 试将下列数据分别用直角坐标系和对数坐标系作图，观察其异同。

x	10	20	40	60	80	100	1000	2000	3000	4000
y	2	16	40	60	80	100	177	181	188	200

解：由已知数据分别采用直角坐标系和双对数坐标系作图 3 - 4 如下：

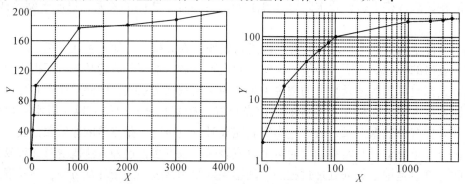

图 3 - 4 不同坐标系对函数关系的影响

从图中可以看出，采用直角坐标系作图时，不便于作图、讨论和利用，而采用双对数坐标系绘图，则可以得到便于讨论和利用的图形。

（2）对数坐标的特点

① 在对数坐标纸中某点的坐标示值是该点的变量数值，但纵、横坐标至原点的距离却是该点相应坐标变量数值的对数值。例如，当 $x = 6$ 时，y 的观测值为 9，则该实验点在对数坐标中的点坐标为 $(6, 9)$。但该点的横坐标至原点的距离为 $\lg 6 = 0.78$，纵坐标至原点的距离为 $\lg 9 = 0.95$。如图 3 - 5 所示。

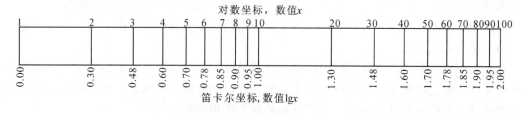

图 3 - 5 对数坐标的标度法

② 在对数坐标中，直线的斜率 k 应为

$$k = \lg\alpha = \frac{\lg y_2 - \lg y_1}{\lg x_2 - \lg x_1} \tag{3-26}$$

其中 (x_1, y_1) 和 (x_2, y_2) 为直线上任意两点的坐标值。

③ 在对数坐标上，1、10、100、1000 等之间的实际距离是相同的。因为上述各数相应的对数值分别为 0、1、2、3 等，所以在对数坐标纸上每一数量级的距离是相等的，但在同一数量级内的刻度不是等分的。

④ 选用对数坐标时，应严格遵循图纸所表明的坐标系，不能随意将其旋转或缩放使用，同时应注意，对数坐标的原点为 (1, 1) 而不是 (0, 0)。

⑤ 在对数坐标上的距离（用均匀刻度尺度量）表示两点的对数差，即

$$\lg x_2 - \lg x_1 = \lg\frac{x_2}{x_1} = \lg\left(1 - \frac{x_1 - x_2}{x_1}\right) \tag{3-27}$$

因此，在对数坐标纸上，任何实验点与图线的直线距离（均匀分度尺）相同，则各点与图线的相对误差相同。

（3）图示法中的曲线化直

在用图示法表示两变量之间的关系时，人们总希望根据实验数据曲线得出变量间的函数关系式。如果因变量 y 与自变量 x 之间呈直线关系，即：$y = kx + b$，则根据图示直线的截距和斜率，求得 k 和 b，即可确定 y 与 x 之间的直线函数方程。因此如果 y 与 x 间不是线性关系，则可将实验变量关系曲线与典型的函数曲线相对照，选择与实验曲线相似的典型曲线函数形式，应用曲线化直方法，将实验曲线处理成直线，从而确定其函数关系。

所谓曲线化直，即曲线的直线化，就是通过变量代换，将函数 $y = f(x)$ 转化为线性函数 $Y = A + BX$，其中，$X = \varphi(x, y)$，$Y = \psi(x, y)$。而 φ 和 ψ 为已知的曲线函数。先由实验数据 x_i、y_i，按 $Y_i = \psi(x_i, y_i)$ 和 $X_i = \varphi(x_i, y_i)$，求得新变量值 X_i 和 Y_i，再将各点坐标标绘于直角坐标纸中，倘若 X_i 和 Y_i 呈线性关系，即可确定出 A 和 B，进而求得 $y = f(x)$。若 $Y_i = Y(X_i)$ 偏离直线，则重新选定 $Y = \psi'(x, y)$，$X = \varphi'(x, y)$，直至 $Y - X$ 为直线关系。某些常见函数的典型图形与直线化方法见表 3-3。

表 3-3　可化为直线的典型曲线类型

	曲线类型	化直线的变量代换
类型 I	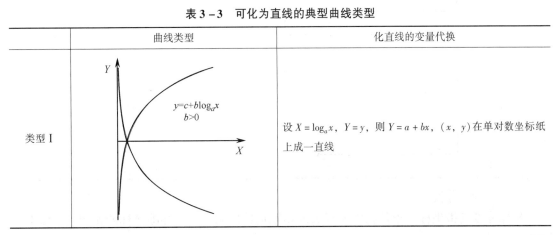 $y = c + b\log_a x$ $b > 0$	设 $X = \log_a x$，$Y = y$，则 $Y = a + bx$，(x, y) 在单对数坐标纸上成一直线

曲线类型	化直线的变量代换
类型 Ⅱ $y=ax^2+bx+c$	在曲线上取一点 (x_0, y_0) 设 $X=x$，$Y=\dfrac{y-y_0}{x-x_0}$，则 $Y=(b+ax_0)+ax$
类型 Ⅲ $y=\dfrac{1}{ax^2+bx+c}$	设 $X=x$，$Y=\dfrac{1}{y}$，则可化为类型 Ⅱ
类型 Ⅳ $y=ae^{\frac{b}{x}}$ $b>0$ $b<0$	设 $X=\dfrac{1}{x}$，$Y=\lg y$，则有 $Y=\lg a+(b\lg e)X$
类型 Ⅴ $y=\dfrac{x}{ax+b}$	设 $X=\dfrac{1}{x}$，$Y=\dfrac{1}{y}$，则有 $Y=ax+b$
类型 Ⅵ $y=\dfrac{1}{a+be^{-x}}$	设 $X=e^{-x}$，$Y=\dfrac{1}{y}$，则有 $Y=a+bx$

（4）坐标的分度

坐标分度是指坐标轴单位长度所代表的物理量数值的大小，亦即坐标的比例尺。如果变

量 x、y 的测量误差分别为 Δx 和 Δy，则其真值分别为 $x \pm \Delta x$ 和 $y \pm \Delta y$。因此当将 x、y 标绘于坐标纸上时，"实验点"应为边长分别为 $2\Delta x$ 和 $2\Delta y$ 的"矩形点"。坐标比例尺的选择与实验误差大小有密切关系，如果坐标比例选择不当，曲线图形不能如实地反映实验变量间的关系。虽然从数学上讲，变量间的函数关系仅取决于自变量和因变量的数值，而与坐标的比例大小没有任何关系。但是由于坐标比例尺选择不当，使实验点图形要么太扁，要么太长，这些矩形点都不能作为光滑曲线的"点"。因此为了得到理想的图形，比例尺的大小应使实验数据的矩形"点"近似于正方形，并且 $2\Delta x = 2\Delta y = 2mm$。根据这一原则，坐标的比例尺 M 应为

对于 x 轴 $\qquad M_x = \dfrac{2}{2\Delta x} = \dfrac{1}{\Delta x} \quad (mm/[x])$ （3-28）

对于 y 轴 $\qquad M_y = \dfrac{2}{2\Delta y} = \dfrac{1}{\Delta y} \quad (mm/[y])$ （3-29）

其中，Δx、Δy 的单位为物理量单位。因此 M 的物理意义即为用 $M(mm)$ 的长度来表示一个物理量单位。

（5）曲线的标绘

标绘实验曲线需要有足够的实验数据点，将实验数据或处理过的数据，根据自变量和因变量的关系，逐点标绘在坐标纸上。在同一张坐标纸上如标绘不同组的数据点，应以不同的符号加以区别，如用圆圈○、三角△、方块□、叉号×等。标绘出点之后，根据数据点的分布情况描绘曲线。绘制的曲线一般应该光滑圆润，如果存在转折点，在转折点附近要有较多的实验点。由于实验数据存在误差，标绘的曲线不一定通过每一个实验点，但实验点必须均匀地分布于曲线两侧。为了得到较满意的曲线，在标绘时应先肉眼观察，初步确定曲线的趋向，并用铅笔轻微勾绘粗略的曲线，最后经适当修正后，用曲线板画出最后形状的光滑曲线。

例 3-7 试用作图法讨论下列数据之间的关系

x	1	2	3	4
y	8.0	8.2	8.3	8.0

解：将已知数据在直角坐标系中作图，如图 3-6 所示选择不同比例尺，可得到以下两种形式：

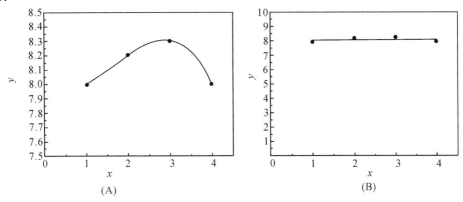

图 3-6 不同比例尺对函数关系的影响

显然，在不考虑测量误差的情况下，无法通过作图确定 x，y 之间的函数关系。

假设 x、y 的测量误差分别为 0.05、0.2，即 $x \pm \Delta x = x \pm 0.05$，$y + \Delta y = y \pm 0.2$，则实验点的真值应位于底边为 $2\Delta x$、高度为 $2\Delta y$ 的矩形范围内，如图 3-7 所示。此时可以观察到，无论纵坐标采用哪种比例尺，当 $1 \leqslant x \leqslant 4$ 时，都有 $y = 8.15$ 的水平线穿过所有的小矩形，因此数据 x、y 的函数关系为 $y = 8.15$。但图 3-7(A) 中 y 轴的比例尺是不合适的，这是因为表示 y 真值范围的矩形太长，将这么长的矩形作为连接光滑曲线的"点"是不合适的。而图 3-7(B) 的比例尺较为适当。

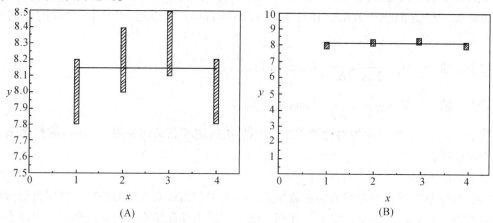

图 3-7　经过误差矫正后的函数关系曲线

若假设 x、y 的测量误差分别为 0.05、0.02，即 $x \pm \Delta x = x \pm 0.05$，$y + \Delta y = y \pm 0.02$，考虑到 x、y 的测量误差后作图如下：

由图 3-8 可以看出，当测量误差变化时，数据 x、y 之间的函数关系也发生变化，即 $x = 3$ 时，函数 y 取得最大值。同样，图 3-8(B) y 轴的比例尺是不合适的，因为表示 y 真值范围的矩形太扁，将其作为连接光滑曲线的"点"是不合适的。而图 3-8(A) 的比例尺较为适当。

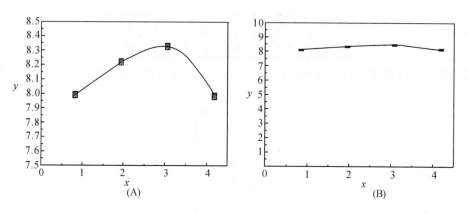

图 3-8　经过误差矫正后的函数关系曲线

3.5.2.3　数学模型法

数学模型法又称为公式法或函数法，亦即用一个或一组函数方程式来描述过程变量之间的关系。就数学模型而言，可以是纯经验的，也可以是半经验的或理论的。选择的模型方程好与差取决于研究者的理论知识基础与经验。无论是经验模型抑或理论模型，都会包含一个或几个待定系数，即模型参数。采用适当的数学方法，对模型函数方程中的参数估值并确定所估参数的可靠程度，是数据处理中的重要内容。这种方法的优点是结果简捷，而且便于使用计算机进行计算。

（1）数学模型的形式

① 经验模型　在化工研究过程中广泛使用着大量的经验模型，这些经验模型都是通过对实验数据的统计拟合而得。以下是几种常用的方程形式。

多项式　其通式为 $y = a_0 + a_1 x + a_2 x^2 + \cdots + a_m x^m$。若自变量数在两个以上，可采用下述形式 $y = a_0 + a_1 x_1 + b_1 x_2 + c_1 x_1 x_2 + a_2 x_1^2 + b_2 x_2^2 + c_2 x_1^2 x_2^2 + \cdots\cdots$。对于流体的物性，例如比热容、密度、汽化热等与温度的关系，常采用多项式关联。

幂函数　其一般形式为：$y = a_0 x_1^{a_1} x_2^{a_2} \cdots x_m^{a_m}$，动量、热量、质量传递过程中的无因次准数之间的关系，多以幂函数形式表示。

指数函数　其一般形式为：$y = a_0 \mathrm{e}^{a_1 x}$，化学反应、吸附、离子交换以及其他非稳态过程，常以此种函数形式关联变量间的关系。

② 理论模型　理论模型又称机理模型，是根据化工过程的基本物理原理推演而得的。过程变量间的关系可用物料衡算、能量衡算、过程速率和相平衡关系等四大法则来描述。过程中所有不确定因素的影响可归并于模型参数中，通过必要的实验和有限的数据对模型参数加以确定。

（2）模型参数的估值方法

模型参数的估值的方法可有几种：通过观测数据作曲线（方程）称为曲线拟合；用观测数据计算已知模型函数中的参数称作模型参数估计；由观测数据给出模型方程参数的最小二乘估计值并进行统计检验，称为回归分析。本节仅对参数的估值方法选择的原则作简要介绍。

① 模型参数估值的目标函数　模型参数估值的目标函数一般根据最小二乘法原理构造。若过程变量之间的函数关系以下式表示

$$y = f(\vec{x}, \vec{b})$$
$$\vec{x} = (x_1, x_2, \cdots, x_m)^T$$
$$\vec{b} = (b_1, b_2, \cdots, b_k)^T$$

式中，x 为自变量；b 为模型参数。

通常总是期望模型计算值与实验值之间的偏差最小。则目标函数为

$$F = \sum_{i=1}^{n} (y_i - y^*) = \sum_{i=1}^{n} [f(\vec{x_i}, \vec{b_i}) - y_i^*]^2 = \min$$

这样，在给定实验数据 x_i，y_i 后，F 就成为与 $\vec{b}$ 有关的函数了。剩下的问题是采用有效的数学方法求得"最优"的 $\vec{b}$，使 F 最小。

② 模型参数的估值方法　模型参数的估值在数学上是一个优化问题，根据模型方程的形式可以分为代数方程或微分方程参数估值；根据参数的多少可以分为单参数或多参数估值。对于线性代数方程，可用线性回归（拟合）方法求取模型参数；对于非线性代数方程，常用的方法有高斯牛顿法（Gauss-Newton）、马尔夸特法（Marguardt）、单纯形法（Simplex）等。对于微分方程，可采用解析方法、数值积分方法或数值微分方法求解。

3.6 异常值及其剔除

在进行实验数据处理的时候，常常会遇到个别数据偏离预期的情况，如果把这些数据和正常数据放在一起进行处理，可能会影响实验结果的正确性，如果把这些数据简单地剔除，又可能忽略了重要的实验信息，因此判断和剔除异常数据是数据处理中的一项重要任务。目前已有的一些判断和剔除异常数据方法还不是十分完善，有待进一步研究和探索。

一般来说按被测量数据的不同，其处理步骤分成以下两种：

（1）恒定量测量数据的处理：

剔除异常数据→随机误差分析→系统误差分析→消除误差后的数据

其中随机误差分析可以采用统计平均法将误差予以削弱或消除，系统误差则可以通过对仪器的校准设法减弱或消除。

（2）变化量测量数据的处理步骤：

剔除异常数据→补充漏失数据→数据修匀→数据拟合→回归分析→数学模型

由此可以看出，无论采用哪种方案进行数据处理，首先要完成的就是异常数据的剔除。目前人们对异常数据的判别与剔除主要采用物理判别法和统计判别法两种方法。所谓物理判别法是指根据人们对客观事物已有的认识，对实测数据偏离正常结果的原因进行判别，如果是由于外界干扰、人为误差等原因造成的，则应在实验过程中随时剔除。统计判别法是给定一个置信概率，并确定一个置信限，凡超过此限的误差，就认为它不属于随机误差范围，将其视为异常数据剔除。因此异常数据剔除的实质就是区别异常数据由偶然误差还是系统误差造成的问题。若是人为因素的偶然误差就应剔除，如果没有足够的理由证实是偶然过失造成的时候，应对数据进行统计处理，采用一定的检验方法来决定取舍。

剔除测量列中异常数据的标准有很多，其中以拉依达准则、t 检验准则、格拉布斯准则等较为常用。

3.6.1 拉依达准则

拉依达准则又称 3σ 准则，是最常用和最简单的异常数据判定与剔除准则。它是以测量次数充分多为前提的，在测量次数比较少时，拉依达准则只能是一个近似准则。

如果实验数据的总体是服从正态分布的，则根据统计理论，测量值的偏差超过 3σ 的概率已小于 1%。因此，可以认为偏差超过 3σ 的测量值是其他因素或过失造成的，为异常数据，应当剔除。剔除的方法是算出各测量值的偏差 Δx_i 和标准偏差 σ_x，把其中最大的 Δx_j 与 $3\sigma_x$ 比较，若 $\Delta x_j > 3\sigma_x$，则认为第 j 个测量值是异常数据，舍去不计。剔除 x_j 后，对余下的各测量值重新计算偏差和标准偏差，并继续审查，直到各个偏差均小于 $3\sigma_x$ 为止。具体计算方法如下：

对于 n 个实验数据 x_1，x_2，x_3，$\cdots$，x_n，首先计算其平均值：

$$\bar{x} = \frac{1}{n-1}\sum_{i=1}^{n} x_i \qquad (3-30)$$

再计算残差：$\nu_i = x_i - \bar{x}$

进而得到标准误差：

$$\sigma = \sqrt{\frac{1}{n-1}\sum_{i=1}^{n}\nu_i^2} \qquad (3-31)$$

如果某个测量值的残差大于三倍的标准误差，即

$$|\nu_k| = |x_k - \bar{x}| > 3\sigma(2\sigma)(1 \leqslant k \leqslant n) \qquad (3-32)$$

则认为该测量值含有粗大误差，应作为异常数据点剔除。至于在实际处理过程中选择 3σ 还是 2σ 与显著性水平 α 有关。3σ 相当于显著水平 $\alpha=0.01$，2σ 相当于显著水平 $\alpha=0.05$。

3.6.2 t 检验准则

拉依达准则使用的一个必要前提是测量次数足够大，误差满足正态分布。但在实验过程中，没有足够的理由可以肯定测量误差在任何情况下总是服从正态分布规律。一般来说，在分布曲线的尾部约 $\pm 2\sigma$ 以外，实际分布往往与正态分布有较大差异，特别是在 $\pm 2.5\sigma$ 以外，很难证明正态分布是实际分布的一种适当描述。随着测量次数的减少，实际分布对正态分布的偏离程度将愈加明显，因此当测量次数较少时，用拉依达准则删除异常值出错的概率明显增加，甚至无法删除异常值。为了解决这一问题，首先要找到可以描述实际分布的分布函数，然后在此基础上建立数据的检验准则。数理统计学已经证明，在测量次数较少的情况下，t 分布更符合实际分布，即 $t = (\bar{x} - \alpha) \times \sqrt{n}/\sigma$。$t$ 分布不仅与测量值有关，还与测量次数 n 有关。当 $n > 10$ 时，t 分布就很接近正态分布了。所以当测量次数较少时，采用依据 t 分布原理建立的 t 检验准则（又称罗曼诺夫斯基检验准则）来判别实际误差分布范围内的粗大误差较为合理。

t 检验准则认为：若认为样本遵从 t 分布，规定某一个显著性水平 α，α 与置信概率（也称置信水平或置信度）的关系为置信概率 $p = 1 - \alpha$，在一定测量次数 n 下，设等精度独立测量所得的一组数据为 x_1，x_2，x_3，…，x_n，若对其中某一数据 x_k 有怀疑，认为其可能含有粗差，可按如下步骤判别它是否为异常值：

① 计算出不包含 x_k 的算术平均值：

$$\bar{x}' = \frac{1}{n-1}\sum_{\substack{i=1 \\ i \neq k}}^{n} x_i \qquad (3-33)$$

即 $\bar{x}'$ 为去掉 x_k 后，剩余的 $n-1$ 个数据的算术平均值；

② 计算出不包含 x_k 的残差 $(x_k - \bar{x}')$ 在内的标准误差 σ'：

$$\sigma' = \sqrt{\frac{1}{n-2}\sum_{\substack{i=1, i \neq k}}^{n}(x_i - \bar{x}')^2} \qquad (3-34)$$

③ 根据选定的显著性水平 α 和测量次数 n，在表 3-4 中查出 t 检验系数 $K(\alpha,n)$ 的数值。若

$$|x_k - \bar{x}'| > K(\alpha,n) \cdot \sigma' \qquad (3-35a)$$

则可判定 x_k 为异常值，应予删除。若

$$|x_k - \bar{x}'| < K(\alpha,n) \cdot \sigma' \qquad (3-35b)$$

则可判定 x_k 为正常值，应予保留。

由此可见 t 检验准则的特点是先剔除一个可疑的测量值，然后按 t 检验准则确定该测量值是否应该被删除。t 检验系数见表 3-4。

表 3 – 4　t 检验系数表

测量次数 n	显著性水平 α		测量次数 n	显著性水平 α		测量次数 n	显著性水平 α	
	0.05	0.01		0.05	0.01		0.05	0.01
	$K(\alpha, n)$			$K(\alpha, n)$			$K(\alpha, n)$	
4	4.97	11.46	13	2.29	3.23	22	2.14	2.91
5	3.56	6.53	14	2.26	3.17	23	2.13	2.90
6	3.04	5.04	15	2.24	3.13	24	2.12	2.88
7	2.78	4.36	16	2.22	3.08	25	2.11	2.86
8	2.62	3.96	17	2.20	3.04	26	2.10	2.85
9	2.51	3.71	18	2.18	3.01	27	2.10	2.84
10	2.43	3.54	19	2.17	3.00	28	2.09	2.83
11	2.37	3.41	20	2.16	2.95	29	2.09	2.82
12	2.33	3.31	21	2.15	2.93	30	2.08	2.81

3.6.3　格拉布斯准则

格拉布斯准则是 1950 年格拉布斯根据顺序统计量的某种分布规律提出的一种判别异常值的准则，其实质也是基于正态分布理论而建立的。但它考虑了测量次数 n 以及标准误差本身有误差的影响等情况，在理论上比较严谨，使用也比较方便。1974 年我国有人用电子计算机作过统计模拟试验，与其他几个准则相比，对样本中仅混入一个异常值的情况检出率最高。这个准则经蒙特卡罗法考验后，被认为是最有效的异常值判别方法，因此国际上经常推荐采用格拉布斯准则进行异常数据的判别。

格拉布斯准则认为：凡剩余误差大于格拉布斯鉴别值的误差被认为是粗大误差，应予以舍弃，可表示为：

$$|\nu_i| = |x_i - \bar{x}| > g(\alpha, n) \cdot \sigma \qquad (3 - 36)$$

式中，$g(\alpha, n)$ 为格拉布斯准则判别系数，与显著性水平 α 和测量次数 n 有关。

对于某一等精度独立重复测量的一组数据 x_1，x_2，x_3，$\cdots$，x_n，当 x_i 服从正态分布时，使用格拉布斯准则判断数据是否含有异常值的计算步骤如下：

① 将测量数据按大小顺序排列成顺序统计量，即

$$x_{(1)} \leqslant x_{(2)} \leqslant \cdots \leqslant x_{(n)}$$

② 计算样本的平均值 $\bar{x}$、残差 ν_i 和标准误差 σ：

$$\bar{x} = \frac{1}{n} \sum_{i=1}^{n} x_i \qquad (3 - 37)$$

$$\nu_i = x_i - \bar{x} \qquad (3 - 38)$$

$$\sigma = \sqrt{\frac{1}{n} \sum_{i=1}^{n} (x_i - \bar{x})^2} = \sqrt{\frac{1}{n} \sum_{i=1}^{n} \nu_i^2} \qquad (3 - 39)$$

③ 对于数值大于均值的测量数据，定义统计量

$$g_i = \frac{x_i - \bar{x}}{\sigma} \qquad (3 - 40a)$$

对于数值小于均值的测量数据，定义统计量

$$g_i = \frac{\bar{x} - x_i}{\sigma} \qquad (3-40\text{b})$$

④ 根据测量次数 n 和选定的显著性水平 α，查表 3-5 得到 $g(\alpha, n)$

⑤ 对与均值 $\bar{x}$ 偏差（即残差）最大的数据 $x_{(i)}$（或 $x_{(1)}$、$x_{(n)}$）进行判断，若 $x_{(i)}$ 所对应的 $g_{(i)} \leqslant g(\alpha, n)$，则该数据不是含有粗大误差的异常数据；若 $g_{(i)} \geqslant g(\alpha, n)$，则该数据为异常数据，应予以剔除。剔除该数据的原因是 $P[g_i \geqslant g_\alpha(n)] = \alpha$。

⑥ 对于剩下的 $n-1$ 个测量数据重复上述步骤，直到找不到含有粗大误差的测量数据为止。

表 3-5 格拉布斯检验系数表

测量次数 n	显著性水平 α			测量次数 n	显著性水平 α			测量次数 n	显著性水平 α		
	0.05	0.025	0.01		0.05	0.025	0.01		0.05	0.025	0.01
	$g(\alpha, n)$				$g(\alpha, n)$				$g(\alpha, n)$		
3	1.15	1.15	1.15	14	2.37	2.51	2.66	25	2.66	2.82	3.01
4	1.46	1.48	1.49	15	2.41	2.55	2.71	30	2.75	2.91	3.10
5	1.67	1.71	1.75	16	2.44	2.59	2.75	35	2.85	2.98	3.18
6	1.82	1.89	1.94	17	2.47	2.62	2.79	40	2.87	3.04	3.24
7	1.94	2.02	2.10	18	2.50	2.65	2.82	45	2.92	3.09	3.29
8	2.03	2.13	2.22	19	2.53	2.68	2.85	50	2.96	3.13	3.34
9	2.11	2.21	2.32	20	2.56	2.71	2.88	60	3.03	3.20	3.39
10	2.28	2.29	2.41	21	2.59	2.73	2.91	70	3.09	3.26	3.44
11	2.23	2.36	2.48	22	2.60	2.76	2.94	80	3.14	3.31	3.49
12	2.29	2.41	2.55	23	2.62	2.78	2.96	90	3.18	3.35	3.54
13	2.33	2.46	2.61	24	2.64	2.80	2.99	100	3.21	3.38	3.59

3.6.4 判别异常数据的注意事项

（1）正确判断异常点

明显偏离其他测量值的测量点可能仅仅是数据中固有的随机变异性的极端表现，若确定是这样，则应保留此值。只有那种因为正常实验条件被偶然破坏或者观测和计算时严重失误所引起的明显偏离其他测量值的测量点才是异常数据点，应予以删除。

（2）合理确定使用判别准则的范围

若实验者清楚的知道实验条件已经变化时，那么此时的测量值就应剔除，而不管它是否与其它观测值一致；若实验者清楚的知道异常值是在不同的固有因素作用下发生的，此时应首先通过排出这个固有因素来纠正测量值，若无法纠正，则应剔除。只有在实验条件下明显偏离其它值的原因不清楚时，才使用判定准则进行推断。

（3）合理选用判别准则

可疑数据的取舍，实质上是区别离群较远的数据究竟是随机误差还是系统误差造成的。一般根据不同的检验目的选择不同的检验方法。其中 3σ 准则适用于一组观测值中离群数据的检验，其要求的测量次数比较多，对于测量次数较少数据的检测，可靠性不高，但由于它使用简便，不需要查表，因此在要求不高的场合还是经常使用。对于测量次数较少而又要求比较高的测量数据，可采用 t 检验准则或格拉布斯准则进行检验，当测量次数很少时，可采用 t 检验准则。同时这两个准则可用于多组测量值的均值的离群数据检验。

（4）采用逐步剔除的方法

若判别出测量数据中有两个以上的测量值含有粗大误差时，只能首先剔除含有最大误差的测量值，然后重新进行计算测量数据的算术平均值和标准误差，再对剩余的测量值进行判别，依此步骤逐步剔除，直至所有测量数据不再含有粗大误差时为止。

（5）显著水平 α 值不宜选的过小

检验准则和格拉布斯准则都涉及选择显著性水平 α 值，如果 α 值取得过小，把不是粗大误差判为粗大误差的错误概率固然是小了，但把粗大误差判别为不是粗大误差的错误概率却增加了，这显然也是不可取的。

（6）尽可能多采用信息

异常值判别准则是以测量值总体服从正态分布为前提的，因此在使用前，首先应进行正态性分析。同时也应注意到采用的信息越多，异常值的判定就越准确。当 σ 已知或从现有资料中可以查到 σ 时，应使用基于 σ 已知的准则，只有当 σ 未知或无法从已知资料中获取时，才应采用基于样本标准误差的准则。

在对测量数据进行处理过程中，一般来说，应剔除高度异常的异常值。异常值是否剔除，视具体情况而定。在统计检验时，指定为检出异常值的显著性水平 $\alpha = 0.05$，称为检出水平；指定为检出高度异常的异常值的显著性水平 $\alpha = 0.01$，称为舍弃水平，又称剔除水平。另外，在实际应用中，遇到较为精密的场合可选用两种或两种以上的准则同时进行判断，若一致认为应当剔除时，则可以剔除；若判定结果有矛盾时，则应慎重考虑。在测量数据中存在可剔除也可不剔除的测量值时，通常以不剔除为妥。这是因为无论哪种统计判别方法处理后的测量数据，都只是具有一定概率的结果而不是绝对可靠的。

3.7　实验数据的回归分析与曲线拟合

前面所述误差理论中的实验数据处理，都是从单一的物理量或函数出发，处理的目的是为寻求被测量的最佳值及其精度。在化学工程研究领域，经常遇到一些变量共处于一个统一体中，各变量之间相互依存的关系如何往往是未知的，通常需要通过实验，获得一组数据，从中找出各变量之间的内在关系。

对于从一组测量值 (x_i, y_i) 去寻求变量 x 和 y 之间最佳的函数关系式 $y = f(x)$，从图形上看，这个问题就是在平面坐标系上，由给定的 n 个点 (x_i, y_i)（$i = 1, 2, 3, \cdots, n$）求一条最接近这一组数据点的曲线，以显示这些点的总趋势。这一过程称之为曲线拟合，该曲线的方程称之为回归方程。

3.7.1　基本概念

在研究客观现象时，经常发现因素（变量）之间存在一种相互制约、相互联系的关系，这种关系可以分为两类：一类是因素之间存在函数关系；另一类是因素之间存在相关关系。

函数关系是指若干变量彼此之间存在着完全确定的关系。假设有两变量 x 和 y，如果 x 的取值确定了，y 的取值也就唯一确定了，则自变量 x 与因变量 y 存在着数学上的函数关系。

相关关系是一种统计关系，即因变量 y 与自变量 x 的关系没有密切到可以完全唯一确定的程度，y 的取值带有一定的随机性，它只是随自变量 x 大体上按某种关系变化。在实际问题中，绝大多数情况下，变量之间的关系是相关关系。例如，在某过滤过程中，过滤时间和滤液量是两个变量，在它们之间不存在确定性关系。就是说，对于相同的滤液量，在不同的过滤过程中，所需的过滤时间常不相同，反之亦然。因此只能说过滤时间与滤液量之间只存在某种相关关系。在不同的过滤过程中，其变化的趋势是一致的，但不能根据过滤时间去精确的预测滤液量。

函数关系与相关关系的区别在于：函数关系是由 x 确定 y 的取值，相关关系是由 x 的取值决定 y 值的概率分布。在实际问题中，函数关系常常通过相关关系表现出来。

尽管函数关系与相关关系是两种不同类型的关系，但它们之间并无严格的界限。一方面，相关的变量之间尽管没有确定的关系，但在一定条件下，从某种统计意义上来看，它们之间又可能存在着某种确定的函数关系；另一方面，尽管从理论上讲，某些变量之间存在着确定的函数关系，但在实际测量中，只能得到这些变量之间的相关关系。这是由于实际测量的数据之中，总是存在着误差的缘故。

回归分析是处理变量之间相关关系的数学工具，即应用数学方法，对大量的观测数据，去粗取精，去伪存真，从而得出反映事物内部规律性的东西。回归分析主要解决以下几个方面的问题：

（1）确定几个特定的变量之间是否存在相关关系，如果存在的话，找出合理的数学方程式来表达它们之间的统计相关关系。

（2）利用这种统计相关关系，在一定的置信度下，根据一个或几个变量的取值去预测或控制另一个变量的取值，或者当希望某一变量值落在某一范围内，应如何去控制影响该变量的各因素的取值范围。

（3）进行因素分析，例如对于共同影响一个变量的许多变量，找出哪些是重要因素，哪些是次要因素，这些因素之间又有什么重要关系。

在讨论回归分析时，通常都是假定因变量是服从正态分布的。如果影响因素（自变量）只有一个，则称之为一元回归。一元回归可分为一元线性回归和一元非线性回归。如果自变量在两个或两个以上，则称为多元回归，它同样可分为多元线性回归和多元非线性回归。

3.7.2　一元线性回归

一元线性回归只能处理两个变量之间的线性关系，因此又被称为直线拟合。一元线性回归是一种最简单的，也是最理想的函数关系。假设 x 为自变量，y 为因变量，现经过实验得到了 n 组数据 $(x_i, y_i)(i = 1, 2, 3, \cdots, n)$，把各个数据点画在坐标纸上，如果各点的分布近似一条直线，则可考虑采用一元线性回归，参见图 3-9。

一元线性回归尽管较为简单，但非常重要，是回归分析的基础。一元线性回归的理论方程可表达为：

$$\hat{y} = kx + b \qquad (3-41)$$

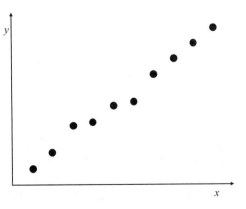

图 3-9　一元线性回归直线

式中，$\hat{y}$ 为根据回归方程得到的因变量 y 的计算值；k，b 为回归方程中的系数；x 为自变量。

3.7.2.1　根据最小二乘的原理估计回归直线中的系数 k 和 b

由于测定结果中不可避免地会带有实验误差，并且回归直线并不一定能完全反映出客观规律，因此所得到的回归直线一般不能通过所有的测量数据点。

假设通过实验得到了 n 组数据 $(x_i, y_i)(i = 1, 2, 3, \cdots, n)$，并根据这些实验数据得到了回归方程 $\hat{y} = kx + b$，则对于自变量 x 的一系列取值 x_1，x_2，x_3，$\cdots$，x_n 根据回归的方程可得到因变量的一系列计算值

$$\hat{y}_1 = kx_1 + b$$
$$\hat{y}_2 = kx_2 + b$$
$$\vdots$$
$$\hat{y}_n = kx_n + b$$

每一个实测值 $y_i(i = 1, 2, 3, \cdots, n)$ 与它相对应的一个计算值 $\hat{y}_i(i = 1, 2, 3, \cdots, n)$ 之间都有偏差，也可称为残差，按下式计算：

$$\nu_i = y_i - (kx_i + b) \tag{3 - 42}$$

所有测试数据的残差平方和为

$$Q_e = \sum_{i=1}^{n} \nu_i^2 = \sum_{i=1}^{n} \left[y_i - (kx_i + b) \right]^2 \tag{3 - 43}$$

如果回归方程 $\hat{y} = kx + b$ 是合理的，或者说如果回归直线中的系数 a 和 b 是最佳值，则所得到的残差平方和应达到最小值，这就是最小二乘法的基本原理。

根据数学上求极限的原理，将式 (3 - 43) 分别对 k 和 b 求偏导数并令其等于零，得

$$\frac{\partial Q_e}{\partial k} = 2 \sum_{i=1}^{n} \left[y_i - (kx_i + b) \right] x_i = 0 \tag{3 - 44}$$

$$\frac{\partial Q_e}{\partial b} = 2 \sum_{i=1}^{n} \left[y_i - (kx_i + b) \right] = 0 \tag{3 - 45}$$

对式 (3 - 45) 求解得

$$nb = \sum_{i=1}^{n} y_i - k \sum_{i=1}^{n} x_i \tag{3 - 46}$$

所以系数 b 的计算式为

$$b = \frac{1}{n} \sum_{i=1}^{n} y_i - \frac{k}{n} \sum_{i=1}^{n} x_i = \bar{y} - k\bar{x} \tag{3 - 47}$$

式中，$\bar{y}$ 为实测值 y_i 的平均值；$\bar{x}$ 为实测值 x_i 的平均值。

由式 (3 - 44) 可得

$$\sum_{i=1}^{n} x_i y_i - b \sum_{i=1}^{n} x_i - k \sum_{i=1}^{n} x_i^2 = 0 \tag{3 - 48}$$

将式 (3 - 47) 代入式 (3 - 48) 可得

$$\sum_{i=1}^{n} x_i y_i - \left(\frac{1}{n} \sum_{i=1}^{n} y_i - \frac{k}{n} \sum_{i=1}^{n} x_i \right) \sum_{i=1}^{n} x_i - k \sum_{i=1}^{n} x_i^2 = 0 \tag{3 - 49}$$

解之可得回归系数 k 的计算式为

$$k = \cfrac{\sum\limits_{i=1}^{n} x_i y_i - \cfrac{1}{n} \left(\sum\limits_{i=1}^{n} y_i \right) \left(\sum\limits_{i=1}^{n} x_i \right)}{\sum\limits_{i=1}^{n} x_i^2 - \cfrac{1}{n} \left(\sum\limits_{i=1}^{n} x_i \right)^2} \qquad (3-50)$$

式(3-47)和(3-50)得到的系数 b、k 为一元线性回归系数的最佳估计值。从式(3-47)同时可以看出,得到的回归直线一定通过点($\bar{x}$, $\bar{y}$)。

回归系数 k 还可以通过下列简便算法得到。将式(3-47)代入式(3-43)可得:

$$Q_e = \sum_{i=1}^{n} v_i^2 = \sum_{i=1}^{n} \left[(y_i - \bar{y}) - k(x_i - \bar{x}) \right]^2 \qquad (3-51)$$

式(3-50)中对 k 求偏导并令其等于零,得

$$-2 \sum_{i=1}^{n} \left[(y_i - \bar{y}) - k(x_i - \bar{x}) \right] (x_i - \bar{x}) = 0 \qquad (3-52)$$

整理上式,可得回归系数 k 的计算式为

$$k = \cfrac{\sum\limits_{i=1}^{n} (x_i - \bar{x})(y_i - \bar{y})}{\sum\limits_{i=1}^{n} (x_i - \bar{x})^2} \qquad (3-53)$$

可以证明式(3-53)及式(3-50)中

$$I_{xx} = \sum_{i=1}^{n} (x_i - \bar{x})^2 = \sum_{i=1}^{n} x_i^2 - \frac{1}{n} \left(\sum_{i=1}^{n} x_i \right)$$

$$l_{xy} = \sum_{i=1}^{n} (x_i - \bar{x})(y_i - \bar{y}) = \sum_{i=1}^{n} x_i y_i - \frac{1}{n} \left(\sum_{i=1}^{n} y_i \right) \left(\sum_{i=1}^{n} x_i \right)$$

则线性回归系数 k 的计算公式可简化为

$$k = \frac{l_{xy}}{l_{xx}} \qquad (3-54)$$

3.7.2.2　回归方程的显著性检验

由于采用最小二乘法求线性回归方程并不需要事先假设因变量 y 与自变量 x 之间一定存在线性相关关系,就最小二乘法本身而言,对于任意的实验数据 $(x_i, y_i)(i=1, 2, 3, \cdots, n)$,都可确定相应的线性方程。最小二乘法的原则仅是使回归值与测量值的残差平方和最小,但它不能确定所得到的回归方程是否能够反映实际情况(即 x,y 之间是否确实存在线性关系),或者回归的方程是否具有实用价值。因此对于回归所得到的方程,首先要根据有关专业知识和实践来判断,其次还要根据实际观察得到的数据进行统计检验。而关于一元线性相关的显著性检验,通常采用相关系数检验法、F 检验法和 t 检验法,三种检验方法本质上是相同的。本节仅介绍 F 检验法和相关系数检验法。

(1)回归平方和的计算

由于 x 的取值不同、试验误差及其他可能存在的不明因素的影响,各次实际测量结果 y_i 与实际测量结果的总平均值 $\bar{y}$ 有一定的偏差,这种偏差的大小可以用总偏差平方和来表示,即

$$Q = \sum_{i=1}^{n} (y_i - \bar{y})^2 = \sum_{i=1}^{n} v_i^2 \qquad (3-55)$$

式中,$v_i = y_i - \bar{y}$ 代表实际测量结果 $y_i (i=1, 2, 3, \cdots, n)$ 与实际测量结果的总平均

值的偏差，可以把 v_i 分解成

$$y_i - \bar{y} = (y_i - \hat{y}_i) + (\hat{y}_i - \bar{y}) \tag{3-56}$$

将式(3-56)代入式(3-55)可得

$$Q = \sum_{i=1}^{n} (y_i - \bar{y})^2 = \sum_{i=1}^{n} [(y_i - \hat{y}_i) + (\hat{y}_i - \bar{y})]^2$$

$$= \sum_{i=1}^{n} (y_i - \hat{y}_i)^2 + (\hat{y}_i - \bar{y})^2 + 2\sum_{i=1}^{n} (y_i - \hat{y}_i)(\hat{y}_i - \bar{y}) \tag{3-57}$$

对于式(3-57)中最后一项

$$\sum_{i=1}^{n} (y_i - \hat{y})(\hat{y} - \bar{y}) = \sum_{i=1}^{n} (y_i - \bar{y} + k\bar{x} - kx_i)(kx_i + b - k\bar{x} - b)$$

$$= \sum_{i=1}^{n} [(y_i - \bar{y}) - k(x_i - \bar{x})][k(x_i - \bar{x})]$$

$$= k\left[\sum_{i=1}^{n} (y_i - \bar{y})(x_i - \bar{x}) - k\sum_{i=1}^{n} (x_i - \bar{x})^2\right]$$

$$= k\left(l_{xy} - \frac{l_{xy}}{l_{xx}}l_{xx}\right) = 0$$

所以式(3-57)可写成

$$Q = \sum_{i=1}^{n} (y_i - \hat{y})^2 + \sum_{i=1}^{n} (\hat{y} - \bar{y})^2 \tag{3-58}$$

由于 $Q_e = \sum_{i=1}^{n} (y_i - \hat{y})^2$，设 $Q_x = \sum_{i=1}^{n} (\hat{y} - \bar{y})^2$，则式(3-58)可写为

$$Q = Q_e + Q_x \tag{3-59}$$

即总的偏差平方和 Q 是由 Q_e 和 Q_x 两部分组成。其中 Q_e 反映了除 x 对 y 的线性影响之外的其他一切因素和实验误差所引起的偏差平方和，可称之为残差平方和；Q_x 反映出变量 x 取值的不同而引起的偏差平方和，通过 x 对 y 的线性影响反映出来，称之为回归平方和。若全部实验点落在回归线之上时，有 $Q_e = 0$，$Q = Q_x$；如果 y 与 x 之间不存在线性关系，则 $Q_x = 0$，$Q = Q_e$。由此可见 Q_x 的大小反映了自变量 x 与因变量 y 之间的相关程度。

（2）方差检验法

在回归显著性检验中，通常要进行方差分析，因而涉及到偏差平方和的分解及各个偏差平方和的自由度。前述已将总偏差平方和分解成残差平方和与回归平方和，下面讨论它们各自的自由度与方差检验的步骤。

① 各偏差平方和的自由度

总偏差平方和 $Q = \sum_{i=1}^{n} (y_i - \bar{y})^2$ 的自由度 $f = n - 1$

回归平方和 $Q_x = \sum_{i=1}^{n} (\hat{y}_i - \bar{y})^2$ 的自由度 $f_x = 1$

残差平方和 $Q_e = \sum_{i=1}^{n} (y_i - \hat{y}_i)^2$ 的自由度 $f_e = n - 2$

由自由度的加和性可知 $f = f_x + f_e$。

② F 检验

回归方程的显著性检验可使用 F 检验法。定义

$$F = \frac{\dfrac{Q_x}{f_x}}{\dfrac{Q_e}{f_e}} \qquad (3-60)$$

将 $f_e = n-2$，$f_x = 1$ 代入上式，可得：

$$F = \frac{\dfrac{Q_x}{f_x}}{\dfrac{Q_e}{f_e}} = \frac{\dfrac{Q_x}{1}}{\dfrac{Q_e}{n-2}} \qquad (3-61)$$

根据 F 检验法可知，当 $F \geqslant F_\alpha(1, n-2)$ 时，则在显著性水平 α 下所建立的回归方程是显著的。即当 $F \geqslant F_{0.01}(1, n-2)$ 时，回归方程高度显著；当 $F_{0.05}(1, n-2) \leqslant F \leqslant F_{0.01}(1, n-2)$ 时，回归方程是显著的；当 $F_{0.1}(1, n-2) \leqslant F \leqslant F_{0.05}(1, n-2)$ 时，回归方程在 0.1 水平下显著；当 $F < F_{0.1}(1, n-2)$ 时，所建立的回归方程不显著。如果对回归所建立的方程要求较高，则可以认为当 $F < F_{0.05}(1, n-2)$ 时回归方程不显著。

这里所说的"高度显著"，又称为在 0.001 水平上显著；"显著"又称为 0.05 水平上显著。一般认为回归不显著时，y 对 x 的线性关系不密切，所建立的回归方程是没有意义的。如果通过 F 检验发现所做的回归方程是不显著的，可能是由以下原因造成的：

影响因变量 y 的因素，除自变量 x 外至少还有一个不可忽略的因素；y 和 x 不是线性相关；y 和 x 无关，或者说 y 与 x 不存在任何函数关系。

（3）相关系数检验

在工程设计、计算过程中，回归方程显著性检验，经常使用的是相关系数检验法。相关系数定义如下：

$$\gamma = \sqrt{\frac{Q_x}{Q}} = \sqrt{\frac{l_{xx} \cdot k^2}{l_{yy}}} = \frac{l_{xy}}{\sqrt{l_{xx} \cdot l_{yy}}} \qquad (3-62)$$

将式（3-62）及 $Q = Q_x + Q_e$ 代入式（3-61）并整理，可得

$$F = \frac{Q_x(n-2)}{Q_e} = \frac{Q_x(n-2)}{Q - Q_x} = \frac{n-2}{\dfrac{Q}{Q_x} - 1} = \frac{n-2}{\dfrac{1}{\gamma^2} - 1} \qquad (3-63)$$

由上式可知，$\gamma = \left(\dfrac{n-2}{F} + 1\right)^{-\frac{1}{2}}$。因此，当 $F \geqslant F_\alpha(1, n-2)$ 时，有 $\gamma \geqslant \left[\dfrac{n-2}{F_\alpha(1, n-2)} + 1\right]^{-\frac{1}{2}}$。

设 $\gamma_{\alpha, n-2} = \left[\dfrac{n-2}{F_\alpha(1, n-2)} + 1\right]^{-\frac{1}{2}}$，则可以得到以下结论：

① 当 $\gamma \geqslant \gamma_{0.01, n-2}$ 时，所建立的回归方程是高度显著的；

② 当 $\gamma_{0.05, n-2} \leqslant \gamma \leqslant \gamma_{0.01, n-2}$ 时，所建立的回归方程是显著的；

③ 当 $\gamma_{0.1, n-2} \leqslant \gamma \leqslant \gamma_{0.05, n-2}$ 时，回归方程在 0.1 水平下显著；

④ 当 $\gamma < \gamma_{0.1, n-2}$ 时，所建立的回归方程不显著。如果对回归所建立的方程要求较高，则可以认为当 $\gamma < \gamma_{0.05, n-2}$ 时回归方程不显著。

由式（3-62）可以看出，相关系数 $|\gamma| \leqslant 1$。当 $\gamma = \pm 1$ 时，所有的数据点均落在回归直线之上，同时相关系数 γ 的符号与回归系数 k 的符号是一致的，也就是说相关系数可正可负。当相关系数大于零时，y 与 x 正相关，y 随着 x 的增大（减小）而增大（减小）；当相关系数小于零时，y 与 x 负相关，y 随着 x 的增大（减小）而减小（增大）。

3.7.3 一元非线性回归

在化工类实验中，经常遇到因变量 y 与自变量 x 之间呈非线性关系的情况。此时可将实验点的分布形状与常见的非线性函数图形进行比较，选择形状最适合的曲线来拟合这些实验点。例如当因变量 y 随着自变量 x 的增加而急剧增大时，变量间的曲线关系可近似用指数函数 $y = ax^b$ 来拟合。对于一元非线性回归最常见的处理方法是将其化为一元线性回归。常见的各种非直线公示的图形及其直线化的方法见表 3-3。

一元非线性回归的计算步骤如下：

(1) 根据得到的实验结果在直角坐标系中作散点图；

(2) 根据散点图的形状选择一个或多个非线性函数；

(3) 进行拟合得到相应的非线性函数；

(4) 求所得到的非线性函数的相关系数和残余方差(或残余标准偏差)，计算过程如下：

相关系数 R 可按下述公式计算：

$$R = \sqrt{\frac{Q_x}{Q}} = \sqrt{\frac{\sum\limits_{i=1}^{n}(\hat{y}-\overline{y})^2}{\sum\limits_{i=1}^{n}(y_i-\overline{y})^2}} = \sqrt{1 - \frac{\sum\limits_{i=1}^{n}(y_i-\hat{y})^2}{\sum\limits_{i=1}^{n}(y_i-\overline{y})^2}} \qquad (3-64)$$

残余方差 S^2 与残余标准偏差 S 按如下公式计算：

$$S^2 = \frac{\sum\limits_{i=1}^{n}(y_i-\hat{y})^2}{n-2} \qquad (3-65)$$

$$S = \sqrt{\frac{\sum\limits_{i=1}^{n}(y_i-\hat{y}_i)^2}{n-2}} \qquad (3-66)$$

需要注意的是此处的相关系数 R 和残余方差 S^2 不能按照一元线性回归所使用的公式计算。

(5) 对所得到的非线性函数进行显著性检验。如果 $R \geqslant \gamma_{\alpha,n-2}$，则所得到的回归方程在显著性水平 α 下显著；

(6) 如果建立了多个非线性回归方程，则选择残余方差 S^2 或相关系数 R 最大的一个回归方程作为最终结果。

3.7.4 多元线性回归

多元线性回归是一元线性回归的直接推广，其包含有一个因变量、两个或两个以上的自变量。一元线性回归的大部分内容可用于多元线性回归，因其基本概念基本相同。以克莱姆法则解正规方程组为例，介绍如下：

设因变量为 y，自变量共有 m 个，分别记为 $x_1, x_2, \cdots, x_i, \cdots, x_m$，假设通过实验获得 n 组数据，分别为

$$(x_{11}, x_{21}, \cdots, x_{i1}, \cdots, x_{m1}, y_1)$$

$$(x_{12}, x_{22}, \cdots, x_{i2}, \cdots, x_{m2}, y_2)$$

$$\cdots\cdots$$

$$(x_{1j}, x_{2j}, \cdots, x_{ij}, \cdots, x_{mj}, y_j)$$
$$\cdots\cdots$$
$$(x_{1n}, x_{2n}, \cdots, x_{in}, \cdots, x_{mn}, y_n)$$

则多元线性回归方程可表示为

$$\hat{y} = a + b_1 x_1 + b_2 x_2 + \cdots + b_m x_m \tag{3-67}$$

式中，a 为常数项，$b_i(i=1, 2, \cdots, m)$ 称为 y 对 $x_i(i=1, 2, \cdots, m)$ 的偏回归系数。与一元线性回归相似，根据最小二乘法原理，令多元线性回归方程的残差平方和最小，可求得 a 和 $b_i(i=1, 2, \cdots, m)$。

多元线性回归方程的残差平方和可表示为

$$Q_e = \sum_{j=1}^{n} \nu_j^2 = \sum_{j=1}^{n} (y_j - \hat{y}_j)^2 = \sum_{j=1}^{n} [y_j - (a + b_1 x_{1j} + b_2 x_{2j} + \cdots + b_m x_{mj})]^2 \tag{3-68}$$

将残差平方和分别对 a 和 $b_i(i=1, 2, \cdots, m)$ 求偏导数，可得

$$\frac{\partial Q_e}{\partial a} = -2 \sum_{j=1}^{n} [y_i - (a + b_1 x_{1j} + b_2 x_{2j} + \cdots + b_m x_{mj})] = 0 \tag{3-69}$$

$$\frac{\partial Q_e}{\partial b} = -2 \sum_{j=1}^{n} x_{ij} [y_i - (a + b_1 x_{1j} + b_2 x_{2j} + \cdots + b_m x_{mj})] = 0 (i = 1,2,\cdots,m) \tag{3-70}$$

式(3-69)与式(3-70)组成了一个共有 $m+1$ 个方程的方程组，称为正规方程组，此正规方程组可化为线性方程组如式(3-71)，解之即可求得 a 和 $b_i(i=1, 2, \cdots, m)$。

$$\begin{cases} na + \left(\sum\limits_{j=1}^{n} x_{1j}\right)b_1 + \left(\sum\limits_{j=1}^{n} x_{2j}\right)b_2 + \cdots + \left(\sum\limits_{j=1}^{n} x_{mj}\right)b_m = \sum\limits_{j=1}^{n} y_j \\ \left(\sum\limits_{j=1}^{n} x_{1j}\right)a + \left(\sum\limits_{j=1}^{n} x_{1j}^2\right)b_1 = \left(\sum\limits_{j=1}^{n} x_{1j}x_{2j}\right)b_2 + \cdots + \left(\sum\limits_{j=1}^{n} x_{1j}x_{mj}\right)b_m = \sum\limits_{j=1}^{n} x_{1j}y_j \\ \left(\sum\limits_{j=1}^{n} x_{2j}\right)a + \left(\sum\limits_{j=1}^{n} x_{2j}x_{1j}\right)b_1 + \left(\sum\limits_{j=1}^{n} x_{2j}^2\right)b_2 + \cdots + \left(\sum\limits_{j=1}^{n} x_{2j}x_{mj}\right)b_m = \sum\limits_{j=1}^{n} x_{2j}y_j \\ \left(\sum\limits_{j=1}^{n} x_{mj}\right)a + \left(\sum\limits_{j=1}^{n} x_{mj}x_{1j}\right)b_1 + \left(\sum\limits_{j=1}^{n} x_{mj}x_{2j}\right)b_2 + \cdots + \left(\sum\limits_{j=1}^{n} x_{mj}^2\right)b_m = \sum\limits_{j=1}^{n} x_{mj}y_j \end{cases} \tag{3-71}$$

在式(3-71)中，解第一个方程可得到 a 的计算公式为

$$a = \frac{1}{n} \sum_{j=1}^{n} y_j - \frac{b_1}{n} \sum_{j=1}^{n} x_{1j} - \frac{b_2}{n} \sum_{j=1}^{n} x_{2j} - \cdots - \frac{b_m}{n} \sum_{j=1}^{n} x_{mj}$$

$$= \bar{y} - b_1 \bar{x} - b_2 \bar{x} - \cdots - b_m \bar{x}_m \tag{3-72}$$

式中，$\bar{y} = \dfrac{1}{n} \sum\limits_{j=1}^{n} y_j$，$\bar{x} = \dfrac{1}{n} \sum\limits_{j=1}^{n} x_{ij}(i = 1,2,\cdots,m)$。

将式(3-72)代入式(3-70)可得到 m 个方程的方程组：

$$\begin{cases} l_{11}b_1 + l_{12}b_2 + \cdots + l_{1m}b_m = l_{1y} \\ l_{21}b_1 + l_{22}b_2 + \cdots + l_{2m}b_m = l_{2y} \\ \cdots\cdots \\ l_{m1}b_1 + l_{m2}b_2 + \cdots + l_{mm}b_m = l_{my} \end{cases} \tag{3-73}$$

式中的系数为

$$l_{ik} = \sum_{j=1}^{n} (x_{ij} - \bar{x}_i)(x_{kj} - \bar{x}_k)$$

$$= \sum_{j=1}^{n} x_{ij}x_{kj} - \frac{1}{n} \sum_{j=1}^{n} x_{ij} \sum_{j=1}^{n} x_{kj} \qquad (3-74)$$

$$l_{iy} = \sum_{j=1}^{n} (x_{ij} - \bar{x}_i)(y_j - \bar{y})$$

$$= \sum_{j=1}^{n} x_{ij}y_j - \frac{1}{n} \sum_{j=1}^{n} x_{ij} \sum_{j=1}^{n} y_j \qquad (3-75)$$

式中，i，$k = 1$，2，$\cdots$，m；$j = 1$，2，$\cdots$，n；x_{ij}，x_{kj} 表示自变量 x_i，x_k 在第 j 次实验中的测量值；y_j 表示因变量 y 在第 j 次实验中的测量结果。

由式（3-74）可以看出，$l_{ik} = l_{ki}$。解式（3-73）可以得到偏回归系数 b_i（$i = 1$，2，$\cdots$，m），再将 b_i 的值代入式（3-72）就可以得到 a 的值。

线性方程组可通过消元法、矩阵求逆法或克莱姆法则等方法求解，此处仅介绍用克莱姆法则求解线性方程组。式（3-73）用克莱姆法则求得的解为

$$b_i = \frac{B_i}{B} \qquad (3-76)$$

式中，B_i（$i = 1$，2，$\cdots$，m），B 均为行列式，其表达式分别为

$$B = \begin{vmatrix} l_{11} & l_{12} & \cdots & l_{1i} & \cdots & l_{1m} \\ l_{21} & l_{22} & \cdots & l_{2i} & \cdots & l_{2m} \\ \cdots & \cdots & & \cdots & & \cdots \\ l_{m1} & l_{m2} & \cdots & l_{mi} & \cdots & l_{mm} \end{vmatrix} \qquad B_1 = \begin{vmatrix} l_{1y} & l_{12} & \cdots & l_{1i} & \cdots & l_{1m} \\ l_{2y} & l_{22} & \cdots & l_{2i} & \cdots & l_{2m} \\ \cdots & \cdots & & \cdots & & \cdots \\ l_{my} & l_{m2} & \cdots & l_{mi} & \cdots & l_{mm} \end{vmatrix}$$

$$B_2 = \begin{vmatrix} l_{11} & l_{1y} & \cdots & l_{1i} & \cdots & l_{1m} \\ l_{21} & l_{2y} & \cdots & l_{2i} & \cdots & l_{2m} \\ \cdots & \cdots & & \cdots & & \cdots \\ l_{m1} & l_{my} & \cdots & l_{mi} & \cdots & l_{mm} \end{vmatrix} \cdots\cdots B_m = \begin{vmatrix} l_{11} & l_{12} & \cdots & l_{1i} & \cdots & l_{1y} \\ l_{21} & l_{22} & \cdots & l_{2i} & \cdots & l_{2y} \\ \cdots & \cdots & & \cdots & & \cdots \\ l_{m1} & l_{m2} & \cdots & l_{mi} & \cdots & l_{my} \end{vmatrix}$$

从表达式可以看出，行列式 B_i（$i = 1$，2，$\cdots$，m）是将行列式 B 中的第 i 列 l_{1i}，l_{2i}，$\cdots$，l_{mi} 转换为 l_{1y}，l_{2y}，$\cdots$，l_{my} 后得到的行列式。例如当 $m = 2$ 时，可以得到二元线性回归时的解：

$$B = \begin{vmatrix} l_{11} & l_{12} \\ l_{21} & l_{22} \end{vmatrix} \qquad B_1 = \begin{vmatrix} l_{1y} & l_{12} \\ l_{2y} & l_{22} \end{vmatrix} \qquad B_2 = \begin{vmatrix} l_{11} & l_{1y} \\ l_{21} & l_{2y} \end{vmatrix}$$

故二元线性回归的偏回归系数为

$$b_1 = \frac{B_1}{B} = \frac{\begin{vmatrix} l_{1y} & l_{12} \\ l_{2y} & l_{22} \end{vmatrix}}{\begin{vmatrix} l_{11} & l_{12} \\ l_{21} & l_{22} \end{vmatrix}} = \frac{l_{1y}l_{22} - l_{2y}l_{12}}{l_{11}l_{22} - l_{12}l_{21}} \qquad b_2 = \frac{B_2}{B} = \frac{\begin{vmatrix} l_{11} & l_{1y} \\ l_{21} & l_{2y} \end{vmatrix}}{\begin{vmatrix} l_{11} & l_{12} \\ l_{21} & l_{22} \end{vmatrix}} = \frac{l_{2y}l_{11} - l_{1y}l_{21}}{l_{11}l_{22} - l_{12}l_{21}}$$

由于采用最小二乘法求线性回归方程并不需要事先假设因变量 y 与自变量 x 之间一定存在线性相关关系，就最小二乘法本身而言，对于任意的实验数据 (x_i, y_i)（$i = 1$，2，3，$\cdots$，n），都可确定相应的线性方程。最小二乘法的原则仅是使回归值与测量值的残差平方和最小，但它不能确定所得到的回归方程是否能够反映实际情况（即 x，y 之间是否确实存在线性

关系），或者回归的方程是否具有实用价值。因此对于回归所得到的方程，首先要根据有关专业知识和实践来判断，其次还要根据实际观察得到的数据进行统计检验。而关于一元线性相关的显著性检验，通常采用相关系数法。

与一元线性回归类似，在根据因变量与多个自变量的实际观测数据建立多元线性回归方程之前，因变量与多个自变量间的线性关系只是一种假设，尽管这种假设常常不是没有根据的，但是在建立了多元线性回归方程之后，还必须对因变量与多个自变量间的线性关系的假设进行显著性检验，也就是进行多元线性回归关系的显著性检验。多元线性回归方程显著性检验的方法和步骤，与一元线性回归方程的显著性检验相类似，此处就不再赘述。

3.7.5 多元非线性回归

多元非线性回归是指包含两个以上变量的非线性回归模型。对多元非线性回归模型的求解，目前还没有能解决各种类型的通用算法。传统的做法仍然是想办法把它转化成标准的线性形式的多元回归模型来处理。有些非线性回归模型，经过适当的数学变换，便能得到它的线性化的表达形式，但对另外一些非线性回归模型，仅仅做变量变换根本无济于事。属于前一情况的非线性回归模型，一般称为内蕴的线性回归，而后者则称之为内蕴的非线性回归。

如果自变量 x_1，x_2，$\cdots$，x_i，$\cdots$，x_m 与因变量 y 皆具有非线性关系，或者有的为非线性，有的为线性关系，则应选用多元非线性回归方程。例如对于方程

$$\hat{y} = a + b_{11}x_1 + b_{21}x_2 + b_{12}x_1^2 + b_{22}x_2^2 + b_{11 \times 22}x_1x_2$$

此时可设 $b_1 = b_{11}$，$b_2 = b_{21}$，$b_3 = b_{12}$，$b_4 = b_{22}$，$b_5 = b_{11 \times 22}$，$x_3 = x_1^2$，$x_4 = x_2^2$，$x_5 = x_1 \cdot x_2$，于是上式可化为五元一次线性方程

$$\hat{y} = a + b_1x_1 + b_2x_2 + b_3x_3 + b_4x_4 + b_5x_5$$

这样便可按多元线性回归分析的方法，计算各偏回归系数，最后建立二元二次多项式的回归方程。

这里需要说明的是，在化工设计计算过程中，严格的线性模型并不多见，它们都或多或少带有某种程度的近似。在不少情况下，非线性模型可能更加符合实际。由于历史的原因，非线性的回归应用曾经在国内还不够普及。随着计算机技术与统计软件的发展，目前已有很多软件包（如 SAS、SPSS、STATA 等）可以方便地对非线性回归进行统计和分析，因此国内回归分析方法的应用也随之上了新的台阶。

3.7.6 多项式回归

对于自变量 x 和因变量 y 之间的 n 组测量数据，如果用一元线性回归或可转化为线性回归的一元非线性回归都不能得到较好的结果时，可采用一般多项式进行回归。由高等数学的知识可知，任何函数至少在一个较小的区间内，可采用多项式来逼近。通过数学方法可求得一般多项式回归方程为

$$\hat{y} = a_0 + a_1x + a_2x^2 + \cdots + a_mx^m = \sum_{j=0}^{n} a_jx^j$$

在一般多项式回归中，m 值大小的选择取决于实验曲线的峰（谷）数。通常 m 值要至少大于曲线的峰（谷）数，且应远小于测量次数 n。

欲使曲线能够更好的拟合观测点的数据，即测量数据与多项式计算数据更加接近，需使

误差平方和最小。误差平方和的表达式如下：

$$F(a_0, a_1, \cdots, a_m) = \sum_{k=1}^{k} \left[y(x_k) - y_k \right]^2$$

按最小二乘法原理，分别对 a_0，a_1，$\cdots$，a_m 求偏导数并令其为零，得：

$$\frac{\partial F}{\partial a_j} = 2 \sum_{k=1}^{n} \left[y(x_k) - y_k \right] x_k^j = 0 \, (j = 0, 1, \cdots, m)$$

即

$$\sum_{k=1}^{n} (a_0 + a_1 x_k + \cdots + a_m x_k^m - y_k) x_k^j$$

$$= \sum_{k=1}^{n} (a_0 x_k^j + a_1 x_k^{j+1} + \cdots + a_m x_k^{j+m} - y_k x_k^j)$$

$$= a_0 \sum_{k=1}^{n} x_k^j + a_1 \sum_{k=1}^{n} x_k^{j+1} + \cdots + a_m \sum_{k=1}^{n} x_k^{j+m} - \sum_{k=1}^{n} y_k x_k^j$$

$$= 0$$

也就是系数 a_0，a_1，$\cdots$，a_m 应满足如下方程组：

$$a_0 \sum_{k=1}^{n} x_k^j + a_1 \sum_{k=1}^{n} x_k^{j+1} + \cdots + a_m \sum_{k=1}^{n} x_k^{j+m} = \sum_{k=1}^{n} y_k x_k^j$$

上述方程组的系数矩阵是一个对称矩阵，并且所建立的各个方程均是线性方程，可以通过高斯消元法求出方程组中 a_0，a_1，$\cdots$，a_m 的解，然后代入 m 次多项式中，即可以得到由测量数据点 (x_i, y_i) $(i = 1, 2, \cdots, n)$ 所确定的近似多项式。

回归分析是统计学中的一个重要的分支，是以概率论和数理统计为基础迅速发展起来的一种应用性较强的科学方法。在自然科学和社会科学中，许多现象之间的相关关系往往难以用确定性的函数关系来描述，它们大多是随机性的，要通过统计观察才能找出其中规律。在化工过程中，通过系统辨识等方法要想得到精确的解析表达式往往是困难的；或者虽然能得到解析表达式，但动力学系统的数学模型一般为微分方程或偏微分方程的形式，在影响因素繁多的情况下，求数值解也比较复杂，同时不容易做到精确。而通过回归分析法，可以获得参数的近似表达式，在实验前进行实验的优化设计，并可以对实验参数进行快速分析及预报。

4　化工测量技术及常用仪表

4.1　概述

　　流体压强、流量及温度是化工生产、实验中的重要信息，是必须测量的基本参数。用来测量这些参数的仪表统称为化工测量仪表。化工测量仪表的种类很多，本章主要介绍实验室常用测量仪表的工作原理、选用及安装使用的一些基本知识。

　　化工测量仪表一般由检测（含变送）、传送、显示等三个基本部分组成。检测部分通常与被测介质直接接触，并依据不同的原理和方式将被测的压强、流量或温度等信号转变为易于传送的物理量，如机械力、电信号等；传送部分一般只起信号能量的传递作用；显示部分则将传送来的物理量信号转换为可读信号。常见的显示形式有指示、记录、声光报警等。根据不同的需要，检测、传送、显示这三个基本部分可集成在一台仪表内，比如弹簧管式压强表；也可分散为几台仪表，比如仪表室对现场设备操作时，检测部分在现场，显示部分在仪表室，而传送部分则在两者之间。

　　使用者在选用测量仪表时必须考虑所选仪表的测量范围与精度。特别是检测、传送、显示三个基本部分分散为几台仪表的场合，相互间必须统筹兼顾，否则将引入较大的测量误差。

4.2　流体压强的测量方法

　　在化工生产和实验中，经常遇到流体静压强的测量问题。常见的流体静压强测量方法有三种：

　　（1）液柱式测压法，将被测压强转变为液柱高度差；

　　（2）弹性式测压法，将被测压强转变为弹性元件形变的位移；

　　（3）电气式测压法，将被测压强转变为某种电量（比如电容或电压）的变化。

　　通常由上述方法测得的压强均为"表压值"，即以物理大气压为基准的压强值。表压值加物理大气压值等于绝对压强值。

4.2.1　液柱式压强计

　　液柱式压强计是基于流体静力学原理设计的。结构比较简单、精度较高。既可用于测量流体的压强，又可用于测量流体管道两点间的压强差。一般由玻璃管制成。由于指示液与玻璃管会发生毛细管现象，所以在自制液柱式压强计时应选用内径不小于 5mm（最好大于8mm）的玻璃管，以减小毛细现象引起的误差。同时，因玻璃管的耐压能力低和长度所限，只能用于0.1MPa以下的正压或负压(或压差)的场合。液柱式压强计的常见形式有以下几种。

(1) U形管压强计

如图4-1所示,这是一种最基本的液柱式压强计,用一根粗细均匀的玻璃管弯制而成,也可用两支粗细相同的玻璃管做成连通器的形式。玻璃管内充填某种工作指示液(如水银、水等)。使用前,U形管压强计的工作液处于平衡状态,当作用于U形管压强计两端的势能不同时,管内一侧液柱下降而另一侧上升。外界势能差达到稳定时,两侧液柱达到新的平衡状态。此时两侧液柱的液面高度差为R,可表示为

$$p_1 + Z_1\rho g + R\rho g = p_2 + Z_2\rho g + R\rho_i g \qquad (4-1)$$

或 $$(p_1 - p_2) + (Z_1 - Z_2)\rho g = R(\rho_i - \rho)g \qquad (4-2)$$

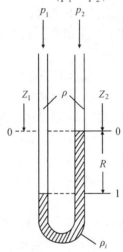

图4-1 U形管压强计

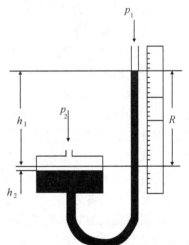

图4-2 单管式压强计

(2) 单管式压强计

单管式压强计是U形管压强计的一种变形,即用一只杯形容器代替U形管压强计中的一根管子,如图4-2所示。由于杯形物的截面远大于玻璃管的截面(一般两者的比值须大于或等于200倍),所以在其两端作用不同压强时,细管一边的液柱从平衡位置升高到h_1,杯形容器一边下降到h_2。根据等体积原理,h_1远远大于h_2,故h_2可忽略不计。因此,在读数时只要读取h_1即可。

(3) 倾斜式压强计

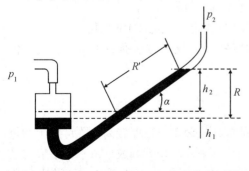

图4-3 倾斜式压强计

倾斜式压强计是把单管压强计或U形管压强计的玻璃管与水平方向作α角度的倾斜,如图4-3所示。倾斜角度的大小可根据需要调节。它使读数放大了$\frac{1}{\sin \alpha}$倍,即$R' = \frac{R}{\sin \alpha}$。此种压强计由于提高了读数分辨率,因而可用于流体小压差的测量。

(4) 倒置U形管压强计

倒置U形管压强计如图4-4所示。指示剂为

空气，一般用于测量液体小压差的场合。由于工作液体在两个测量点上压强不同，故在倒置 U 形管的两根支管中上升的液柱高度也不同，则

$$p_1 - p_2 = R(\rho - \rho_{空气})g \approx R\rho g \qquad (4-3)$$

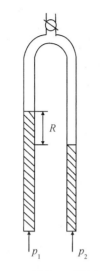

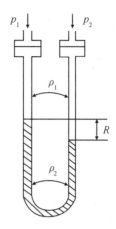

图 4-4　倒置 U 形管压强计　　　　　图 4-5　双液体压差计

（5）双液体压差计

双液体压差计如图 4-5 所示。它一般用于测量气体压差的场合。ρ_1 和 ρ_2 分别代表两种指示液的密度。由流体静力学原理 $p_2 - p_1 = R(\rho_2 - \rho_1)g$ 知，当 Δp 很小时，为了扩大读数 R，减小相对读数误差，可以通过减小 $(\rho_2 - \rho_1)$ 来实现。$(\rho_2 - \rho_1)$ 愈小，R 就愈大，但两种指示液必须有清晰的分界面。工业实际应用时常以石蜡油和工业酒精为指示介质，实验室中常以苯甲基醇和氯化钙溶液为指示介质，氯化钙溶液的密度可以用不同的浓度来调节。

4.2.2　弹性式压强计

弹性式压强计是以弹性元件受压后所产生的弹性形变作为测量基础的。通常可分为薄膜式、波纹管式和弹簧管式三类。

利用各种弹性元件测压的压力表，多是在力平衡原理基础上，以弹性形变的机械位移作为转换后的输出信号。弹性元件应保证在弹性形变的安全区域内工作，这时被测压力 p 与输出位移 x 之间一般具有线性关系。这类压力表的性能主要与弹性元件的特性有关，各种弹性元件的特性与材料、加工和热处理的质量有关，并且对温度的敏感性较强。但是弹性压力表由于测压范围较宽、结构简单、价格便宜、现场使用和维修方便，所以在化工和炼油生产乃至实验室中仍有广泛的应用。

常用的弹性元件有波纹膜片和波纹管，多作微压和低压测量；单圈弹簧管（又称波登管）和多圈弹簧管，可作高、中、低压甚至真空度的测量。常见的几种弹性元件的结构及其特性见表 4-1。

表 4 –1　弹性元件的结构和特性

类别	名称	示意图	测量范围/（kgf/cm²）		输出特性	动态性质	
			最小	最大		时间常数/s	自振频率/Hz
薄膜式	平薄膜	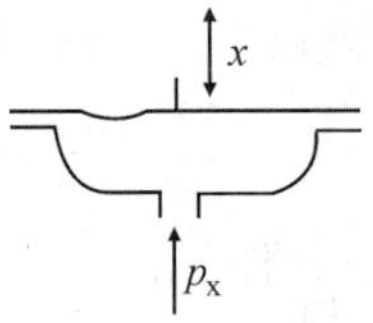	$0 \sim 10^{-1}$	$0 \sim 10^{-3}$	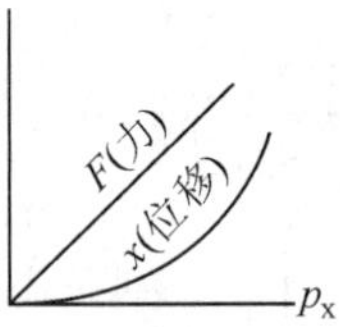	$10^{-5} \sim 10^{-2}$	$10 \sim 10^4$
	波纹膜	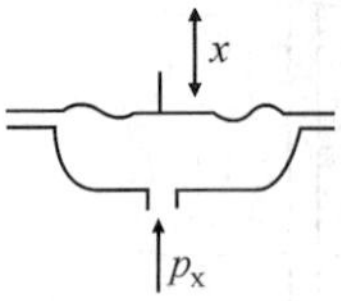	$0 \sim 10^{-5}$	$0 \sim 10$	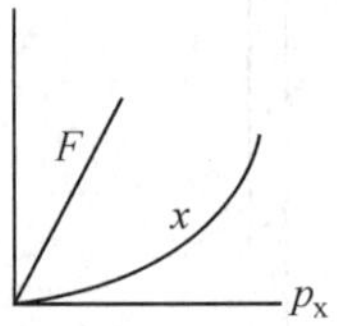	$10^{-2} \sim 10^{-1}$	$10 \sim 10^2$
	挠性膜	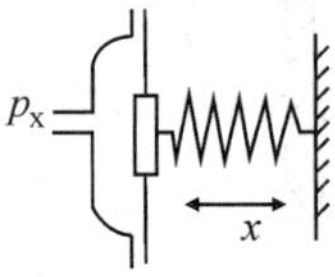	$0 \sim 10^{-7}$	$0 \sim 1$	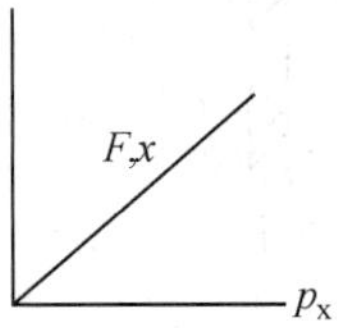	$10^{-2} \sim 1$	$1 \sim 10^2$
波纹管式	波纹管		$0 \sim 10^{-5}$	$0 \sim 10$	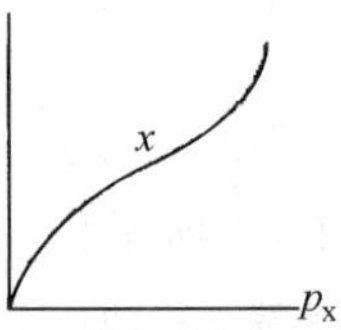	$10^{-2} \sim 10^{-1}$	$10 \sim 10^2$
弹簧管式	单圈弹簧管	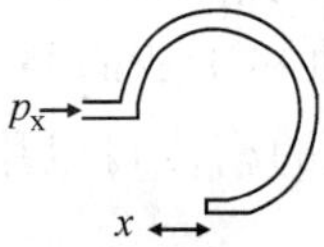	$0 \sim 10^{-3}$	$0 \sim 10^4$	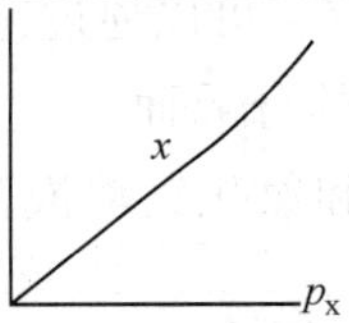	—	$10^2 \sim 10^3$
	多圈弹簧管	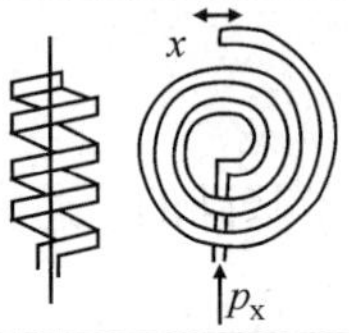	$0 \sim 10^{-4}$	$0 \sim 10^3$	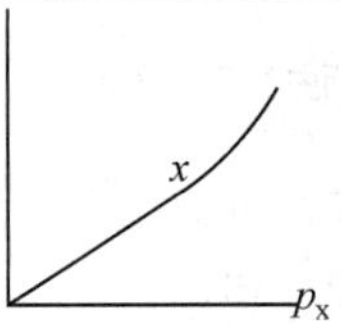	—	$10 \sim 10^2$

　　现以最常见的单圈弹簧管式压强计为例，说明弹性式压强计的工作原理。单圈弹簧管是弯成圆弧形的空心管子，如图 4 – 6 所示。它的截面呈扁圆形或椭圆形，圆的长轴 a 与图面垂直的弹簧管中心轴 O 相平行。管子封闭的一端为自由端，即位移输出端。管子的另一端则是固定的，作为被测压力的输入端。

　　作为压力位移转换元件的弹簧管，当它的固定端 A 通入被测压力 p 后，由于椭圆形截面在压力 p 的作用下将趋向圆形，弯成圆弧形的弹簧管随之产生向外挺直的扩张变形，其自由端就由 B 移到 B'，如图 4 – 6 上虚线所示，弹簧管的中心角随即减小 $\Delta\gamma$。根据弹性变形原理可知，中心角的相对变化值 $\Delta\gamma/\gamma$ 与被测压力 p 成比例。通过机械传递，将中心角的相对变化转变为指针变化，即可测得压强值。

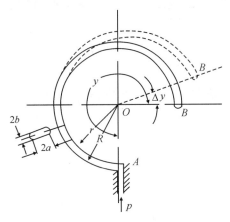

图 4 – 6　单圈弹簧管

A—弹簧管的固定端；B—弹簧管的自由端；O—弹簧管的中心轴；
γ—弹簧管中心角的初始值；Δγ—中心角的变化量；R、r—弹簧管弯曲圆弧
的外径和内径；a、b—弹簧管椭圆截面的长半轴和短半轴

4.2.3　电气式压强计

电气式压强计一般用于测量快速变化、脉动压力和高真空、超高压等场合，比如应变片式压强计。应变片常由半导体材料制成，它的电阻值 R 随压力 p 所产生的应变而变化。在受压情况下，半导体材料的电阻变化率远远大于金属材料。这是因为在半导体（例如单晶硅）的晶体结构上施压后，会暂时改变晶体结构的对称性，从而改变半导体的导电性能，表现为它的电阻率的变化。应变片式压力传感器就是利用应变片作为转换元件，把被测压强转换为应变片电阻值变化，然后经桥式电路得到毫伏级电量并传输给显示单元，组成应变片式压强计。

4.2.4　测压仪表的选用

压强计的选用应根据使用要求，针对具体情况作具体的分析。在符合工艺生产过程所提出的技术要求条件下，应本着节约原则，合理地选择种类、型号、量程和精度等级，有时还需要考虑是否需带有报警、远传变送等附加装置。

选用的依据主要有：（1）工艺生产过程对压力测量的要求。例如，压力测量精度、被测压力的高低、测量范围以及对附加装置的要求等。（2）被测介质的性质。例如，被测介质温度高低、黏度大小、腐蚀性、脏污程度、易燃易爆等。（3）现场环境条件。例如，高温、腐蚀、潮湿、振动等。除此以外，对弹性式压强计，为了保证弹性元件能在弹性变形的安全范围内可靠地工作，在选择压强计量程时必须考虑到留有足够的余地。一般在被测压力较稳定的情况下，最大压力值应不超过满量程的 3/4；在被测压力波动较大的情况下，最大压力值应不超过满量程的 2/3。为保证测量精度，被测压力最小值以不低于全量程的 1/3 为宜。

测压仪表的种类、特点和应用范围可参阅表 4 – 2。

表4-2　侧压仪表的种类、特点和应用范围

类别	名称		特点	测量范围	精度	应用范围
液柱式压力表	U 形管压差计		结构简单，制作方便，但易破损	0～20000Pa	1.5	测量气体的压力及压差。也可用作差压流量计、气动单元组合仪表的校验
	杯形压力计	单管		3000～15000Pa		
		多管		-2500～6300Pa		
	倾斜式压力计			400，1000，1250，±250，±500Pa	1.0	测量气体微压，炉膛微压及压差
	补偿式微压计			0～1500Pa	0.5	
普通弹簧管式压力表	普通弹簧管压力表		结构简单，成本低廉，使用维护方便	-0.1～60MPa	1.5	非腐蚀性、无结晶的液体、气体、蒸汽的压力和真空防爆场合。电接点压力表应选择防爆型
	电接点压力表	防爆			2.5	
		非防爆				
	双针双管压力表			0～2500kPa	1.5	测量无腐蚀介质的两点压力
	双面压力表			0～2.5MPa		两面显示同一测量点的压力
	标准压力表（精密压力表）		精度高	-0.1～250MPa	0.25 0.4	校验普通弹簧管压力表，以及精确测量无腐蚀性介质的压力和真空度
专用弹簧管式压力表	氨用压力表（电接点的为非防爆）		弹簧管的材料为不锈钢	-0.1～60MPa	1.5 2.5	液氨、氨气及其混合物和对不锈钢不起腐蚀作用的介质
	氧气压力表		严格禁油			测量氧气的压力
	氢气压力表			0～60MPa		测量氢气的压力
	乙炔压力表			0～2.5MPa	2.5	测量乙炔气的压力
	耐硫压力表（H_2S 压力表）			0～40MPa	1.5	测量硫化氢的压力
膜片式压力表	膜片压力表		膜片材料为 1Cr18Ni9Ti 和含钼不锈钢	-0.1～2.5MPa	2.5	测量腐蚀性、易结晶、易凝固、黏性较大的介质压力和真空度
	隔膜式耐蚀压力表			0～6MPa		
	隔膜式压力表					

4.2.5　测压仪表的安装

为使压强计发挥应有的作用，在正确选用的同时，还需注意正确的安装方法。

（1）测压点。除正确选定设备上的具体测压位置外，在安装时应使插入设备中的取压管内端面与设备连接处的内壁保持平齐，不应有凸出物或毛刺，且测压孔不宜太大，以保证正确地取得静压力。同时，在测压点的上、下游应有一段直管稳定段，以避免流体扰动对测量的影响。

（2）安装地点应力求避免振动和高温的影响。

（3）测量蒸汽压力时，应加装凝液管，以防止高温蒸汽与测压元件直接接触；对于腐蚀性介质，应加装充有中性介质的隔离罐。总之，针对被测介质的不同性质（高温、低温、腐蚀、脏污、结晶、沉淀、黏稠等），采取相应的防温、防腐、防冻、防堵等措施。

（4）取压口到压强计之间应装有切断阀门，以备检修压强计时使用。切断阀应装设在靠近取压口的地方。需要进行现场校验和经常冲洗引压导管的场合，切断阀可改用三通开关。

（5）引压导管不宜过长，以减少压力指示的迟缓。

4.3 流体流量的测量方法

单位时间内流过通道截面的流体量称为流量。若流过的量以体积表示，称为体积流量 Q_v；以质量表示，称为质量流量 Q_m；以重量表示，称为重量流量 Q_w。它们之间的关系为

$$Q_m = \frac{Q_w}{g} = \rho Q_v \qquad (4-4)$$

式中，g 是测量地的重力加速度，ρ 是被测流体的密度，它随流体的状态而变。因此，以体积流量描述时，必须同时指明被测流体的压强和温度。为了便于比较，以标准状态下，即压强 101325Pa、温度 20℃ 的体积流量来表示。一般而言，以体积流量描述的流量计，其指示刻度的标定都是以水或空气为介质、在标准状态下进行的。若使用条件和工厂标定条件不符时，需进行修正或现场重新标定。

测量流量的方法大致可分为三类。

(1) 速度式测量方法。以流体在通道中的流速为测量依据。这类仪表种类繁多，常见的有节流式流量计、转子流量计、涡轮流量计、靶式流量计等。

(2) 容积式测量方法。以单位时间内排出流体的固定容积数为测量依据。这类仪表常见的有湿式气体流量计、皂膜流量计、椭圆齿流量计等。

(3) 质量式测量方法。以流过的流体质量为测量依据。这类仪表目前常见的主要有直接式和补偿式两种。

4.3.1 速度式测量方法

4.3.1.1 节流式流量计

节流式流量计中较为典型的有孔板流量计和喷嘴流量计，它们都是基于流体的动能和势能相互转化的原理设计的。其基本结构如图 4-7 和图 4-8 所示。流体通过孔板或喷嘴时流速增加，从而在孔板或喷嘴的前后产生势能差。这一势能差可以由引压管在压差计或差压变送器上显示出来。

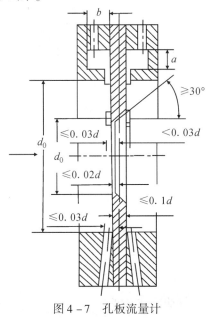

图 4-7 孔板流量计

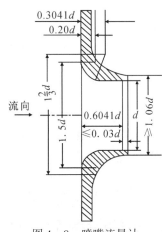

图 4-8 喷嘴流量计

对于标准的孔板和喷嘴，其结构尺寸、加工精度、取压方式、安装要求、管道的粗糙度等均有严格的规定，只有满足这些规定条件及制造厂提供的流量系数时，才能保证测量的精度。

非标准孔板和喷嘴系指不符合标准孔板规范的、如自己设计制造的孔板或喷嘴。对于这类孔板和喷嘴，在使用前必须进行校正，取得流量系数或流量校核曲线后才能投入使用。在设计制造孔板时，孔径的选择要按流量大小、压差计的量程和允许的能耗综合考虑。为了使流体的能耗控制在一定范围内并保证检测的灵敏度，推荐的孔板孔径和管径之比为 0.45~0.50。

孔板和喷嘴的安装。一般要求保持上游有 $30d$ ~ $50d$、下游有不小于 $5d$ 的直管稳定段。孔口的中心线应与管轴线相重合。对于标准孔板或是已确定了流量系数的孔板，在使用时不能反装，否则会引起较大的测量误差。正确的安装是孔口的锐角方向正对着流体的来流方向。由于孔板或喷嘴的取压方式不同会直接影响其流量系数的值，标准孔板采用角接取压或法兰取压，标准喷嘴采用角接取压，使用时须按要求连接。自制孔板除采用标准孔板的方法外，尚可采用径距取压，即上游取压口距孔板端面 $1d$，下游取压口距孔板端面 $0.5d$ 处。

孔板流量计结构简单，使用方便，可用于高温、高压场合，但流体流经孔板能量损耗较大。若不允许能量消耗过大的场合，可采用文丘里流量计。其基本原理与孔板类同，此处不再赘述。按照文丘里流量计的结构，设计而成的玻璃毛细管流量计可以测量小流量，已在实验中获得广泛使用。

4.3.1.2 转子流量计

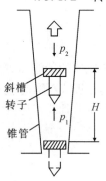

图 4-9 转子流量计

转子流量计又称浮子流量计，如图 4-9 所示，是实验室最常见的流量仪表之一。其特点是量程比大，可达 10:1，直观，势能损失较小，适合于小流量的测量。

若将转子流量计的转子与差动变压器的可动铁芯连接成一体，使被测流体的流量值转换成电信号输出，则可实施远传之目的。

转子流量计安装时要特别注意垂直度，不允许有明显的倾斜(倾角要小于 20°)，否则会带来测量误差。为了检修方便，在转子流量计上游应设置调节阀。转子流量计测的是体积流量，出厂前是在标准状态下标定的。因此，若实际使用条件和标准技术状态条件不符时，需按下式进行修正或现场重新标定。

对于液体，有 $Q = Q_N \sqrt{\dfrac{\rho_0 (\rho_f - \rho)}{\rho (\rho_f - \rho_0)}}$ (4-5)

式中　Q——实际流量值，L/h；

　　　Q_N——刻度流量值，L/h；

　　　ρ_0——20℃时水的密度值，kg/m³；

　　　ρ——被测介质密度，kg/m³；

　　　ρ_f——转子密度，kg/m³。

对于气体，有 $Q = Q_N \sqrt{\dfrac{\rho_0}{\rho}} \approx Q_N \sqrt{\dfrac{p_0 T}{p T_0}}$ (4-6)

式中　ρ_0——标定介质(空气)在标准状态下的密度，kg/m³；

ρ——被测介质在标准状态下的密度，kg/m³;

p_0, T_0——标定的空气状况：101325Pa，293.15K

p, T——实际测量时被测介质的绝对压强，Pa；绝对温度，K。

4.3.1.3 涡轮流量计

涡轮流量计是一种精度较高的速度式流量测量仪表。其精度为0.5级。它由涡轮流量变送器和显示仪表组成，如图4-10所示。当流体通过时，冲击由导磁材料制成的涡轮叶片，使涡轮发生旋转。变送器壳体上的检测线圈产生一个稳定的电磁场。在一定流量范围和流体黏度下，涡轮的转速和流体流量成正比。涡轮转动时，涡轮叶片切割电磁场。由于叶片的磁阻与叶片间隙间流体的磁阻相差很大，因而使通过线圈的磁通量发生周期性变化，线圈内便产生了感应电流脉冲数量（脉冲数/s），并根据涡轮流量计的流量系数（脉冲数/L），便可求得体积流量(L/s)。

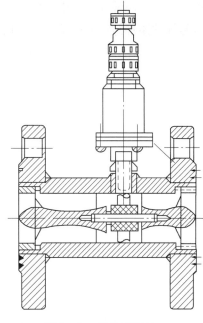

图4-10 涡轮流量计

4.3.1.4 靶式流量计

在化工和炼油生产中，通常会遇到如重油、沥青、焦油等黏度较高介质和悬浮液的流量测量。在这种场合下，上述介绍的节流式流量计、转子流量计和涡轮流量计由于结构上及性能上的限制，不能适应这种特殊介质流量测量的要求。靶式流量计是在管道中插入一块靶作为节流元件，如图4-11所示。从流体力学的基本原理来看，它与节流式流量计、转子流量计是相似的，都采用了在管道中插入一定型式的节流元件（孔板、转子、靶等），利用流体能量形式转换的办法来进行流量测量。靶式流量计虽然其流通截面是恒定的（靶与管壁间的环形间隙），但它是采用流体给予靶上的推力F而不是静压差作为流量测量信号的。流体流量越大，靶上受到的推力F也越大。将推力F通过力矩传递及信号转换，便可将流体流量显示出来。

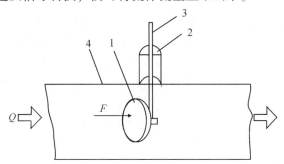

图4-11 靶式流量计

1—靶；2—输出轴密封片；3—靶的输出力杠杆（主杆杠）；4—管道；F—靶上所受到的流体推力

4.3.2 容积式测量方法

4.3.2.1 湿式气体流量计

湿式气体流量计结构如图4-12所示，其外部为一圆筒形外壳。内部为一分成四室的转子；在流量计正面有指针、刻度盘和数字表，用以记录气体流量。进气管、加水漏斗和放水旋塞均在流量计后面；出气管和水平仪在流量计顶部。在表顶有两个垂直的孔眼，可用于插入气压计和温度计；溢水旋塞在流量计正面左侧。流量计下面有三只螺丝支脚用来校准水平。气体由流量计背面中央处进入。转子每转动一周，四个小室都完成一次进气和排气，故流量计的体积为四个小室充气体积之和。计数机构在刻度盘上显示相应数字。

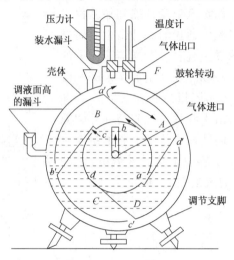

图4-12 湿式气体流量计

湿式流量计每个气室的有效体积是由预先注入流量计内的水面控制的，所以在使用时必须检查水面是否达到预定的位置。安装时，仪表必须保持水平。

4.3.2.2 皂膜流量计

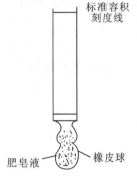

图4-13 皂膜流量计

皂膜流量计一般用于气体小流量的测定，它由一根具有上、下两条刻度线指示的标准体积的玻璃管和含有肥皂液的橡皮球组成。如图4-13所示。肥皂液是示踪剂。当气体通过皂膜流量计的玻璃管时，肥皂液膜在气体的推动下沿管壁缓缓向上移动。在一定时间内皂膜通过上、下标准体积刻度线，表示在该时间段内通过了由刻度线指示的气体体积量，从而得到气体的平均流量。

为了保证测量精度，皂膜速度应小于4cm/s。安装时须保证皂膜流量计的垂直度。每次测量前，按一下橡皮球，使之在管壁上形成皂膜以便指示气体通过皂膜流量计的体积。为了使皂膜在管壁上顺利移动，使用前须用肥皂液润湿管壁。

皂膜流量计结构简单，测量精度高。可作为校准其他流量计的基准流量计。它便于实验室制备。推荐尺寸为：管子内径1cm、长度25cm或管子内径10cm、长度100~150cm两种规格。

4.3.2.3 椭圆齿流量计

椭圆齿流量计适用于黏度较高的液体，如润滑油的计量。它是由一对椭圆状互相啮合的齿轮和壳体组成，如图4-14所示。在流体压差的作用下，互相啮合的齿轮各自绕其轴心旋转。每旋转一周排出四个月牙形体积(由齿轮与壳体间形

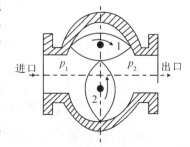

图4-14 椭圆齿流量计

成)的流体。

此外，实验室中也时常以计量泵作为液体的容积计量工具。使用计量泵需保持泵的转速或往复速度的稳定以保证计量的准确度。

4.3.3 质量式测量方法

由速度式和容积式方法测得的流体体积流量都受到流体的工作压强、温度、黏度、组成以及相变等因素的影响而带来测量误差。而质量测量方法则直接测定单位时间内所流过的介质的质量，可不受上述诸因素的影响。它是一种比较新型的流量计，在工程与实验室中得到越来越多的使用。

由于质量流量是流通截面积、流体流速和流体密度的函数。当流通截面积为常数时，只要测得单位体积内流体的流量和流体密度，即可得到质量流量。而流体密度又是温度和压强的函数。因此，只要测得流体流速及其温度和压强，依一定的关系便可间接地测得质量流量。这就是温度、压力补偿式质量流量计的作用原理。

气体质量流量测量的压力、温度补偿系统如图 4-15 所示。它是通过测量流体的体积流量、温度、压力值，又根据已知的被测流体密度和温度、压力之间关系，经过运算把测得的体积流量值自动换算到标准状况下的体积流量值。此值再乘以标准状况下的密度值(常数)，便测得了该气体的质量流量。

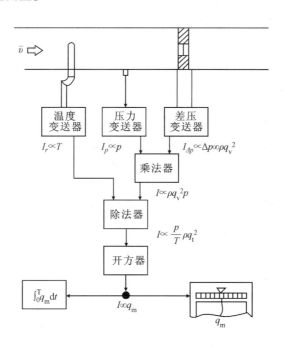

图 4-15 压力、温度补偿系统

4.3.4 常用流量测量仪表的选用

流量计的选用应根据工艺生产过程的技术要求、被测介质与应用场合，合理地选择种类、型号、工作压力和温度、测量范围、测量精度。常用流量测量仪表的种类、特点和应用范围可参阅表 4-3。

表4-3 常用流量测量仪表的种类、特点和应用范围

分类	名称	特点								应用场合
		被测介质	测量范围	管径	工作压力	工作温度	精度等级	量程比	安装要求	
转子式	玻璃管转子流量计	液体	$1.5 \times 10^{-4} \sim 10^2$	3~150	0.1	0~60	1.5 2 2.5 4	10:1	垂直安装	就地指示流量
		气体	$1.8 \sim 3 \times 10^3$		0.4、0.6、1.0、1.6、2.5、4.0	0~100 -20~120 -40~150	1.5 2.5			
	金属管转子流量计	液体	$6 \times 10^{-2} \sim 10^2$	15~150	1.6 2.5 4.0	-40~150	1.5 2.5	10:1	垂直安装	就地指示流量,如与显示仪表配套可集中指示和控制流量
		气体	$2 \sim 3 \times 10^3$							
速度式	水表	液体	$4.5 \times 10^{-2} \sim 2.8 \times 10^3$	15~400	0.6 1.0	90 0~40 0~60	2	>10:1	水平安装	就地累计流量
容积式	椭圆齿轮流量计	液体	$2.5 \times 10^{-2} \sim 3 \times 10^2$	10~200	1.6	0~40 -10~80 -10~120	0.5	10:1	需安装过滤器	就地累计流量
	涡轮流量计	液体	$2.5 \times 10^{-1} \sim 10^3$	15~300	2.5 6.3	0~80 0~120	0.2 0.5			
		气体	—							
	旋转活塞式流量计	液体	$8 \times 10^{-2} \sim 4$	15~40	0.6 1.6	20~120	0.5			
	圆盘流量计	液体	$2.5 \times 10^{-1} \sim 30$	15~70	0.25、0.4、0.6、2.5、4.5	100	0.5 1.0			
	刮板流量计	液体	4~180	50~150	1	100	0.2 0.5			
	电磁流量计	液体	0.3~11m/s	10~2000	0.6~4	80~120	0.1 0.2		水平垂直	
其他	冲塞式流量计	液体 蒸汽 气体	4~60(介质黏度小于10°E)	25~100	1.2	200	3 3.5		需安装过滤器	就地累计流量
	分流旋翼蒸汽流量计	蒸汽	35~1215kg/h	50~100	1 1.6		2.5 4		水平安装	就地和远传累计流量
	流量控制器	液体	0.9~300	15~40	0.15 0.25 0.35				水平安装过滤器	流量控制
	均速管流量计	液体 蒸汽 气体		100~2500	0.6 2.5		1		任意	配变送器和二次仪表
	冲量式流量计	粉粒状介质	0.1~60t/h		常压	-20~60	指示1级积算1.5级			

4.3.5 流量计的标定校正

对于非标准化的各种流量仪表，例如转子、涡轮、椭圆齿轮等流量计，在出厂前都进行了流量标定，建立流量刻度标尺，或给出流量系数、校正曲线。由于仪表出厂前的标定是以空气或水为工作介质、在标准状况下进行的，而在实际使用过程中，工作介质、压强、温度等操作条件往往和原来标定时的条件不同。为了精确地使用流量计，在使用之前需要进行现场校正工作。另外，对于自行改制（如更换转子流量计的转子）或自行制造的流量计，更需要进行流量计的标定工作。

对于流量计的标定和校验，一般采用体积法、称重法和基准流量计法来进行。体积法或称重法是通过测量一定时间内排出的流体体积量或质量来实现的。基准流量计法则是用一个已校正过的、精度级别较高的流量计作为被校验流量计的比较基准。流量计标定的精度取决于测量体积的容器、称重的秤、测量时间的仪表或基准流量计的精度。以上各个测量仪的精度组成了整个标定系统的精度，亦即被测流量计的精度。由此可知，若采用基准流量计法标定流量，欲提高被标定的流量计的精度，必须选用精度更高的流量计。

对于实验室而言，上述三种方法均可使用。在小流量液体流量计的标定时，经常使用体积法或称重法，如用量筒作为标准体积容器，以天平称重；对于小流量的气体流量计，可以用标准容量瓶、皂膜流量计或湿式气体流量计作为计量标准。

4.4 流体温度的测量方法

温度是表征物体冷热程度的物理量。温度借助于冷、热物体之间的热交换，以及物体的某些物理性质随冷热程度不同而变化的特性进行间接测量。任意选择某一物体与被测物体相接触，物体之间将发生热交换，即热量由受热程度高的物体向受热程度低的物体传递。当接触时间允分长，两物体达到热平衡状态时，选择物的温度和被测物的温度相等。通过对选择物的物理量（如液体的体积，导体的电阻等）的测量，便可以定量地给出被测物体的温度值，从而实现被测物体的温度测量。流体温度的测量方法一般分为接触式测温与非接触式测温两类。

（1）接触式测温方法将感温元件与被测介质直接接触，需要一定的时间才能达到热平衡。因此会产生测温的滞后现象，同时感温元件也容易破坏被测对象的温度场并有可能与被测介质产生化学反应。另外，由于受耐高温材料的限制，接触式测温方法不能应用于很高的温度测量。但接触式测温具有简单、可靠、测量精确的优点。

（2）非接触式测温方法感温元件与被测介质不直接接触，而是通过热辐射来测量温度，反应速度一般比较快，也不会破坏被测对象的温度场。在原理上，它没有温度上限的限制。但非接触式测温由于受物体的发射率、对象到仪表之间的距离、烟尘和水蒸气等的影响，测量误差较大。

4.4.1 接触式测温

常用的接触式测温仪有热膨胀式、电阻式、热电效应式温度计。

4.4.1.1 热膨胀式温度计

热膨胀式温度计分为液体膨胀式和固体膨胀式两类。都是应用物质热胀冷缩的特性制成的。生产上和实验中最常见的热膨胀式温度计是玻璃液体温度计。有水银温度计和酒精温度计两种。玻璃液体温度计测温范围比较狭窄，约在 -80 ~ 400℃ 之间，精度也不太高。但比较简便，而且价格低廉，因而得到广泛的使用。若按用途划分，又可分为工业用、实验室用和标准水银温度计三种。

固体膨胀式温度计常见的有杆式温度计和双金属温度计。它们是将两种具有不同热膨胀系数的金属片(或杆、管等)安装在一起，利用其受热后的形变差不同而产生相对位移，经机械放大或电气放大，将温度变化检测出来。固体膨胀式温度计结构简单、机械强度大但精度不高。

4.4.1.2 电阻式温度计

电阻式温度计由热电阻感温元件和显示仪表组成。它利用导体或半导体的电阻值随温度变化的性质进行温度测量。常用的电阻感温元件有三种：

（1）铂电阻的特点是精度高、稳定性好、性能可靠。它在氧化性介质中，甚至在高温下，物理、化学性质都非常稳定；但在还原介质中，特别是在高温下，很容易被从氧化物中还原出来的蒸汽所污染，使铂条变脆，进而改变它的电阻与温度间的关系。铂电阻的使用温度范围为 -259 ~ 630℃，它的价格较贵。常用的铂电阻型号是 WZB、分度号为 Pt_{50} 和 Pt_{100}。

铂电阻感温元件按其用途分为工业型、标准或实验室型、微型三种。分度号 Pt_{50} 系指 0℃ 时电阻值 $R_0 = 50\Omega$，Pt_{100} 指 0℃ 时电阻值 $R_0 = 100\Omega$。标准或实验室型的 R_0 为 10Ω 或 30Ω 左右。

（2）铜电阻感温元件的测温范围比较狭窄，物理、化学的稳定性不及铂电阻，但造价低廉，并且在 -50 ~ 150℃ 范围内，其电阻值与温度的线性关系好。因此铜电阻的应用比较普遍。常用的铜电阻感温元件的型号为 ZWG，分度号为 Cu_{50} 和 Cu_{100}。

（3）半导体热敏电阻为半导体温度计的感温元件。它具有良好的抗腐蚀性能、灵敏度高、热惯性小、寿命长等优点。

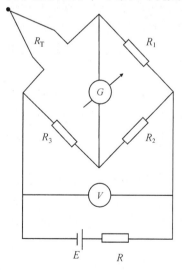

图 4 - 16 不平衡电桥

电阻温度计通常将热电阻感温元件作为不平衡电桥的一个桥臂，如图 4 - 16 所示。电桥中流过电流计的电流大小与四个桥臂的电阻以及电流计的内阻、桥路的端电压有关。在电流计内阻、桥路的端电压以及其他三个桥臂电阻不随温度变化的情况下，对应于一个温度(即对应于一个确定的热敏电阻值)，便有一个确定的电流输出。若电流计表盘上刻着对应的温度分度值，即可直接读到相应的温度。

4.4.1.3 热电偶

最简单的热电偶测温系统如图 4 - 17 所示。它由热电偶(感温元件)1、毫伏检测仪 2 以及连接热电偶和测量电路的导线(铜线及补偿导线)3 所组成。

热电偶是由两根不同的导体或半导体材料(图 4 - 17 中的 A 与 B)焊接或绞接而成。焊接的一端称作热电偶的热端(或工作端)，与导线连接的一端称作冷端。把热电偶的热端插入需要测温的生产设备中，冷端置于生产设备的外面，如果两端所处的温度不同，在热电偶的回路中便会产生热电势 E。该热电势 E 的大小与热电偶两端的温度 T 和 T_0 有关。在 T_0 恒定不变时，热电势 E 只是热电偶热端温度 T 的函数。

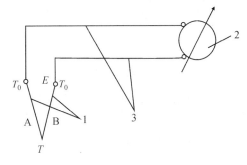

图 4 - 17　热电偶测温系统

为了保持冷端温度恒定不变或消除冷端温度变化对热电势的影响，常用以下两种方法。

（1）冰浴法　冰浴法是将冷端保存在水和冰共存的保温瓶中。为了保证能达到共相点，冰要弄成细冰屑，水可以用一般的自来水。通常把冷端放在盛有绝缘油如变压器油的试管中，并将其插入置有试管孔的保温瓶木塞盖的孔中。以维持冷端温度为 0℃。

（2）补偿电桥法　补偿电桥法是将冷端接入一个平衡电桥补偿器中，自动补偿因冷端温度变化而引起的热电势变化。

常用的热电偶有：铂铑 10% – 铂热电偶，分度号为 LB；镍铬 – 镍硅（或镍铬镍铝）热电偶，分度号为 EU；镍铬 – 康铜热电偶，分度号为 EA；铂铑 30% – 铂铑 6% 热电偶，分度号为 LL；铜 – 康钢热电偶，分度号为 T。

4.4.2　非接触式测温

在高温测量或不允许因测温而破坏被测对象温度场的情况下，就必须采用非接触式测温方法如热辐射式高温计来测量。这种高温计在工业生产中广泛地应用于冶金、机械、化工、硅酸盐等工业部门，用于测量炼钢、各种高温窑、盐浴池的温度。

热辐射式高温计用来测量高于 700℃ 的温度（特殊情况下其下限可从 400℃ 开始）。这种温度计不必和被测对象直接接触（靠热辐射来传热），所以从原理上来说，这种温度计的测温上限是无限的。由于这种温度计是通过热辐射传热，它不必与被测对象达到热平衡，因而传热的速度快，热惯性小。热辐射式高温计的信号大，灵敏度高，本身精度也高，因此世界各国已把单色热辐射高温计（光学高温计）作为在 1063℃ 以上温标复制的标准仪表。

4.4.3　测温仪表的比较和选用

在选用温度计时，必须考虑以下几点：
（1）被测物体的温度是否需要指示、记录和自动控制；
（2）能便于读数和记录；
（3）测温范围的大小和精度要求；
（4）感温元件的大小是否适当；
（5）在被测物体温度随时间变化的场合，感温元件的滞后能否适应测温要求；
（6）被测物体和环境条件对感温元件是否有损害；
（7）仪表使用是否方便；
（8）仪表寿命。
测温仪表的具体选用可参照表 4 – 4。

表4-4　测温仪表的比较和选用

类别	名称	原理	优点	缺点	应用场合
接触式仪表	双金属温度计	金属受热时产生线性膨胀	结构简单，机械强度较好，价格低廉	精度低，不能远传与记录	就地测量电接，电接点式可用于位式控制或报警
	棒式玻璃液体温度计	液体受热时体积膨胀	结构简单，精度较高，稳定性好，价格低廉	易碎，不能远传与记录	
	压力式温度计	液体或气体受热后产生体积膨胀或压力变化	结构简单，不怕震动，易就地集中测量	精度低，测量距离较远时滞后性较大，毛细管机械强度差，损坏后不易修复	就地集中测量，可用于自动记录、控制或报警
	热电阻	导体或半导体的电阻随温度而改变	精度高，便于远距离多点集中测量和自动控制温度	不能测高温，与热偶相比，维护工作量大	与显示仪表配用可集中指示和记录，与调节器配用可对温度进行自动控制
	热电偶	两种不同的金属导体接点受热后产生电势	精度高，测温范围广，不怕震动，较之热电阻，安装方便，寿命长，便于远距离多点集中测量和自动控制温度	需要冷端补偿和补偿导线，在低温段测量时精度低	
非接触式仪表	光学高温计	加热体的亮度随温度而变化	测温范围广，携带使用方便	只能目测高温，低温段测量精度较差	适用于不接触的高温测量
	光电高温计	加热体的颜色随温度而变化	精度高，反应速度快	只能测量高温，结构复杂，读数麻烦，价格高	
	辐射高温计	加热体的辐射能量随温度而变化	测温范围广，反应速度快，价格低廉	误差较大，低温段测量不准，测量精度与环境条件有关	

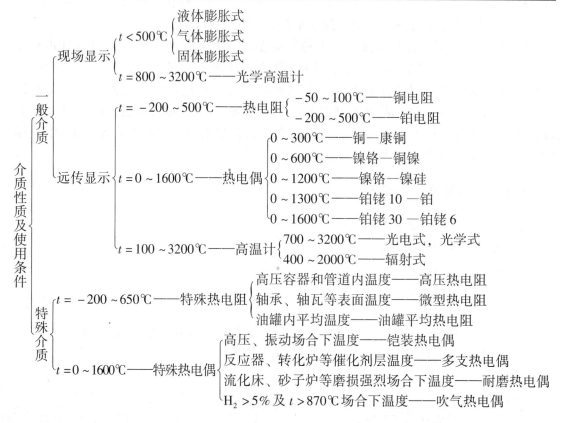

4.4.4 接触式测温仪表的安装

感温元件的安装应确保测量的准确性。为此，感温元件的安装通常应按下列要求进行。

（1）由于接触式温度计的感温元件是与被测介质进行热交换而测温的，因此，必须使感温元件与被测介质能进行充分的热交换，感温元件的工作端应处于管道中流速最大之处以有利于热交换的进行，不应把感温元件插至被测介质的死角区域。

（2）感温元件应与被测介质形成逆流，即安装时，感温元件应迎着介质流向插入，至少须与被测介质流向成90°角。切勿与被测介质形成顺流，否则容易产生测温误差。

（3）避免热辐射所产生的测温误差。在温度较高的场合，应尽量减小被测介质与设备壁面之间的温度差。在安装感温元件的地方，如器壁暴露于空气中，应在其表面包一层绝热层（如石棉等），以减少热量损失。

（4）避免感温元件外露部分的热损失所产生的测温误差，要有足够的插入深度。必要时，为减少感温元件外露部分的热损失，应对感温元件外露部分加装保温层进行适当的保温。

（5）用热电偶测量炉膛温度时，应避免热电偶与火焰直接接触。

（6）感温元件安装于负压管道中时必须保证其密闭性，以免外界冷空气袭入面降低测量值。

（7）热电偶、热电阻的接线盒出线孔应向下，以防因密封不良而使水汽、灰尘等污物落入接线盒中，影响测量。

（8）在具有强的电磁场干扰源的场合安装感温元件时，应注意防止电磁干扰。

（9）水银温度计只能垂直或倾斜安装，同时需观察方便，不得水平安装（直角形水银温度计除外），更不得倒装（包括倾斜倒装）。

此外，感温元件的安装还应确保安全、可靠。为避免感温元件的损坏，应保证其具有足够的机械强度。可根据被测介质的工作压力、温度及特性，合理地选择感温元件保护套管的壁厚与材质。同时，还应考虑日后维修、校验的方便。

4.5 物流组成的分析方法

成分分析仪表是对物流的组成和性质进行分析、测量，并能直接指示物流的成分及含量的仪表，分为实验用仪表和工业用自动分析仪表。前者一般用于实验室，分析结果较准确，通常由人工现场取样，然后人工进行分析。后者用于连续生产过程中，周期性自动采样，连续自动进行分析，随时指示、记录、打印分析结果，所以工业分析仪表又称为在线分析仪表或过程分析仪表。

4.5.1 成分分析仪器概述

成分分析一般包括两方面内容：一个是确定物质的化学组成，即定性分析；另一个是确定物质中各种组分的相对含量，即定量分析。不论是定性分析还是定量分析，都是利用物质所含组分在物理或化学性能方面的差异进行的，这种差异也有质和量的区别。对于物质中在性能上有质的差异的组分分析往往是比较容易的，但是对于大多数物质而言，所含的组分在物理或化学性能方面并没有质的不同，而只有量的差异，有时这种差异又是十分微小的，要区分这些组分往往是比较困难的。例如各种物质组分都具有一定的导热能力，但各组分导热能力的差异有大有小。对于差异比较大的组分，利用导热能力进行分析是可能的。但对于差异较小的组分，要利用导热能力来精确地测定它们的含量，就有一定的困难。此时必须寻求这些组分在物理或化学性能上差异比较大的其他方面，例如光学、声学、力学、电学、磁学等方面，以便比较精确地测定这些组分的含量。

成分分析仪器在利用物质组分的种种特性差异实现分析测量时，所取得的检测变换信号往往是十分微弱的。例如检测中所取得的电流变换信号，有时可能低到 10^{-10} Å 或者更低，电阻或温度信号，可能低到 $10^{-5}\Omega$ 或 10^{-5}℃。对于这样微弱的信号，要求做到测量结果稳定可靠，这就要对构成仪器的基本元器件，材料，加工安装以及调试工艺等有比较严格的要求。正因为如此，成分分析仪器的制造难度往往是比较高的，而仪器的精度通常又不很高。

成分分析仪器工作原理涉及面广，品种繁多，技术复杂，加工制造要求高、仪器精度一般又比较低，这些就是它们的主要特点。

作为仪器仪表中的重要分支，成分分析仪器在科学研究和国民经济生产中起着相当重要的作用，主要用于产品质量监督、工艺监控、安全生产和节约能源这几方面。

（1）成分分析仪器的分类

成分分析仪器可以按工作原理、测试对象、使用目的以及适用场合等进行分类。结合我国成分分析仪器行业和使用部门的习惯，按工作原理可以分为以下八类：

① 电化学式成分分析仪器　包括电导式成分分析仪器、电量式成分分析仪器以及电位式成分分析仪器。

② 热学式成分分析仪器　包括热导式成分分析仪器、热化学式成分分析仪器和热谱式成分分析仪器。

③ 磁学式成分分析仪器　包括磁性氧量分析仪和磁共振波谱仪。

④ 光学式成分分析仪器　包括吸收式光学成分分析仪器、发射式光学成分分析仪器以及其它光学成分分析仪器。

⑤ 射线式成分分析仪器　包括 X 射线成分分析仪器和放射性同位素成分分析仪器。

⑥ 色谱仪，包括气相色谱仪和液相色谱仪。

⑦ 电子光学和离子光学式成分分析仪器　包括电子探针、质谱仪和离子探针等。

⑧ 其他成分分析仪器。

按照仪器的测试对象，成分分析仪器可以分为气体成分分析仪器、液体成分分析仪器、金属成分分析仪器以及酸碱度分析仪器等。按照仪器使用目的，可以分为定性成分分析仪器和定量成分分析仪器。按照使用场合，可以分为实验室成分分析仪器、过程成分分析仪器以及便于携带到野外进行现场分析或监测的便携式成分分析仪器。

（2）成分分析仪器的组成

各类成分分析仪器尽管工作原理不同，结构复杂程度也不完全一致，但是所有的成分分析仪器几乎都是由一些共同的基本环节所组成。图 4 - 18 是成分分析仪器的基本组成框图。

图 4 - 18　成分分析仪器基本组成框图

① 取样装置

取样装置的任务是将被分析样品引入到成分分析仪器。取样装置根据被分析对象的不同，可分为气体取样器、液体取样器、熔融金属取样器、固体散状物料取样器等几种类型。通用取样装置一般都不复杂，它适用于清洁、常温、常压的气体或液体，由仪器制造厂提供。对于被分析气体含有较多灰尘、水蒸气、油、腐蚀性气体以及高温高压的情况，或是对于液体中含有较多固体杂质、黏度较大或是含有腐蚀性组分的情况，则必须采用专用取样装置。专用取样装置一般比较复杂，由用户自行设计制造或由科研单位提供。

对于过程取样装置的要求，首先是应能经受生产过程的恶劣条件，如高温、高压、腐蚀等，同时应不与被分析样品中的任何组分起化学反应，以防止样品失真。同时对于所取的样品应有代表性，没有被测组分的损失。

取样精度是取样装置的另一项很重要的技术指标，过程分析仪器的精度在很大程度上取决于取样精度。对于连续自动取样装置，一般只能作定性评价。对间歇取样装置可以进行定量评价，取样精度主要取决于定容瓶的精度(定容瓶最大容积误差相对额定容积的百分数)，通常取样精度可按过程分析仪器的精度进行分级。

② 预处理系统

预处理是针对过程分析仪器而言的。预处理的任务是将取样装置从生产过程中提取的样品加以处理，以满足检测器对样品状态的要求，例如对气体或液体样品的温度、压力等方面的要求。有时被分析样品中可能有机械杂质、水蒸气、以及其他干扰组分，为保证分析结果的准确性一般都要求进行预处理。

③ 分离装置

在成分分析仪器中，分离是进行定性或定量分析的基本手段之一。例如在气相色谱仪中，被分析样品气在载气带动下进入充有吸附剂的色谱柱时，各组分经过连续地分配、吸附及吸收作用便可被分离成单一的组分，此后各组分依次通过检测器即可实现多组分气体的含量分析。

④ 检测器或检测系统

检测器是成分分析仪器的核心部分，它能把被分析组分的含量信息转变成相应的输出信号，这个输出信号多半是电参数，例如电压、电流、电阻、电容、电感以及频率等。

成分分析仪器，特别是单组分成分分析仪器的性能，在很大程度上取决于检测器的技术指标，因此对于检测器的设计、制造、使用和维护必须予以充分注意。

⑤ 信号处理系统

检测器输出的信号一般要经过处理之后才能供显示环节加以显示或记录。由于检测器输出信号多数是电信号，所以信号处理系统也是以电信号处理为主。由于检测器输出的信号往往很微弱，所以在信号处理系统中一般都包括放大环节。此外在某些信号处理系统中，还可能包含一些必要的运算环节。在我国成分分析仪器的信号处理系统过去多以模拟信号为主，近年来随着电子计算机以及数字显示技术的应用，成分分析仪器部分或全部数字化处理系统已经出现。

⑥ 显示系统

显示系统是成分分析仪器最后的一个环节，用以显示成分分析的最终结果。主要分为模拟显示和数字显示，此外图像显示也大量应用于多组分成分分析仪器。图像显示主要有照相显示和显像管显示两种形式。显像管显示由于具有快速扫描、快速响应以及适合集中显示等优点，因此应用普遍。目前计算机图像显示在成分分析仪器中也得到了普遍的应用。

上述各系统是构成成分分析仪器的基本环节。对于具体的成分分析仪器，根据分析任务的需要和所采用工作原理的不同，可能会略有差异。对于某些成分分析仪器，为消除或减小干扰因素(例如环境温度、大气压力)以及样品本身状态(如温度、压力等)对测量结果的影响，还可以通过加入相应的补偿环节来提高仪器的测量精度和可靠性。对于有些成分分析仪器，引入补偿装置可能会有困难或是会使结构过于复杂，此时可以增加一些为保证上述因素恒定的辅助装置，例如各种稳流、稳压电源、电磁隔离装置以及为保证样品状态的稳压阀、稳流阀，以及恒温器等。

(3) 成分分析仪器的主要性能指标

成分分析仪器的性能指标，主要有灵敏度、精度、重复性、噪声、最小检测量、线性范围、选择性以及分辨率和响应时间等。其中除响应时间是动态指标外，其余几项都是静态性能指标。

选择性和分辨率，是表示仪器区分特性相近的组分的能力。选择性一般用于单组分成分分析仪器，分辨率则用于多组分成分分析仪器。关于分辨率的问题比较复杂，往往不同的仪器(例如色谱仪和质谱仪)表示形式也不一样，这里只着重叙述有关选择性的问题。

选择性的好坏一般用选择性系数 k 表示

$$k = \frac{\Delta\varphi_k}{\Delta\varphi_M} \tag{4-7}$$

式中　　$\Delta\varphi_k$——干扰组分的含量变化；

　　　　$\Delta\varphi_M$——与干扰组分等价的待测组分含量变化。

这里所说的等价是指对仪器的输出信号而言，即干扰组分的含量和待测组分的含量可引起仪器有同样大小的输出。很明显，一台仪器的选择性系数越大，仪器的区分能力就越强。例如一台仪器当干扰组分含量变化50%时，仪器的输出为5mV；而当待测组分含量变化为1%时，仪器有同样大小的输出，则该仪器的选择性系数为

$$k = \frac{50\%}{1\%} = 50 \tag{4-8}$$

说明仪器对待测组分的灵敏度比对干扰组分的灵敏度高50倍。需要注意的是在有些场合使用的选择性系数可能与这里的定义刚好相反，即

$$k' = \frac{1}{k} \tag{4-9}$$

成分分析仪器的各项性能指标，除选择性和分辨率外，与其他仪器都是相似的。对于大多数成分分析仪器而言，其被分析组分含量与输出信号的关系(即刻度特性)，目前还不能用数学分析的方法写出严格的特性方程，输出特性一般都是用实验方法建立的。用实验标定的方法建立仪器的输出特性，是以样品含量真值为基础的。然而目前由于标准参比物质、标准分析方法和标准测量装置都还很不齐全，因此对待测量真值的确定是有一定困难的，所以只能以标准试样的值做为待测量的真值。

普及计算机技术、广泛采用各学科领域的最新成就、不断提高仪器的自动化程度、实现标准化、系列化是当前成分分析仪器的主要发展趋势。下面就液体组成、气体组成和固体含水量的测量，分别介绍相关仪器仪表。

4.5.2 液体组成测量

4.5.2.1 色谱法

色谱法是一种重要的近代分析手段，具有取样量少、效能高，分析速度快、定量测量结果准确等优点，广泛的应用于石油、化工、炼金、环境等各领域。

色谱仪是一种高性能的成分分析仪器。它在工作时需要通入载气（载液）作为流动相，色谱分离柱中的填充物或表面涂覆的高分子有机化合物为固定相。被分析的混合物中各组分就是通过在两相之间进行反复多次的分配或根据填充吸附剂对每个组分吸附能力的差别来达到分离目的。经分离后的单一组分逐一进入检测器并转换为相应的电信号，在记录仪或相连接的计算机上显示出来，从而达到定性、定量分析的目的。

与其他分析方法相比较，色谱法的特点是：能在分析过程中分离出纯物质，并定量测定其含量；定性能力较差，主要作为定量手段使用；分析者必须根据分析目的来选择流动相的种类和组成、填料的种类、检测器等。近年来研究出的色谱-质谱联用、色谱-傅里叶变换红外分光光度计联用，提高了其定性能力，更便于使用。色谱法按照流动相分为气相色谱和液相色谱两大类，每一类又包括固体固定相和液体固定相两种。下面介绍最常用的固定相为固体的气相色谱法和液相色谱法。

（1）气相色谱法

气相色谱一般由载气钢瓶（或气体发生器）和气路、进样部件、色谱柱、检测器和温度控制系统组成，如图 4-19 所示。

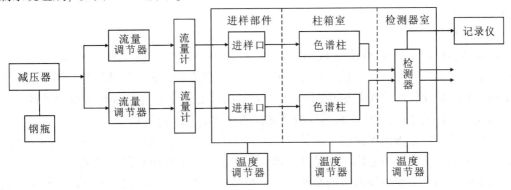

图 4-19　气相色谱组成

钢瓶将载气连续地供给色谱柱，通过稳流调节器的精密调节，使气体流量不受柱箱室温度的影响，保持恒定。载气依次流经进样部件、色谱柱及检测器，这三者分别用独立的温度调节器控制温度。进样部件和检测器在分析过程中一直保持恒温，柱箱室则可按照一定的程序升温，以缩短宽沸程混合物的分析时间，并改善分离效果。这种升温法是气相色谱中的一种重要方法。用微量注射器直接将 $0.1 \sim 4\mu L$ 液体样品或溶于低沸点溶剂的固体样品注入已加热的进样部件，样品将在瞬间汽化，并被载气输送到色谱柱。

色谱柱为不锈钢管或玻璃管，内部均匀填充用 $1\% \sim 30\%$ 的高沸点固定液（硅油或聚乙烯醇等）浸渍的硅藻土，或者氧化硅、分子筛、活性炭和氧化铝等吸附剂。前一种色谱柱中以分配力保留样品组分，而后一种色谱柱中以吸附力保留样品组分。因为保留能力不同，各组分在柱内因移动速度不同而相互分离。分离后的组分被检测器检测出来，并转换成与它们在载气中的浓度相对应的输出信号，记录或者显示。测量从注入样品到检出组分的时间进行定性分析，测量相应峰面积进行定量分析。

气相色谱常用的检测器有：①热导检测器（TCD），对有机物或无机物样品都适用；②氢火焰离子化检测器（FID），对无机物没有响应，对有机物具有高灵敏度；③电子捕获检测器（ECD），适用于卤代烃等电负性大的物质，是高灵敏度的选择性检测器，用于多氯联苯及卤代烃基汞的微量分析；④碱金属盐热离子化检测器（TID），对含有氮、磷的物质具有高灵敏度；⑤火焰光度检测器（FPD），在还原性氢火焰中，可高灵敏度、选择性地检测含硫化合物（394nm）或含磷化合物（526nm）发出的光。

因为色谱柱内流动相为气体，故气相色谱法具有很多优点：①色谱柱内流动现象单一，容易从理论上解释物质传递过程。②气体黏度小，可通过增加色谱柱长度来改善分离能力。③容易制备具有高分离能力的色谱柱，使用寿命长。④如果采用非极性色谱柱，组分将按沸点顺序流出。因此在分配气相色谱法中，若已知化合物则可预算出峰的顺序。⑤样品组分在固定相和流动相中易于扩散，能迅速达到分配平衡，故可提高流动相流速以缩短分析时间。⑥能使用各种高灵敏度检测器进行微量分析和特定组分的选择性检测。⑦使用通用型检测器检测时，可预测注入样品在多大程度上能作为色谱峰流出并检测，分析可信度高。精度要求不高时，可以把峰面积百分数近似作为组分百分数，进行快速定量分析。⑧便于和质谱仪或傅里叶变换红外分光光度计联用，进行混合物的分离和鉴定。但也因为流动相为气相，故气相色谱法适用范围窄，而且用选择性器进行微量分析，样品必须经前处理（采用液相色谱法或薄层色谱法）以除去干扰组分。气相色谱常用于分析环境污染物质、残留农药、香料、石油、有机合成产品和医药品等。在化学工程基础实验中，吸收和精馏实验也常用气相色谱法分析实验结果。

（2）液相色谱法

高效液相色谱法是在20世纪60年代后期发展起来的新型分析方法。一般由溶剂罐、高压输液泵、样品注入器、色谱柱、检测器和温度控制装置等构成。色谱柱为不锈钢管，在高压下用匀浆法填充粒度分布较窄（平均粒径 $5 \sim 10\mu m$）的全多孔硅胶或化学键合型硅胶，其传质速度快，柱效率高，25cm长的硅胶柱其柱效可达2万理论板数。

高压输液泵要求采用无脉动定流量泵，出口压力40MPa，流量 $0.1 \sim 10mL/min$，因此可校正压缩率的柱塞泵最为适用。样品注入器兼备注射器和进样环管两者的优点，高精度地注入一定量的样品，不受操作人员的影响，并可在高压、连续流动时注入，或用带导引式阀的注射器自动进样。

检测器包括灵敏度较低的通用型示差折射仪，具有高灵敏度和选择性的紫外检测器和荧光检测器，针对离子性物质的电导检测器。它们都具有不破坏检测组分的特点并得到广泛的应用。此外，还有把适当的反应试剂连续地与色谱柱洗脱液混合，使特定组分显示或转换成荧光物质，再用分光法检测的化学反应检测器。

高效液相色谱法的原理与气相色谱法相同，但是它能够使传质最佳比、分离速度提高 $100 \sim 1000$ 倍，具有以下优点：①适用样品范围广，不受样品挥发度和热稳定性的限制，特别适合于沸点高、极性强、热稳定性差的化合物，例如生化制品和药物离子型化合物等；②通过高效分离柱，是复杂的多组分混合物易于分离并可根据样品的组分将流动相和固定相的组合最佳以满足分离要求；③相对于气相色谱来说，由于液相色谱的流动相也影响分离过程，因此为分离的控制和改善提供了额外的手段。例如仅改变固定相就能在一定的范围内解决问题；④被分离组分溶解在洗脱液中，易于回收，而且是定量的，有利于任何规模的制备；⑤可使用多种非破坏性高灵敏度和选择性的检测器，将几种检测器串联起来，根据其对应特性，获取与定性相关的重要信息。

高效液相色谱法的色谱柱不仅需要特殊装置和专门技术才能制作，且使用条件(温度、压力、流动相物系等)也都有限制，还必须定期用标准样品在标准条件下检查其性能，而且不同生产厂家的色谱柱也没有通用性，价格昂贵。尽管如此，由于此法适用范围广，能用于气相色谱法不能分析或薄层色谱分离能力不能满足要求的领域，所以在工业原料(胺类、酚类、染料色素等)、农药、维生素、氨基酸、核酸、药品、天然有机物、生物样品、生物体代谢物、血液和血清、合成高分子等的分析中得到了日益广泛的应用。

4.5.2.2 分光光度计

分光光度计是分光仪器和光度计的组合，按照工作光谱原理的不同，分光光度计可分为分子吸收光谱型、原子吸收光谱型、分子荧光型、原子荧光型及拉曼光谱仪等类型。利用分光光度计进行定性和定量分析工作，具有分析精度高、测量范围广、分析速度快、试样用量少及不改变试样的理化特性等优点，在工农业生产、生化、医疗、环保等领域中应用十分广泛。

研究物质在紫外、可见光区的分子吸收光谱的紫外－可见分光光度计及红外分光光度计出现较早，其他多种分光光度计在工作原理和基本结构上都与这两者类似。因此本节主要介绍紫外－可见分光光度计的原理、组成、性能指标。

（1）工作原理

分光光度计最基本的工作原理是依据朗伯－比耳定律：

$$A = \alpha L c \tag{4-10}$$

式中　A——被测物在给定波长时的吸光度值；

　　　α——吸收系数(与入射光波长及被测物质的特性有关)；

　　　L——被测物质的厚度(一般与比色皿厚度有关)；

　　　c——被测物质浓度。

当被测物和仪器确定后，其对单色光的吸光度与其浓度成正比。实际上仪器中的 A 是由单色光通过被测物质后到达光电接收器并转换成的光电流的强弱来决定的。假设通过参比样品的光电流为 I_0，通过被测样品的光电流为 I，两者之比为 τ，也称透射比，则 $\tau = I/I_0 \times 100\%$，此时朗伯－比耳定律可写成 $A = -\lg \tau$，即 $-\lg (I/I_0) = \alpha L c$。

同一种物质对不同波长的单色光呈现出不同的吸光度值，即具有一定的吸收光谱曲线，该曲线的形状不随其浓度的变化而变化，这一特征就是分光光度法用于物质定性分析及定量分析的理论基础。

（2）紫外－可见分光光度计的典型组成及功能

① 光源和照明系统　当波长范围在 190～360nm 的紫外区域时，常用的光源是氘弧灯；当波长在 360～2500nm 的范围内常用钨灯或卤钨灯作为光源；当波长在 2～50μm 的红外波段内常用光源为能斯灯或硅碳棒。照明系统有平面或凹面反射镜、滤光片组构成，作用是将光源发出的光线集中在单色器入口狭缝上，使整个狭缝照明均匀并充满单色器孔径，滤光片用来消除杂散光。

② 单色器系统　单色器系统是分光光度计的核心，仪器的主要光学特性和工作特性由此决定，根据工作光源范围、色散率、分辨率等性能指标要求，可分别选用棱镜或光栅分光的单色器、双联单色器或滤色片分光单色器等。

③ 接收放大系统　接收部分的光学系统把单色器射出的光束全部会聚到接收器靶面上，然后利用光电倍增管、光敏电阻、光电池或热电接收器将光信号转换成电信号，并进行放大处理。

④ 微机系统　作用是对整个仪器进行自动控制、数据处理和数据检索等。

（3）主要性能指标

分光光度计的性能指标主要有以下几项：波长范围、准确度和重现性、分辨率、光度准确度和重现性、100% 直线性、杂散辐射强度及系统的信噪比等。

4.5.2.3　阿贝折光仪

折射率是物质的重要光学性质之一，通常能借其了解物质的性能、纯度或浓度等参数。阿贝折光仪可测定透明、半透明的液体或固体的折射率，使用时配以恒温水浴，其测量温度范围为 $0 \sim 70℃$，折射率测量范围为 $n_D = 1.3000 \sim 1.7000$，测量精度可达 ± 0.0003。该仪器使用较简便，取得数据较快，在化工原理实验中，常用阿贝折光仪测定二元混合液的组成。

（1）工作原理与结构

阿贝折射仪所遵循的基本原理为折射定律，如图 4 - 20 所示。

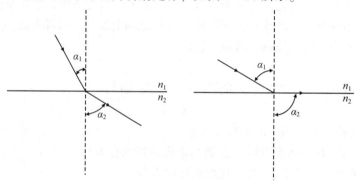

图 4 - 20　折射定律示意图

$$n_1 \sin \alpha_1 = n_2 \sin \alpha_2$$

式中　　n_1，n_2——相界面两侧介质的折射率；

　　　　α_1，α_2——入射角和折射角。

若光线从光密介质进入光疏介质，则入射角小于折射角，改变入射角度，可使折射角达 $90°$，此时的入射角被称为临界角，阿贝折射仪所测定折射率就是基于测定临界角的原理。如果用视镜观察光线，可以看到视场被分为明暗两部分，两者之间有明显的分解线，明暗分界处即为临界角位置。

阿贝折光仪根据其读数方式大致可以分为单目镜式、双目镜式及数字式三类。虽然读数方式存在差异，但其原理及光学结构基本相同，以下以双目镜式为例加以说明。双目式阿贝折光仪的结构如图 4 - 21 所示。

图 4 - 21 是一种典型的阿贝折光仪结构示意图，其中心部件是由两块直角棱镜组成的棱镜组，下面一块是可以启闭的辅助棱镜，其斜面是磨砂的，液体试样夹在辅助棱镜与测量棱镜之间，展开成一薄层。光由光源经反射镜反射至辅助棱镜，磨砂的斜面发生漫射，因此从液体试样层进入测量棱镜的光线各个方向都有，从测量棱镜的直角边上方可观察到临界折射现象。

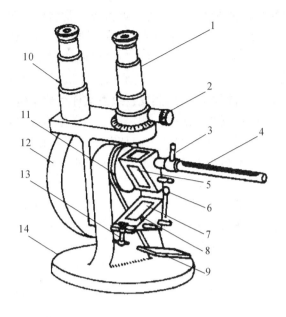

图 4 - 21　阿贝折光仪构造图

1—测量镜筒；2—阿米西棱镜手轮；3—恒温器接头；4—温度计；5—测量棱镜；6—铰链；7—辅助棱镜；

8—加样品孔；9—反射镜；10—读数镜筒；11—转轴；12—刻度盘罩；13—棱镜锁紧扳手；14—底座

（2）使用方法

① 恒温　将阿贝折射仪置于光线充足的位置，但勿使仪器置于直射的日光中，以避免液体试样迅速蒸发。用软橡胶管将其与恒温水浴连接，然后开启恒温水浴调节到所需的测量温度，待恒温水浴的温度稳定 5min 后，即可开始使用。需要强调的是恒温温度以折光仪上的温度计读数为准。

② 加样　松开锁钮，将辅助棱镜打开，使其磨砂的斜面处于水平位置，用滴管加少量丙酮清洗镜面促使难挥发的污物逸走（用滴管时需注意勿使管尖碰撞镜面），必要时可用擦镜纸轻轻吸干镜面，但切勿用滤纸。待镜面干燥后用，滴加数滴试样于辅助棱镜的毛镜面上，闭合辅助棱镜（若试样易挥发，则可先闭合辅助棱镜，用注射器将待测液体从加样孔注入），旋紧锁钮，使液层均匀，充满视场。

③ 对光和调整　转动手柄，使刻度盘标尺上的示值为最小，调节反射镜，让入射光进入棱镜组，使测量视镜中的视场最亮，再调节目镜，至视场准丝最清晰。转动手柄，使刻度盘标尺上的示值逐渐增大，直至观察到视场中的明暗界线，此时若交界处出现彩色带，则应调节消色散手柄，使视场内呈现清晰的明暗界线，如图 4 - 22 所示。将交界线对准准丝交点，此时，从视镜中读得的数据即为折射率。

图 4 - 22　折光仪精调过程图像颜色变化

79

④ 读数　为保护刻度盘的清洁，现在的阿贝折光仪常将刻度盘装在罩内，读数时先打开罩壳上方的小窗，使光线射入，然后从读数目镜中读出标尺上相应的示值。由于眼睛在判断临界线是否处于准丝点交点上时容易疲劳，为减少偶然误差，应转动手柄，重复测定三次，三个读数相差不能大于0.0002，然后取其平均值。试样的成分对折光率的影响是极其灵敏的，由于玷污或试样中易挥发组分的蒸发，致使试样组分发生微小的改变，会导致读数不准，因此测一个试样须应重复取三次样，测定这三个样品的数据，再取其平均值。

⑤ 整理　测量结束时，先将恒温水浴电源切断，然后将棱镜表面擦干净。如果长时间不用，应卸掉橡胶管，放净保温套中的循环水，将阿贝折射仪放到仪器箱中存放。

(3) 注意事项

① 在测定折射率时，要确保系统恒温，否则将直接影响所测结果。

② 若仪器长时间不用或测量有偏差(因折光仪刻度盘上的标尺的零点有时会发生移动)时，可用溴代萘标准试样或纯水进行校正。校正的方法是用一种已知折光率的标准液体，按上述方法进行测定，将平均值与标准值比较，其差值即为校正值。在精密的测定工作中，须在所测范围内用几种不同折光率的标准液体进行校正，并画成校正曲线。以供测试时对照校核。

③ 保持仪器的清洁，严禁用手接触光学零件，光学零件只允许用丙酮、二甲醚等来清洗，并用擦镜纸轻轻擦拭。

④ 仪器严禁被激烈振动或撞击，以免光学零件受损，影响其精度。

4.5.3　气体组成测量

4.5.3.1　热导式气体分析仪

热导式气体分析仪是热血式成分分析仪器的一种，在工业上已有几十年的应用历史。它种类很多，能够分析的气体种类广泛，是气体成分分析仪器中比较基本和重要的一种。

各种物质的导热能力是有一定差异的，对于多组分气体，由于组分含量的不同，混合气体的导热能力也会发生变化。对于彼此间无相互作用的多种组分混合气，其热导率可近似地认为是各组分热导率的算术平均值：

$$\lambda = \sum_{i=1}^{n} \lambda_i \cdot \omega_i \qquad (4-11)$$

式中　λ——混合气体的总热导率，W/(m·℃)；

　　　ω_i——混合气体中第 i 组分的质量分数，%；

　　　λ_i——混合气体中第 i 组分的热导率，W/(m·℃)。

设待测组分为第一组分($i=1$)，而且其他组分的热导率相近，即：

$$\lambda_2 \approx \lambda_3 \approx \lambda_4 \approx \cdots \approx \lambda_n$$

则有　　　　$\lambda \approx \lambda_1 \cdot \omega_1 + \lambda_2 \cdot (1-\omega_1) = \lambda_2 + (\lambda_1 - \lambda_2) \cdot \omega_1$　　　(4-12)

所以混合气的总热导率 λ 是被测组分质量分数 ω_1 及其热导率 λ_1 与其余各组分热导率 λ_2 的函数。要想通过测量 λ 的变化来确定 ω_1，则必须满足如下条件：λ_1 与 λ_2 相差很大，其余各组分的热导率必须相同或接近。只有这样才能保证少量的 ω_1 变化能引起混合气总 λ 较大的变化，使仪器易于检测出来。除被测组分的 λ_i 以外，其余组分的热导率相同或接近也同样重要，否则将难以识别究竟是哪一个组分含量的变化而引起 λ 的变化，仪器就失去了对被测组分含量的鉴别能力。以上的分析是以各组分的热导率恒定为依据的，实际上大多数气体的热导率都是温度的函数。在被测组分含量未变时，由于温度改变造成 λ 的变化将产生测量误差，因此热导式分析仪的变送器都备有恒温装置，以减少温度的影响。

测量热导率时，要使被测气体通过变送器中的热导室，将热导率的变化转变为敏感元件电阻值的变化，通过测量电阻值而得到热导率。热导室的原理结构如图 4-23 所示。气室中的电阻丝（R_n）当通入电流加热时其热量经过气体的热传导、气体的对流散热、电阻的辐射散热及其轴向的传导散热这四种途径散失。适当设计热导室结构并选择电阻即电流的数值可以保证散热主要通过气体的热传导进行。当加热电流一定时，电阻丝温度的高低就取决于气体导热能力的强弱，亦取决于热导率的大小。不同的电阻丝温度有相应的电阻值，测量出电阻值变化就可测得热导率，即测出了被分析组分的含量。

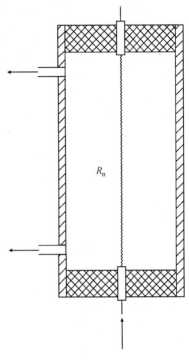

图 4-23　热导室原理结构

4.5.3.2　红外线气体分析仪

红外线气体分析器是基于红外吸收光谱分析法而设计的成分分析仪器。红外线一般指波长从 $0.76\mu m$ 至 $1000\mu m$ 范围内的电磁辐射。在分析仪器中实际使用的波长大约在 $1\sim50\mu m$。在这一波段内的红外辐射能够被大多数有机物和无机物（不仅是气体）选择性地吸收，即每种物质只吸收某些特定波长（或波段）的红外线，通常称之为特征吸收波长，从而形成一系列吸收峰。这些吸收峰的波长与数目是由吸光物质的分子结构所决定的，可以据此鉴别试样中的各种组分，作出定性分析。此外，根据光辐射的吸收定律还可以对某一组分作出定量分析。红外线气体分析器就是根据这一原理分析气体组分含量的。另一方面，上述波段的红外线对热能的辐射能力较强，因此，气体在吸收红外辐射的热能之后，温度有所升高。这种温度升高或由此引起的其他物理变化（如压力增大）完全可以用灵敏的探测元件测量出来。这种易检测性也是利用红外线分析气体成分的重要原因。总之，将红外技术应用于气体成分的分析，是近代迅速发展的重要分析手段之一。因其灵敏度高、选择性好、滞后小等优点而得到了广泛应用。

红外线被吸收的程度与吸收介质的厚度、浓度有关，当进入介质被吸收后，透过的射线强度减弱，它们之间的关系符合朗伯-比耳定律，红外线通过待测介质后其强度按指数规律减弱。当厚度、吸收系数及入射光强度一定时，就可以通过测量透过光的强度来确定吸收组分的浓度。

朗伯-比尔定律是所有吸收光度法分析仪器作定量分析的依据，其适用范围及意义有以下几点需要注意：①本定律对气体介质和液体介质都适用。②必须用适当的单色光入射，本定律才严格成立。单色性越好，越适用于本定律，否则应对本定律进行补充或修正。③本定律仅适用于稀溶液（$c < 0.01 \text{mol/m}^2$）。当被分析介质是气体时，一般不存在此局限性。④吸收定律能够用于彼此无相互作用的多组分介质，它们的吸光度 A 具有加合性。

（1）红外线气体分析仪的分类

从物理特征出发可将红外线气体分析仪分成分光式与非分光式两大类。前者是采用一套分光系统，使通过被测介质的辐射光谱与待测组分的特征吸收光谱相吻合。因此根据分光系统所指示的特征吸收波长就能确定气体的成分，而这个单色光透过介质时被吸收的程度就反映了该组分的浓度。这类分析仪的优点是能以极窄的带宽工作，从而具有高选择性。其缺点是灵敏度稍低，而且连续分光系统结构较复杂，仪器成本较高。所以它主要适用于实验室作短期项目的研究。非分光式气体分析仪中不用复杂的分光系统，辐射源发出的是一个宽波段内的红外线。这类仪器结构简单，灵敏度高，已广泛用于工业流程中作定量分析。对于非分光式气体分析仪从结构上还分为正式与负式两种。若被测样气中待测组分浓度越大，而测量元件输出信号越小，就称为负式分析仪。反之，则称为正式分析仪。所谓的正式与负式的区别实际上在于波长选择的方式不同。

从测量方法上分为直读式和补偿式两种。直读式分析仪是一个开环测量系统，输出信号的大小直接反映组分浓度。补偿式分析仪为闭环系统，由输出调零装置产生负反馈，使检测器输出为零，这时补偿量的大小反映被测组分浓度。

此外，从光学结构上还有单光路与双光路之分；从光源设置上有单光和双光源之分等等。

（2）红外线气体分析仪的典型结构

① 负式红外线气体分析仪

负式红外线气体分析仪是单光源、双光路、直读式测量的典型代表。由红外光源产生的红外线经反射镜分成两束平行光，射入被测气体连续通过的样气室，然后进入滤波气室。样气中待测组分浓度就决定了进入滤波气室的光强。设置滤波气室是非分光式分析器的重要特点。一般红外光源发出波长 $2 \sim 15\mu m$ 范围内的红外光，而被测样气中往往含有与待测组分的特征吸收波段部分重叠的干扰组分。在滤波气室中充入这类干扰组分，将红外线中干扰组分所能吸收的能最全部吸收掉，以消除它对测量的影响。经滤波气室后两路光束分别进入工作气室和参比气室。其中在滤波气室和参比气室之间设有遮光片，作用是调整仪表零点。工作气室中充入待测组分气体，将红外线中对应于该组分特征吸收波段的辐射能全部吸收，这样投射到检测元件 A 上的能量就很小了，而且基本保持不变。参比气室中充满对红外辐射无吸收作用的中性气体（如氮气），因而投射到检测元件 B 上的能量并没有减少，它仅取决于被测样气中待测组分的浓度。检测器 A 和 B 是非选择性的测温元件，如热电堆，两者采用差动接法，输出信号是透过工作气室和参比气室辐射能之差的函数，也就是待测组分浓度的函数。从指示仪表上可以直接读出组分浓度。从上面分析可以看出，对于此种红外线气体分析仪，待测组分浓度越大时输出信号越小，所以称为负式红外线气体分析仪。

② 正式红外线气体分析仪

正式红外线气体分析仪是双光源、双光路的典型结构，其工作原理大致和负式红外线气体分析仪相同，只是测量元件改为选择性检测器——检测气室。由于检测气室中充满待测组分气体，因此它只能接收与其特征吸收波段相应的辐射能并转变为热能使气室内温度升高，压力增大。气室中间以弹性膜片隔开，压力改变会推动膜片移位，从而检测出压差信号。分析器的工作过程如下：两个相同光源发出两束强度相等的红外光，在切光片周期切割作用下被调制成脉冲形式的红外线，其中一束经参比气室和滤波气室进入检测气室左侧——参比侧。另一束经工作气室和滤波气室进入检测气室右侧——工作侧。在参比侧，检测气室接收的是除去滤波气室滤掉以外的全部特测组分特征吸收波段的能量，因而吸热较多，压力较大。在工作侧，由于红外线通过工作气室，被样气吸收了一部分，且吸收程度与待测组分浓度成正比，故检测气室仅接收到其剩余部分，压力就较小。因此待测组分浓度越大，膜片两侧压差也越大，所以称为正式红外线气体分析仪。压差变化使膜片产生位移，改变了它与定片之间的电容量，因此输出电容量就是待测组分浓度的函数。这种检测器称为薄膜微音器。

正式红外线气体分析仪在结构上采用选择性检测器，具有高灵敏度和选择性；采用光学调制方法输出交变信号，易于减小放大器的漂移、提高测量精度。因此目前工业上多采用正式结构的红外线气体分析仪。

(3) 红外线气体分析仪的主要部件

红外线气体分析仪种类很多，但其基本部件主要有光源、气室、检测器、测量电路及指示记录机构等部分。

① 红外辐射光源

光源部件包括辐射源和反射镜。辐射源应能发射出一定强度、适当波段范围而且具有稳定光谱成分的红外线。常选用镍铬丝、碳化硅以及锆、钇、钍等金属氧化物作为辐射源材料，并且用稳压电源或稳流电源供电，使灯丝的工作温度保持不变。工作温度的选择应使辐射能量大多集中在特征吸收波段范围内，而且又有足够的发光强度，一般选在 700℃ 左右，最高不超过 1100℃。根据普朗克定律，相应的辐射峰值波长分别在 3μm 和 2.1μm，而大部分辐射能都集中在 2 ~ 15μm 范围内，适合工业流程的气体分析。

通过各气室的红外光束应严格平行于气室的中轴线，否则射线进入气室后要多次反射造成测量误差。因而希望反射面是理想抛物面，而灯丝的体积应尽可能小，以接近点光源。近年来，有采用半导体和激光作为红外辐射源的趋势。

光源可分为单光源和双光源两种。单光源的优点是避免了因光源不一致所带来的误差，但反射镜的安装和调整存在一定的困难。双光源的特点则与之相反。目前这两种结构都在使用，以双光源居多。

② 气室

气室部件包括参比气室、工作气室和滤波气室三部分。气室用铜、铝合金或玻璃制成，为圆管状，内壁镀金以减小光强的损失。气室内径一般取 20 ~ 30mm。气室两端有红外透射性良好的窗口。窗口还要有一定的机械强度和化学稳定性，它与气室用环氧树脂胶合。常用窗口材料有氟化锂、氟化钙、石英、兰宝石等，其他材料如氯化钠晶体，虽然具有很好的透射性，但容易潮解，只有镀上保护膜后才能长期使用。

气室长度对分析仪的性能影响很大。对滤波气室而言，当其中充满干扰组分时(可能不止一种)，应当能完全吸收干扰组分特征波段内的全部辐射能，以提高分析器的选择性。所谓选择性是指红外线气体分析仪区分待测组分和其他干扰组分的能力。选择性越好，由于干扰组分的存在所引起的测量误差就越小。一般滤波气室的长度选为 50 ~ 150mm。而工作气室的长度取决于被测组分浓度和吸收系数的大小，它关系到仪器的量程和误差等重要指标。增加工作气室的长度能够提高仪器灵敏度，但同时增加了仪器的非线性，并使选择性变坏。

显然，在进行微量分析(浓度很低)时，宜采用较长气室，而在其他情况下应尽可能采用较短的气室。一般来说，在一定设计条件下，应依据误差最小的原则和被测浓度的上限选择最佳气室长度。

③ 检测器

原则上，凡是能用于光辐射强度测量的传感元件都可以作为红外线气体分析仪的检测器，通常可分为光-电效应传感器和光-热效应传感器两大类。光-电效应器件包括硫化铅、硒化铅、锑化铟等半导体光敏元件，它们的工作机理是内光电效应。即在红外线照射下，其电阻值随光强的增大而减小。光－电检测器具有体积小、响应快、放大线路简单等优点，是很有发展前途的。属于光一热检测器的有热电偶，热电阻和薄膜微音器。其中以薄膜微音器应用最广，是用于气体分析仪中最有特色的检测器，它是一种选择性检测器.

红外线气体分析器的灵敏度主要决定于检测器的灵敏度。薄膜微音器的灵敏度主要与以下因素有关：

检测器的接收气室一般做成圆柱形或底部较小的圆锥形。当气室容积比温度波动引起的容积变化大很多时，适当减小气室容积可使压力改变增大，从而提高灵敏度。一般接收气室容积为几立方厘米。气室长度应使入射辐射能被充分吸收，但过长会增加容积，影响灵敏度，同时对选择性也不利。目前多选在 5～30mm。

接收气室中的气体通常不是单纯的待测组分，而以一定量的中性气体加以稀释，使得充气浓度低一些，这样由于吸收而产生的热量分布均匀，减少由窗口散失的热量。一般可用试验方法确定充气浓度，使检测器灵敏度最高。

空气和氮气都可用作稀释气体。如有可能应选用比热比(定压比热/定容比热)值较大的气体(如氩气)，以利于获得较大的信号输出。

使用薄膜微音器作检测器时，要求对红外光束进行调制。前述切光片(旋转遮板)就是最常用的机械调制器。

④ 测量电路

测量电路是仪器电气系统的主要部分。由于选用的测量方案和传感元件不同，测量电路的差异很大。对于常用的薄膜微音器，其测量电路包括前置级，主放大器和输出级三部分。前置级直接与微音电容器连接，它将电容量的变化转换为相应的电压信号。由于信号电平很微弱，所以要求它的噪声很低，抗干扰能力要强。前置级的优劣对整个测量电路的性能指标至关重要。主放大器不论是交流放大还是直流放大，都应具有性能稳定，非线性失真小，抗干扰能力强等特点。在采用脉冲式工作光束的分析仪中，主放大器多包含一级选频放大，以增强抗干扰能力。输出级的作用是输出指定规格的电压或电流信号，用以驱动指示和记录机构。

（4）红外线气体分析仪的特点

红外线气体分析器在近年得到迅速发展，已广泛用于石油化工、冶金、环保、食品、医疗卫生等各个领域。这是因为它具有许多独特的优点：

① 灵敏度高　它可以分析的气体其上限浓度为 100%，下限能进行微量分析(ppm 级)甚至痕量分析(ppb 级)；

② 精度高　一般通用型产品都能达到二级精度(±2%)，一些专用型产品可以达到一级精度(±1%)；

③ 选择性好　红外线气体分析仪仅仅对被分析组分浓度变化有反应，而其他干扰组分浓度的变化都不影响分析精度；

④ 能够进行连续分析；

⑤ 操作简单，维护方便。

4.5.4　固体含水量测量

化工生产和实验中经常需要测定物料的含水量，测定固体含水量的方法主要是依靠红外线照射，将物料烘干，测量其干燥前后的质量变化来求得其含水量。测量非水液体含水量，目前较多采用卡尔－费休库仑滴定法。

与空气湿度测量技术比较，固体含水量测量技术存在以下独特问题：

① 需要测量的含水量是分散在固态物料中，也就是说，是一种分散量的测量。对于这种分散量的测量比对集中参量的测量要困难得多；

② 测量对象的广泛性。由于需要测量的物料性质各异，这就要求所选择的水分传感器效应除了与水分含量的多少有关以外，对物料的其他任何特性，例如物料的成分、密度、形状、颗粒度等，基本上都没有反应。这样，水分传感器才有实用价值。在实际操作中，这是比较困难的。因此人们采用了信号处理的方法来弥补其不足，克服由于传感器的信号输出不能单一地随物料含水量变化的情形；

③ 为了满足生产线上连续、自动测量的需要，水分传感器必须具有反应迅速、恢复快、输出线性好、测量精度高及使用方便等性能。

由于上述特点，固体含水量测量技术虽然受到重视，但能投入批量生产、得到广泛应用的却很少。目前，通常用于固体含水量测量技术的方法有红外吸收法、微波法、中子法、电测法和辐射干燥法等。

（1）红外吸收法

这是一种光学式的测定方法。其原理是水吸收照射物料的红外波长，光被吸收的数量就按水分含量的多少而发生变化，因而从光能量的减少量就可测定水分。目前国内外大多采用双光束反射式测量法。选取两种不同波长的滤光片，得到测量和参比用的两个窄红外光波段的光束射到被测物上，两束反射光的能量之比反映了含水量的多少。仪器所选用的波长根据待测对象情况而定。要考虑共存物质干扰、测量灵敏度、检测线直线性等条件。红外测水分法具有快速、高精度、非接触式测量等优点。适用在线、自动、连续测量。但要注意避开含有红外波长光的其他光源及样品的色调对测定结果的影响。其缺点是只能测定材料表面的水分，仪器的输出因不同物质而异，对黑色物质不能测量，且造价较高。

（2）微波法

所谓微波指频率高于 1GHz 的电波。以这样的高频率电波照射在含水的物料(电介质)上时，其反射波和透射波就会按照水的介电常数、介质损耗发生变化，利用这个变化即可测定物料中的水分。微波工作在 1000MHz 或更高频率范围内的某些频率处，含水量测量范围分别适用于 0.1% ~60% 和 1% ~70% 以上。若配以微机进行数据处理和计算，其测量精度可达 ±0.5% 以内。这种仪器振荡元件常用的有雪崩二极管、砷化钾 FET(场效应晶体管)等。微波电路用波导管、微波传输带。把微波功率转换成直流电压是用混频器二极管。微波测量的不足之处是电磁波能量的损耗与被测物材料的密度有关。因此，对于颗粒大小及软硬程度不均匀的物质的测量不太理想。

（3）中子法

中子法测量物质含水量的原理是当一定速率的中子与被测物中水分子的氢核发生弹性碰撞时，能量被氢核吸收，使得中子减速。物质中含氢核多时，得到的慢中子数就多，测量慢中子数目，就可测出含水量的多少。常用射线为镭、铍或它们的混合物。检测器常用放有 BF_3 的计数器直接计量低速中子。由于中子水分测量仪器是利用射线，所以与待测物质的密度有关。中子法从原理讲是通过水中的氢核使高速中子减速来测定水分，因此当物料中除水外，还有其他含氢物质时，就会造成测量误差。因此，中子法比较适用于测量不含氢的无机物质的水分，尤其适用于焦碳的水分测定。中子法的另一个缺点就是不能区分混合水和结晶水。

（4）电测法

电测法包括电阻法和电容法两大类，是较早被用来测量水分的两种方法。电容法是基于物质含水量不同时，其介电系数不同这一原理的。因为水的介电系数是 80 比许多植物机体材料的介电系数(约 2～5)大得多，从而含水量的变化可引起电容量发生变化，导致振荡电路的振荡频率变化，以测出物质的含水量。其测量范围大约从 2%～3% 到 15%～20%，因不同材料而异。电阻法也称电导法，根据被测物水分变化时，其直流电阻值随之呈线性变化的原理来测量物质的含水量。因此含有导电或电离物质的材料不宜采用此法测量。该测法范围约在 12%～25% 以内，取决于物料的种类。总之，电阻法与电容法测量的共同特点是较其他诸法仪器结构简单、成本低、操作简单、易行，但其最大弱点是测量精度不高，约在 1%～3%，且性能不够稳定。

上述几种测量方法均系间接测量法，它们最大特点是测量速度快。但由于受各种因素的影响，分别在使用上受到一定限制。与之相对应的直接测量法，其优点是测量范围大，精度比较高，一般不受被测物的化学成分的限制。缺点是干燥速度慢、费时。由于间接测量法一般达不到用直接测量法所能达到的精度，且设备也较昂贵，因此直接测量法随着科学技术的发展，也在不断自我完善。例如在传统方法的基础上发展起来的辐射干燥称重法保留了原有的优点，且采用红外等新技术，实现快速干燥、快速测量和计算，甚至自动显示测量结果。但仍不宜在生产线上连续、自动测量。

5　化学工程基础实验

5.1　流体流动阻力的测定实验

5.1.1　实验内容

测定流体在特定材质圆形直管内流动时的摩擦阻力系数 λ，并确定摩擦阻力系数 λ 与雷诺数 Re 之间的关系。

5.1.2　实验目的

（1）认识组成管路系统的各部件、阀门并了解其作用。

（2）掌握 U 形管压差计的使用方法。

（3）了解测定流体流动阻力摩擦系数的工程定义，掌握采用因次分析方法规划测定流体阻力实验的实验组织方法。

（4）掌握测定流体流动阻力的一般测量方法，通过实验了解流体流动中机械能损失的变化规律。

（5）以水为工作介质，测定流体在圆形直管中流动时所产生的摩擦阻力，确定摩擦阻力系数 λ 与流体流动的雷诺数 Re 之间的关系。

（6）将实验结果与本教材中的 $\lambda - Re$ 关系曲线与关系式 $\lambda = 64/Re$（层流区）和 $\lambda = 0.3164/Re^{0.25}$（湍流区）进行比较。

（7）测定阀门的局部阻力系数 ζ。

5.1.3　实验基本原理

流体管路是由直管、管件（如三通、弯头、变径）、阀门等部件组成。实际流体在管道中流动时，由于黏性作用和涡流等的影响而产生机械能损失，这种能量的损失称为流体流动的阻力。其大小与管长、管径、流体流速和流体流动的摩擦阻力系数等因素有关。而流体通过阀门、管件等部件时，因流动方向或流动截面的突然改变导致的机械能损失称为局部阻力。在化工过程设计中，流体流动阻力的测定或计算，对于确定流体输送所需推动力的大小，选择适当的输送条件都有不可或缺的作用。

（1）直管摩擦阻力

流体在水平的均匀管道中稳定流动时，其阻力损失表现为压力的降低，即

$$h_f = \frac{p_2 - p_1}{\rho} = \frac{\Delta p}{\rho} \tag{5-1}$$

由于流体分子在流动过程中的运动机理十分复杂，影响阻力损失的因素众多，目前尚不

能完全用理论方法来解决流体阻力的计算问题，必须通过实验研究掌握其规律。为了减少实验工作量，降低实验工作难度，并使实验结果具有普遍应用意义，可采用因次分析方法来规划实验。

将所有影响流体阻力的工程因素按以下三类变量列出

① 流体性质：密度 ρ，黏度 μ；

② 管路几何尺寸：管径 d，管长 l，管壁粗糙度 ε；

③ 流动条件：流速 u。

将阻力损失 h_{f} 与诸多变量之间的关系表示为

$$\Delta p = f(d,\ l,\ \mu,\ \rho,\ u,\ \varepsilon) \tag{5-2}$$

根据因次分析方法，可将上述变量之间的关系转变为无因次准数之间的关系

$$\frac{\Delta p}{\rho_u} = \varphi\left(\frac{du\rho}{\mu}, \frac{l}{d}, \frac{\varepsilon}{d}\right) \tag{5-3}$$

式中　$\dfrac{du\rho}{\mu} = Re$——雷诺数（Reynolds number），是表征流体流动型态影响的无因次准数；

$\dfrac{l}{d}$——相对长度的无因次几何准数；

$\dfrac{\varepsilon}{d}$——管壁相对粗糙度。

将式(5-3)改写为

$$\frac{\Delta p}{\rho} = \frac{l}{d} \cdot \varphi'\left(Re, \frac{\varepsilon}{d}\right) \cdot \frac{u^2}{2} \tag{5-4}$$

设 $\lambda = \varphi'\left(Re,\ \dfrac{\varepsilon}{d}\right)$，则有 $h_{\mathrm{f}} = \dfrac{\Delta p}{\rho} = \lambda\ \dfrac{l}{d}\dfrac{u^2}{2}$。即为通常计算直管阻力的公式，称为范宁公式。

式中　h_{f}——以能量损失表示的阻力，J/kg；

Δp——直管压降，Pa；

ρ——流体的密度，kg/m³；

λ——摩擦阻力系数，无因次；

l——直管管长，m；

d——直管管内径，m；

u——流体在管内的平均流速，m/s。

由范宁公式可以看出，不管何种流体，直管摩擦系数 λ 仅与雷诺数 Re 和相对粗糙度 ε/d 有关。因此，只要在实验室规模的小装置上，用水作实验物系，进行有限量的实验，确定 λ、Re 和 ε/d 的关系，即可由范宁公式计算任一流体在管路中的流动阻力损失。这也说明了因次分析理论指导下的实验方法具有"由小见大，由此及彼"的功效。

范宁公式中 λ 为直管中流体流动的摩擦阻力系数，其大小与流体的流动状态及管路的特性有关。由于流体的流动类型不同，所以 λ 的计算也不同。层流时，流体流动的阻力主要是由克服粘滞力作用的内摩擦阻力而产生的；而湍流时，流体流动的阻力则是由克服内摩擦力、涡流损失和流体质点与粗糙的管壁碰撞产生的惯性阻力损失所引起的。当 Re 高到一定程度时，流体流动的阻力则主要是流体质点与粗糙的管壁碰撞产生的惯性阻力，此时又称为阻力平方区(或完全湍流区)。

层流时，由哈根 - 泊谡叶（Hagen-Paiseuille）公式知，

$$\Delta p_f = p_2 - p_1 = \frac{32\mu_1 u}{d^2} \tag{5-5}$$

代入到范宁公式中可得到 λ 的计算式：

$$\lambda = \frac{64\mu}{du\rho} = \frac{64}{Re} \tag{5-6}$$

由上式可以看出，层流时 λ 仅与 Re 有关，而与管壁的粗糙度无关。

湍流时，由于管壁的粗糙度是一个重要的影响因素，所以 λ 的计算也较层流复杂得多。目前还没有理论上的计算公式。其中较著名且简单的半经验公式是柏拉修斯（Blasius）公式，即

$$\lambda = \frac{0.3164}{Re^{0.25}} \tag{5-7}$$

此式适用于光滑管，Re 的范围为 $3 \times 10^3 \sim 3 \times 10^5$。所谓光滑管，是指流体的层流底层厚度不小于管壁绝对粗糙度 ε，当层流底层厚度小于管壁绝对粗糙度 ε 时，则要考虑粗糙度对 λ 的影响，通常是以关联图的形式表示。

在完全湍流区，摩擦阻力系数 λ 只是管壁相对粗糙度 ε/d 的函数，而与雷诺准数 Re 无关。

本实验是在直管长度、管径和管壁粗糙度均一定的条件下，以水为工作介质进行实验，改变流量（或流速），测定流体在一段等径水平直管的压降 $\Delta p = p_2 - p_1$，此压降由 U 形管压差计测定，然后再分别计算出 λ 和 Re 值，确定 λ 和 Re 的关系。

（2）局部阻力

在化工设计和工程计算中，局部阻力损失的计算有两种方法，即当量长度法和局部阻力系数法。对于当量长度法，仍采用范宁公式进行计算，不过要将公式中的直管长度用当量长度来代替。若采用阻力系数法，则通常采用下列的公式计算：

$$h'_f = \frac{\Delta P'_f}{\rho} = \xi \frac{u^2}{2} \tag{5-8}$$

$$\zeta = \frac{2}{\rho} \cdot \frac{\Delta P'_f}{u^2} \tag{5-9}$$

式中　h'_f——以能量损失表示的局部阻力，J/kg；

　　$\Delta p'_f$——局部阻力引起的压降，Pa；

　　ζ——局部阻力系数，无因次。

局部阻力系数 ζ 通常可以从文献或手册中查得，根据式（5-8）求出管件的局部阻力损失 h'_f，若要通过计算得到管件的局部阻力系数 ζ，则必须已知管件的局部阻力损失 h'_f，由（5-9）计算。

局部阻力损失引起的压降 $\Delta p'_f$ 可通过如下方法测量：在一条各处直径相等的直管段上，安装待测局部阻力的阀门，在其上、下游开两对测压口 $a-a'$ 和 $b-b'$，如图 5-1 所示，使 $ab = bc$，$a'b' = b'c'$。则有 $\Delta p_{f,ab} = \Delta p_{f,bc}$，$\Delta p_{f,a'b'} = \Delta p_{f,b'c'}$，在 $a-a'$ 之间列柏努利方程式，有：

$$p_a - p'_a = 2\Delta p_{f,ab} + 2\Delta p_{f,a'b'} + \Delta p'_f \tag{5-10}$$

在 $b-b'$ 之间列柏努利方程式，有：

$$p_b - p'_b = \Delta p_{f,bc} + \Delta p_{f,b'c'} + \Delta p'_f \tag{5-11}$$

联立式(5 – 10)和式(5 – 11)，则有：
$$\Delta p'_f = 2(p_b - p'_b) - (p_a - p'_a) \tag{5 – 12}$$
式(5 – 12)中$(p_b - p'_b)$为近点压差，$(p_a - p'_a)$为远点压差，可通过 U 形管压差计或差压传感器进行测量。

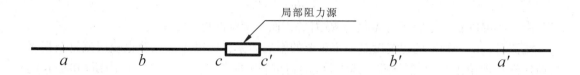

图 5 – 1　局部阻力测定的取压点

在本实验中，管件的局部阻力损失 h'_f 的测量与直管阻力损失 h_f 的测量类似，不同的是在管路中接入了需要测量的管件(弯头、阀门、变径直管、流量计等)。通过压差测量仪表测定局部阻力损失，根据流体流量求出流体的流速，进而由式(5 – 9)计算出 ζ，从而得到 $\zeta \sim Re$ 的关系。实验表明，在层流时，ζ 与 Re 有关，在完全湍流区，ζ 与 Re 无关，只与管件的种类有关。

5.1.4　实验设计

实验设计包括实验操作方案的确定，数据测试点及测试方法和操作控制点及控制方法的确定，以及实验装置流程的设计。

(1) 实验方案

由实验原理可知，本实验可用水为实验物料，当实验装置确定后，只要改变管路中流体流速 u 或流量 V，测定相应的直管阻力压降 Δp，就能通过计算得到一系列的 λ 值以及相应的 Re 的值；在安排实验点的分布时，要考虑到 λ 随 Re 的变化趋势，在小流量范围适当多布点。

(2) 测试点及测试方法

根据实验基本原理，需测定的原始数据有：流速 u(或流量 V)，直管段压差 Δp，流体温度 t(据此确定 ρ、μ)，此外还有管路直径 d 和直管长度 l，据此可配置相应的测试点和测试方法。

① 测试点

需在直管段两端各设一对测压点，分别用以测定 Δp_1(层流)和 Δp_2(湍流)，还应配置一个流量(或流速)和温度测试点。

② 测试方法

直管段压差的测定：采用倒置 U 形压差计测量；

流速或流量的测定：工程上测量流量较测流速更为方便，本实验采用体积—时间法测量流量；

温度的测定：用水银玻璃温度计测定。

(3) 控制点及调节方法

实验中需控制调节的参数是流体流量 Q，可在管路中设置一控制调节阀门，用以调节流量。若阀门设置在管路前端，则管路末段应采取适当措施保证整个管路系统满灌。

（4）实验装置和流程设计

实验装置流程如图 5-2 所示。图 5-2 所示的实验装置中，贮水槽中的水由水泵抽出后经过流量调节阀，由玻璃转子流量计测量流量，然后送入被测直管段测量流体在光滑管或粗糙管的流动阻力；或经阀门测量局部阻力后返回贮水槽。被测直管段流体流动阻力 Δp 可根据其测量值的大小分别采用差压变送器或倒置 U 形管压差计来测量。

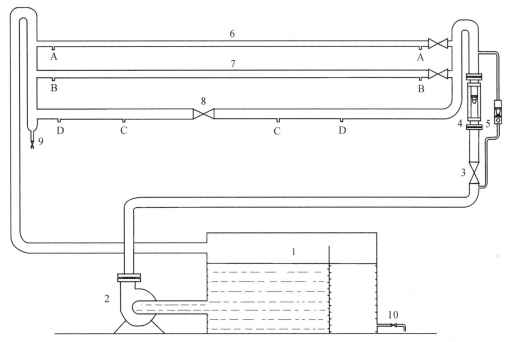

图 5-2(Ⅰ) 流体流动阻力的测定实验装置流程图

1—贮水槽；2—离心泵；3—出口阀；4，5—转子流量计；
6—光滑管；7—粗糙管；8—局部阻力阀门；9—管线放水阀；10—贮水槽放水阀

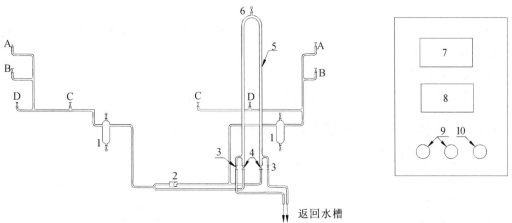

图 5-2(Ⅱ) 流体流动阻力的测定实验测控系统流程图

1—缓冲罐；2—压力传感器；3—放水阀；4—倒置 U 形管压差计进水阀；5—倒置 U 形管压差计；
6—倒置 U 形管压差计放空阀；7—压差表；8—温度表；9—电源总开关；10—离心泵开关

设备相关参数如下：

① 离心泵：型号：WB70/055；流量：8（m³/h）；扬程：12（m）；电机功率：550（W）

② 玻璃转子流量计：型号：LZB40/LZB10；测量范围：100～1000/10～100（L·h⁻¹）；精度 1.5/2.5

③ 直流数字电压表：型号：PZ139；测量范围：0～200kPa

④ 压力传感器：型号：LXWY；测量范围：200kPa

⑤ 被测光滑直管段：

设备编号	管径/m	管长/m	设备编号	管径/m	管长/m
1	0.008149	1.70	5	0.008152	1.70
2	0.008010	1.70	6	0.008150	1.70
3	0.008161	1.70	7	0.008050	1.70
4	0.008016	1.70	8	0.008058	1.70

⑥ 被测粗糙直管段：管径 0.010m；管长 1.70m

⑦ 被测局部阻力直管段：管径：0.015m；管长：1.2m

⑧ 玻璃转子流量计：

型号	测量范围/（L/h）	精度
LZB40	100～1000	1.5
LZB10	10～100	2.5

5.1.5 实验操作要点

（1）检查实验装置是否处于备用状态。

（2）装置加电，待仪表自检完成，启动离心泵。

（3）检查压差计，使之处于备用状态。

（4）将出口阀开至最大，观察最大流量范围或最大压差变化范围，据此确定合理的实验布点。

（5）测定流体的流量，进而求出其流速。此处要注意的是当流量调节后，需稳定一段时间，方可测取有关数据。

（6）实验过程中测量水温 1～2 次。

（7）实验完毕后将装置恢复原状，以备下次实验使用。

5.1.6 实验数据处理和结果讨论分析部分的要求

（1）在双对数坐标纸上关联 λ 和 Re 之间的关系。

（2）对实验结果进行分析讨论，例如：讨论一下 λ 与 Re 的关系，根据所标绘的曲线引申推测一下管路的粗糙程度，论述所得结果的工程意义，并从中能够得出若干结论等等。

（3）对实验数据进行必要的误差分析，评价一下数据和结果的误差，并分析其原因。

5.1.7 思考题

（1）实验中如何选用 U 形管压差计和倒置 U 形管压差计，为什么？试写出其压差计算公式。

（2）为什么要将实验数据在对数坐标纸上标绘？

（3）在测定直管阻力时，能否将水平管改为垂直放置或倾斜放置？为什么？各种放置的压差与直管阻力的损失是什么关系？

（4）在不同设备上（包括不同管径）、不同温度下测定的 $\lambda \sim Re$ 数据能否关联在同一条曲线上？以水为工作介质所测得的 $\lambda \sim Re$ 关系能否适用于其他流体？

（5）结合本实验，思考一下因次分析方法在处理工程问题时的优点和局限性。

5.2 流量计校核实验

5.2.1 实验内容

测定孔板流量计和文丘里流量计的孔流系数，观察孔流系数的变化规律，测定孔板流量计和文丘里流量计的永久压强损失。

5.2.2 实验目的

（1）了解孔板流量计和文丘里（Venturi）流量计的构造。

（2）学习掌握流量计的校核方法，通过测定标准孔板流量计和文丘里流量计的流量系数，验证流量计流量系数的变化规律。

（3）测定标准孔板流量计和文丘里流量计的流量系数，标绘出流量曲线。

（4）通过孔板和文丘里流量计孔流系数的测定，了解孔流系数的变化规律。

（5）比较孔板流量计和文丘里流量计的流量系数的大小及永久压降（阻力损失）的大小。

5.2.3 实验基本原理

流量的测定和其他基本物理量的测定一样，在科学研究、工业生产甚至于日常生活中都是十分重要的。流体流量的测定，包括不可压缩流体和可压缩流体两类流体流量的测定。在测量方法和使用仪表有所不同，但也存在一些通用的仪表，常见的有孔板流量计和转子流量计，既可测量不可压缩流体，亦可用于压缩流体的流量测量。

工厂生产的流量计，大都是标准规范制造的。流量计出厂前要经过校核后作出流量曲线，或按规定的流量计算公式给出指定的流量系数，或将流量系数直接刻在显示仪表度盘上供用户使用。然而在使用时，往往由于所处温度、压强、介质的性质同标定状况不同，因此为了测量准确和方便使用，应在现场进行流量计的校正。即使已校正过的流量计，在长期使用过程中，由于磨损会造成较大的计量误差，也必须进行校正，以确定其流量。流量计的校正有量体法、称重法和基准流量计法。量体法或称重法都是以通过一定时间间隔内排出的流体体积量或质量的测量来实现的，而基准流量计法则是用一个已被事先校正过而精度级较高的流量计作为被校流量计的比较基准。

流量计的种类和形式很多，本实验是研究差压式流量计的校正。差压式流量计也称速度式流量计，是用测定流体的压差来确定流体的速度，常用的有孔板流量计、文丘里流量计以及毕托管和喷嘴等。

本实验用的孔板流量计如图 5-3（a）所示，是在管道法兰间装有一中心开孔的铜板。可根据流体力学的基本原理导出孔板流量计的计算模型。

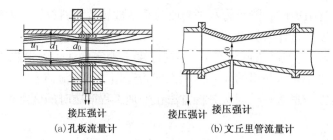

接压强计
(a)孔板流量计

接压强计　接压强计
(b)文丘里管流量计

图 5-3　差压式流量计结构示意图

当流体流过孔板的孔口时，流体发生收缩，形成"缩脉"，此处截面最小，流速最大，因而静压强相应降低。孔板流量计的工作原理就是利用这种压力的变化测量流体的流量(或流速)。设流体为理想流体，无阻力损失，根据柏努利方程式，在孔板上游截面 1 和缩脉处截面 2 列式，有：

$$\frac{u_2^2 - u_1^2}{2} = \frac{p_1 - p_2}{\rho} \tag{5-13}$$

或

$$\sqrt{u_2^2 - u_1^2} = \sqrt{\frac{2(p_1 - p_2)}{\rho}} \tag{5-14}$$

由于上式没有考虑阻力损失，而且很难知道缩脉处的截面积，因此上式中的 u_2 可用孔口速度 u_0 代替，同时，由于两侧测压孔的位置也不在截面 1 和截面 2 处，所以用校正系数 c 来校正上述各因素的影响，则式(5-14)变为

$$\sqrt{u_0^2 - u_1^2} = c\sqrt{\frac{2(p_1 - p_2)}{\rho}} \tag{5-15}$$

对于不可压缩流体的稳定流动有 $u_1 = u_0\left(\dfrac{d_0}{d_1}\right)^2$ 代入上式并整理后可得

$$u_0 = c\frac{\sqrt{\dfrac{2(p_1 - p_2)}{\rho}}}{\sqrt{1 - \left(\dfrac{d_0}{d_1}\right)^4}} \tag{5-16}$$

令 $C_0 = \dfrac{c}{\sqrt{1 - \left(\dfrac{d_0}{d_1}\right)^4}}$，压力降以 U 形管压差计测量，则 $p_1 - p_2 = Rg(\rho_0 - \rho)$，于是孔口流速为：

$$u_0 = C_0\sqrt{\frac{2Rg(\rho_0 - \rho)}{\rho}} \tag{5-17}$$

由此可以计算出流体的体积流量为：

$$V_0 = A_0 u_0 = C_0 A_0\sqrt{\frac{2Rg(\rho_0 - \rho)}{\rho}} \tag{5-18}$$

质量流量为：$m_0 = A_0 u_0 \rho = C_0 A_0\sqrt{2Rg(\rho_0 - \rho)\rho}$ 　　　(5-19)

式中　A_0——孔板孔口截面积，$\mathrm{m^2}$；

　　　C_0——流量(孔流)系数，无因次；

　　　R——U 型管压差计的读数，m；

　　　ρ_0——U 型管压差计指示液密度，$\mathrm{kg/m^3}$；

　　　ρ——被测流体的密度，$\mathrm{kg/m^3}$.

孔板的流量系数 C_0 的引入简化了流量计的计算模型。但影响 C_0 的因素很多，如管道流动的 Re_d，孔口面积和管道面积比 m，测压方式，孔口形状及加工光洁度，孔板厚度和管壁粗糙度等等，因此只能通过实验测定。对于测压方式、结构尺寸、加工状况等均已规定的标准孔板，其流量系数 C_0 可以表示为 $C_0 = f(Re_d, m)$，其中 Re_d 是以管径 d 为基准计算的雷诺数，即 $Re_d = du_1\rho/\mu$。当 m 一定时，随 Re_d 的增加，C_0 是下降的，当 Re_d 大到一定值后，C_0 变为常数。当 Re_d 一定时，随 m 的增大，C_0 是增大的。在设计和选用孔板流量计时应使 C_0 处于常数区。

孔板流量计是一种易于制造、结构简单的测量装置，因此使用广泛，但其主要缺点是能量损失大，为了减少能量损耗可采用文丘里流量计，如图 5 – 3(b) 所示。其操作原理和孔板流量计一样，但由于流体流经有均匀收缩的收缩段和逐渐扩大的扩大段，流速改变平缓，故能量损耗很小。仿照孔板流量计的推导过程，文丘里流量计的流量计计算公式如下

$$V_v = A_v u_v = C_v A_v \sqrt{\frac{2Rg(\rho_0 - \rho)}{\rho}} \qquad (5-20)$$

$$m_v = A_v u_v \rho = C_v A_v \sqrt{2Rg(\rho_0 - \rho)\rho} \qquad (5-21)$$

式中　A_v——文丘里流量计喉截面积，m^2；

　　　C_v——文丘里流量计的流量系数，无因次。

其他量的意义及单位同孔板的相同。

当流体流过孔板流量计或文丘里流量计时，由于突然收缩和扩大，形成涡流产生阻力，损失部分能量，使压力下降，因此流体流过流量计后压力不能完全恢复，称这种损失为永久压力损失，可用实验方法测试出。实验中测量流量计前后等径两截面的压力差，即为永久压力损失。为保证测量结果的准确性，应消除涡流等因素的影响。对孔板流量计，两测压口应选在孔板前 $1d$(一倍管径长度) 和孔板后 $6d$(六倍管径长度) 的两个截面处。对文丘里流量计，两测压口应选在距离入口和扩散管出口各为 $1d$(一倍管径长度) 的地方的两个截面处。d 为管道内径。两个截面的压力差为：

$$\Delta p_{永} = p_1 - p_2 \qquad (5-22)$$

永久压力损失 $\Delta p_{永}$ 可以用 U 形管压差计测定。常将它表示为流量计测量压差的一个的百分比，即：

$$\eta = \frac{\Delta p_{永}}{\Delta p_{测}} \times 100\% \qquad (5-23)$$

η 与孔板孔径(或文丘里管喉径) d_0 和管道直径 d 的比值有关。d_0/d 愈小则永久压力损失愈大。各种孔板流量计的永久压力损失大约在 40% ~ 90% 之间。由于文丘里管入口和出口都为扩散形管，流体流过时涡流损失较小，所以永久压力损失比孔板流量计小得多，各种文丘里流量计的永久压力损失大约为 8% ~ 18%。

5.2.4　实验设计

实验设计包括实验操作方案的确定，数据测试点及测试方法和操作控制点及控制方法的确定，以及实验装置流程的设计。

（1）实验方案

本实验可用水为实验物料，由供水离心泵提供并循环使用，通过改变管路中流体流速 u 或流量 V，测定相应的压降 Δp，就能通过计算得到一系列的 C_0 值以及相应的 Re 的值；在安排实验点的分布时，要考虑到 Q 随 R 的变化趋势，在小流量范围适当多布点。

（2）测试点及测试方法

根据实验基本原理，需测定的原始数据有：流速 u（或流量 V），流量计压降 ΔR、永久压降 $\Delta R'$，流体温度 t，管路直径 d，据此可配置相应的测试点和测试方法。

① 测试点

流量计压降取压方法采用法兰取压法，孔板永久压降取压口选在孔板前 $1d$ 和孔板后 $6d$ 的两个截面处，文丘里流量计永久压降取压口选在距离入口和扩散管出口各为 $1d$ 的两个截面处，还应配置一个流量（或流速）和温度测试点。

② 测试方法

流量计压降的测定：采用 U 形管水银压差计和倒置 U 形管压差计测量；

流速或流量的测定：本实验采用体积—时间法测量流量；

温度的测定：用水银玻璃温度计测定。

（3）控制点及调节方法

实验中需控制调节的参数是流体流量 Q，可在管路中设置一控制调节阀门，用以调节流量。若阀门设置在流量计前端，则管路末段应采取适当措施保证整个管路系统充满实验介质。

流量和压差计读数的精确程度直接影响 $C_0(C_v)$ 的数值。因此，每次测量的时间要足够长，水的体积要足够多，待流动稳定以后，方能测试各参数数据，每经过一次流量调节需经 $3 \sim 5\text{min}$ 的稳定。

（4）实验装置和流程设计

实验装置流程如图 5-4 所示，该实验装置主要由水箱、水泵、转子流量计、孔板流量计、文丘里流量计、U 形管压差计和计量槽组成。其中孔板流量计的孔径为 18.0mm，文丘里流量计的喉径为 19.0mm。管路内径为 26.0mm。流量用计量槽和秒表测量，计量槽底面积为 $1.570 \times 10^{-3}\,\text{m}^2$。

孔板流量计和文丘里流量计安装在同一条水平放置的的不锈钢管道上。为消除涡流对测量数据的影响，压差计安装时上游必须有 $30d_{内} \sim 50d_{内}$ 的直管段，下游必须有大于 $5d_{内} \sim 8d_{内}$ 的直管段。U 形管水银压差计用来测量流量计压差及孔板流量计的永久压力损失。

5.2.5 实验操作要点

（1）检查实验装置是否处于备用状态。

（2）装置加电，待仪表自检完成，启动离心泵。

（3）检查压差计，使之处于备用状态。

（4）将出口阀开至最大，观察最大流量范围或最大压差变化范围，据此确定合理的实验布点。

（5）从最大流量开始依次取 $10 \sim 15$ 组数据，流量最大值以压差计最大量程为准。此处要注意的是当流量变化后，需稳定一段时间，方可测取有关数据。

（6）实验过程中测量水温 $1 \sim 2$ 次。

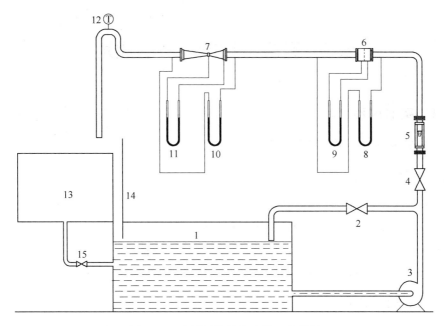

图 5 - 4 流量计校核实验装置流程图

1—水槽；2—旁路阀；3—离心泵；4—出口阀；5—转子流量计；6—孔板流量计；7—文丘里管流量计；

8，9，10，11—U 形管压差计；12—温度计；13—计量槽；14—非计量排水回路；15—排水阀

（7）实验完毕后将装置恢复原状，以备下次实验使用。

5.2.6 实验数据处理和结果讨论分析部分的要求

（1）在双对数坐标纸上关联体积流量 V_s 和压差计读数 R 之间的关系曲线，并计算斜率，检查是否为 0.5 次方关系。

（2）在半对数坐标纸上作出孔流系数和 Re 的关系曲线。

（3）计算孔板流量计和文丘里流量计的流量系数 C_0 和 C_v，比较两种流量计流量系数的大小。

（4）计算实验条件下的永久压降之比 η，比较两种压差计的永久压降损失大小。

（5）对实验数据进行必要的误差分析，评价一下数据和结果的误差，并分析其原因。

5.2.7 思考题

（1）U 形管水银压差计的平衡夹和排气夹起什么作用？怎样使用？怎样才能排除测压导管中的气体？

（2）为什么速度式流量计安装时，要求其前后有一定的直管稳定段？

（3）流量计的流量系数 C_0，C_v 一般范围是多少？它们与哪些参数有关？这些参数对流量系数 C_0，C_v 有什么影响？

（4）比较孔板流量计和文丘里流量计流量系数 C_0，C_v 的大小，永久压力降 η 的大小，并做出适当的说明。

（5）从实验中，可以直接得到压差计读数 $R \sim V_s$ 的校正曲线，经整理后也可以得到 $C_0 \sim Re$ 的曲线，这两种表示方法，各有什么优点？

5.3　离心泵性能参数的测定

5.3.1　实验内容

测定一定转速下离心泵的特性曲线。

5.3.2　实验目的

(1) 了解离心泵的结构特点，熟悉并掌握离心泵的工作原理和操作方法。
(2) 掌握离心泵特性曲线的测定及其特性曲线的标绘方法。
(3) 学习并掌握用误差分析理论来确定曲线标绘的坐标比例。
(4) 了解运用多项式求离心泵特性曲线回归式的思路和特点。

5.3.3　实验基本原理

在石油化工生产中，离心泵是应用最广泛的液体输送机械之一，合理地选用离心泵对设计、生产是很重要的。在选用及操作离心泵时，必须了解其性能参数或特性曲线。离心泵在出厂前要在101325Pa的压力下，用20℃的清水进行性能测试，将性能参数或特性曲线标绘在说明书或样本中。当被输送的液体与101325Pa，20℃下的清水不同时，其性能参数将发生变化。此时，为使离心泵在合理的条件下进行工作，就要对性能曲线进行校正。

工业上选用泵时，一般根据生产工艺要求的扬程和流量，考虑所输送液体的性质和泵的结构特点及工作特性，来决定泵的类型和型号。对一定类型的泵而言，泵的特性主要是指泵在一定转速下，其扬程、功率和效率与流量的关系。

(1) 扬程的计算

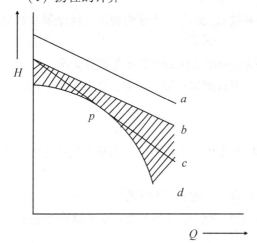

图 5 - 5　离心泵的理论扬程与实际扬程

离心泵的特性通常与泵的结构(如叶轮直径的大小，叶片数目及弯曲程度)、泵的转速以及所输送液体的性质有关，影响因素很多。在理论上，为了导出扬程的计算公式，假定液体为理想流体(无粘性)，叶片无限多。对于后弯叶片的泵，理论上导出的流量 Q 和扬程 H 之间的关系如图 5 - 5 中 a 线所示。实际上，任何液体都是有黏性的，且泵的叶片数也是有限的。因此，液体在通过泵的过程中会产生一定的机械能损失，使离心泵的实际扬程与理论扬程差别很大。

如图 5 - 5 所示。由于离心泵叶片数并非无限多，液体在泵内叶片间会产生涡流，导致机械能损失，此损失只与叶片数、液体黏度、叶片表面的粗糙度等因素有关，考虑这些因素后的扬程为图 5 - 5 中的 b 线。实际流体从泵的入口到出口存在阻力损失，其大小与流速的平方约成正比，亦即与流量的平方约成正比，考虑到这项损失后的扬程为图 5 - 5 中的 c 线。

此外，进入泵中的液体在突然离开叶轮周边冲入沿泵蜗壳流动的液流中，会产生冲击，也造成机械能的部分损失，该部分损失在泵的设计点处达到最小(图5-5中点P所示)泵的实际流量偏离设计点愈大，冲击损失便愈大。在考虑到这项损失后，离心泵的实际扬程应为图5-5中的曲线d。

显然，通过以上讨论可以看出机械能损失在理论上是难以计算的。因此，离心泵的特性只能采用实验的方法实际测定。

如果在泵的进口管和出口管处分别安装上真空表和压力表，则可根据柏努利方程得到扬程的计算公式

$$H_e = \frac{P_2 - P_1}{\rho g} + \Delta Z + \frac{u_2^2 - u_1^2}{2g} + \sum h_{f1 \to 2} \qquad (5-24)$$

当进、出口管路等径时，$\frac{u_2^2 - u_1^2}{2g} = 0$，流动的摩擦阻力损失 $\sum h_{f1 \to 2}$ 可以忽略不计。上式可改写为：

$$H_e = \frac{P_2 - P_1}{\rho g} + \Delta Z \qquad (5-25)$$

式中　H_e——泵的实际扬程，m；

P_2——压力表所处截面的绝对压力，MPa；

P_1——真空表所处截面的绝对压力，MPa；

ρ——被测流体的密度，kg/m^3；

ΔZ——二测压点截面之间的垂直距离，m。

（2）有效功率的计算

泵的有效功率是指泵对流体所做的功，其计算时为：

$$N_e = QH_e\rho g \qquad (5-26)$$

式中　N_e——离心泵的有效功率，W；

Q——离心泵的流量，m^3/s；

H——离心泵的扬程，m。

（3）效率的计算

离心泵的效率为泵的有效功率与轴功率之比值，即

$$\eta = \frac{N_e}{N_{轴}} \times 100\% : \qquad (5-27)$$

式中　η——离心泵的效率，%；

N_e——离心泵的有效功率，W；

$N_{轴}$——离心泵的轴功率，W。

轴功率可通过马达天平仪实际测定。泵的轴功率是由泵配置的电机提供的，而输入电机的电能在转变成机械能时亦存在一定的损失，即 $N_{轴} = N_{电} \cdot \eta_{电} \cdot N_{传}$，因此，工程上有意义的是测定离心泵的总效率(包括电机效率和传动效率)，即

$$\eta_{总} = \frac{N_e}{N_{电}} \times 100\% \qquad (5-28)$$

实验时，使泵在一定转速下运转，测出对应于不同流量的扬程、电机输入功率、效率等参数值。将所得数据整理后用曲线表示，即得到泵的特性曲线。

离心泵的特性与泵的转速有关，转速不同，泵的流量、扬程、功率、效率等也将不同，亦即离心泵的特性曲线要相应发生改变。工业上广泛利用出口阀门调节离心泵的流量，实际上是利用阀门开度的变化改变系统的阻力，从而达到调节的目的。从能量利用的角度看，这种方法并不合理。随着变频调速技术的完善，通过改变泵的转速来达到调节流量的方法在工业领域越来越多地被采用。这种调节方式在经济上更为合理。

应指出的是，根据上述实验原理测定的结果只是反映了离心泵本身在一定转速下的特性。在工业应用中，液体的输送实际是由离心泵和管路系统共同完成的，泵的实际流量和扬程不仅与离心泵的特性有关，还取决于管路系统的特性(阻力与流量之间的关系)。以上所论及的阀门调节，实际上是在离心泵特性曲线不变的情况下通过改变管路特性曲线来达到流量调节的目的；而通过改变泵的转速调节流量的办法，实际上是在管路特性曲线不变的情况下改变泵的特性曲线来实现流量的调节。因此，脱离特定的管路条件讲离心泵的流量或扬程是没有意义的。通常生产厂家给出的泵特性曲线是在进、出口管路直径与泵的进、出口直径相同的情况下测定的，离心泵铭牌上给出的参数值只是指泵在最高效率点的流量和扬程。

5.3.4 实验设计

实验设计包括实验操作方案的确定，数据测试点及测试方法和操作控制点及控制方法的确定，以及实验装置流程的设计。

（1）实验方案

本实验用自来水做实验物料，在离心泵转速一定的情况下，通过改变管路中的流量，得到不同流量下下离心泵进、出口的压力和电机功率，计算出相应的扬程、功率和效率；在实验布点时，要考虑到泵的效率随流量变化的趋势。

（2）测试点及测试方法

根据实验基本原理，需测定的原始数据有：泵两端的压力 P_1 和 P_2，离心泵电机功率 N_e、流量 Q、水温 t，以及进出口管路的管径 d_1 和 d_2，据此可配置相应的测试点和测试仪表。

① 测试点

实验过程中需在离心泵的出口管路上设置一个流量测量点，在离心泵的进、出口管路上各设一个压力测量点，另外还需要测量离心泵的功率和水温等参数。

② 测试方法

离心泵出口压力 P_2 由压力表测定。

离心泵入口压力 P_1 由真空表测定。

流量由装设在管路中的文丘里管流量计测定，流量计在安装时，必须保证仪表前后有足够的直管稳定段。

电机功率采用电功率表测量。

水的温度用水银温度计测定。

（3）控制点和调节方法

实验中控制的参数是流量 Q，可用调节阀来进行控制调节。

（4）实验装置及流程设计

实验装置流程如图5-6所示。图5-6所示的实验装置主要由贮水槽、离心泵、涡轮流量计、压力表、功率表等组成。离心泵将水自贮水槽吸入，排出后经涡轮流量计测量流量，返回贮水槽。电机功率由功率表测定，在泵的吸入口及排出口安装有真空表及压力表，用以测量泵的吸入口及排出口压力。

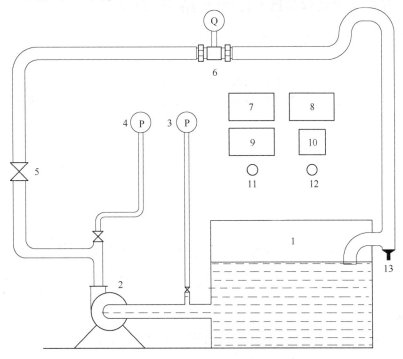

图5-6　离心泵性能测试装置流程图

1—水槽；2—离心泵；3—真空表；4—压力表；5—出口阀；6—涡轮流量计；7—流量表；
8—温度表；9—功率表；10—变频器；11，12—电源开关；13—温度计

实验设备主要技术参数如下：

离心泵：流量 $Q = 1.2 \sim 7.2 m^3/h$，扬程 $H = 14 \sim 19m$，轴功率 $N = 550W$；

真空表测压位置管内径 $d_{入} = 0.030m$；

压强表测压位置管内径 $d_{出} = 0.030m$；

真空表与压强表测压口之间的垂直距离 $\Delta h = 0.355m$；

实验管路 $d = 0.050m$；

电机效率为60%

5.3.5　实验操作要点

（1）检查实验装置是否处于备用状态。

（2）装置加电，待仪表自检完成，启动离心泵。

（3）观察离心泵出口压力是否达到0.2MPa，否则表示离心泵工作异常，须停泵查找原因。

（4）将出口阀开至最大，观察最大流量范围或最大压差变化范围，据此确定合理的实验布点。

101

（5）从最大流量开始依次取 10～15 组数据，此处要注意的是必须记录流量为零时的各有关参数。同时在流量发生变化后，需稳定一段时间，方可测取有关数据。

（6）实验过程中测量水温一到两次，如有可能应在实验过程中测量电机转速一次。

（7）实验完毕后将装置恢复原状，以备下次实验使用。

5.3.6 实验数据处理和结果讨论分析部分的要求

（1）根据误差分析的理论，计算估计实验结果的误差，并根据计算结果求出坐标分度比例尺，根据该比例尺确定坐标分度后，再在将数据处理结果标绘于坐标图纸上。

（2）对实验结果进行分析讨论，例如：离心泵的扬程、效率及泵的功率与流量之间的关系，分析一下之所以出现这种现象的原因。所得结果的工程意义等等，从中可以得出的若干结论。

（3）对实验数据进行必要的误差分析，评价一下数据和结果的好与差，并分析其原因。

（4）试分析讨论，倘若进、出口管路直径和泵的进、出口直径不同，泵的特性曲线是否会发生变化？

5.3.7 思考题

（1）离心泵在启动前，为什么要灌泵？结合离心泵工作原理加以说明。

（2）当改变出口阀门开度时，离心泵的吸入口真空泵读数及出口压力表的压力有何变化？规律如何？

（3）试从实验结果分析说明为什么要关闭出口阀启动泵？

（4）为什么调节离心泵的出口阀可调节流量？这种方法有什么优缺点，是否还有其他方法可调节泵的流量？

（5）离心泵铭牌上所标出的参数是什么条件下的参数？

5.4 恒压过滤常数的测定

5.4.1 实验内容

测定恒压操作条件下的过滤常数 K，q_e。

5.4.2 实验目的

（1）熟悉板框式过滤机结构及操作方法。

（2）学习并掌握实验测定过滤常数的基本原理和方法，了解测定过滤常数的工程意义。

（3）测定恒压过滤常数 K，q_e，τ_e，并以实验所得结果验证过滤方程式。

（4）测定洗涤速率与过滤终了速率的关系。

（5）测定压缩指数 s 和物料特性常数 k。

（6）了解操作压力对过滤速率的影响。

（7）了解压力定值调节阀的工作原理和使用方法。

5.4.3 实验基本原理

过滤是利用多孔过滤介质将液—固混合物系进行分离的过程，属于机械分离。通常所用过滤介质有棉织物、毛织物、多孔陶瓷、多孔玻璃等。过滤介质的选用依被分离的物系性质而定，工业上过滤多指液固系统的分离。固—液(悬浮液或滤浆)混合物在一定的压力作用下，液体通过过滤介质的孔道，而固体物被截留，从而达到分离的目的。过滤过程的本质是流体通过固定颗粒层(滤饼)的流动，只不过在过滤过程中，固定颗粒层的厚度不断增加，流体流动阻力也不断增大，因此过滤过程的典型操作方式有两种：一是在恒压差、变速差的条件下进行，称为恒压过滤；二是在恒速率、变压差的条件下进行，称为恒速过滤。有时候为避免过滤初期因压差过高而引起滤布堵塞和破损，可先采用较小的压差，然后逐步将压差提高至恒定值。

在推动力(压差)不变的情况下，单位时间内通过过滤介质的液体量也在不断减少。如果将单位时间内通过单位过滤面积的滤液量定义为过滤速率，即

$$u = \frac{\mathrm{d}V}{A\mathrm{d}\tau} = \frac{\mathrm{d}q}{\mathrm{d}\tau} \tag{5-29}$$

$$q = \frac{V}{A} \tag{5-30}$$

式中　V——通过过滤介质的滤液量，m^3；

　　　A——过滤面积，m^2；

　　　τ——过滤时间，s；

　　　u——过滤速率，m/s；

　　　q——通过单位过滤面积的滤液量，m^3/m^2。

可以预测，在恒定压差下，过滤速率$\frac{\mathrm{d}q}{\mathrm{d}\tau}$与过滤时间$\tau$、滤液量$q$与滤液时间$\tau$的关系将如图5-7所示。

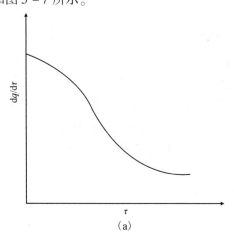
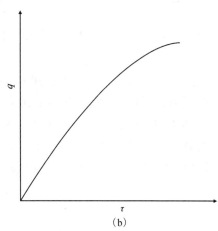

(a)　　　　　　　　　　　　　　　　(b)

图5-7　过滤速率和滤液量与时间的关系

尽管过滤是一个流体力学问题，但在过滤过程中，影响过滤速率的主要因素除了推动力(压差)大小、滤饼厚度外，尚有滤饼、悬浮液(含有固定颗粒的原料液)性质、悬浮液温度、过滤介质的阻力等诸多因素，因此难以直接采用流体在圆管中流动的有关计算公式来计算过

滤速率和阻力等问题。但是对于过滤问题，可以根据过程的本质和特征对实际过程作出适当简化，从而可以采用适当的数学方程(模型)对过程进行描述。

比较过滤过程与流体通过固定床的流动可知，过滤速率即为流体经过固定床的表观速率 u，同时，液体在细小颗粒构成的滤饼空隙中的流动属于低雷诺数范围。因此，可利用流体通过固定床压降的简化数学模型，寻求滤液量与时间的关系。

在低雷诺数下，过滤速率可用康采尼(Kozeny)公式表示

$$u = \frac{\mathrm{d}q}{\mathrm{d}\tau} = \frac{1}{K'} \frac{\varepsilon^2}{(1-\varepsilon)^2 a^2} \frac{\Delta P}{\mu L} \tag{5-31}$$

式中　K'——与滤饼孔隙率、颗粒形状、排列方式等有关的常数，当 $Re' < 2$ 时，$K' = 5$；

　　　ε——滤饼的空隙率，m^3/m^3；

　　　a—颗粒的比表面积，m^2/m^3；

　　　ΔP——压差，即过滤推动力，Pa；

　　　μ——滤液黏度，$Pa \cdot s$；

　　　L——滤饼厚度，m。

根据物料衡算并考虑到过滤介质的阻力，可以导得过滤基本方程式

$$\frac{\mathrm{d}q}{\mathrm{d}\tau} = \frac{\Delta P}{\gamma \varphi \mu (q + q_e)} \tag{5-32}$$

式中　γ——滤饼比阻[$1/m^2$]，对可压缩滤饼，$\gamma = \gamma_0 (\Delta P)^s$，$S$ 称为压缩指数；

　　　φ——悬浮液中的固含量，kg/m^3 清液；

　　　μ——液体黏度，$Pa \cdot s$；

　　　q_e——形成与过滤介质阻力相当的滤饼层的虚拟滤液量。

设 $K = \frac{2\Delta P}{\gamma \varphi \mu}$，则上式可写成：

$$\frac{\mathrm{d}q}{\mathrm{d}\tau} = \frac{K}{2(q + q_e)} \tag{5-33}$$

在恒压操作条件下，ΔP 为常数，对上式积分，可得

$$q^2 + 2qq_e = K\tau \tag{5-34}$$

此即为恒压过滤方程。若已知 K，q_e，即可在过滤设备、过滤操作条件一定时，计算过滤一定的滤液量所需的操作时间；或者在过滤时间、过滤条件一定时，计算为完成一定生产任务所需的过滤设备的(面积)大小。通常前者称为操作计算，后者称为设计计算。

显然，只要做少量的实验，求得 $q \sim \tau$ 之间的关系，即可通过实验数据的处理得出 K 和 q_e。因此，将式(5-29)两变同除以 qK，可得：

$$\frac{\tau}{q} = \frac{1}{K}q + \frac{2}{K}q_e \tag{5-35}$$

实验时，只要保持过滤压力不变，测得对应不同过滤时间所得到的滤液量，以 $\frac{\tau}{q}$ 对 q

在直角坐标系中作图，得一直线，读取直线斜率 $\frac{1}{K}$ 和截距 $\frac{2}{K}q_e$，即可求得过滤常数 K 和 q_e，

或者利用计算机直接对 $\frac{\tau}{q}$ 和 q_e 的数据进行线性拟合，求得 $\frac{1}{K}$ 和 $\frac{2}{K}q_e$，进而算得 K 和 q_e。

在组织实验时，由于过滤开始时在过滤介质上固体颗粒尚未形成滤饼，如若实验一开始即以恒压操作，部分颗粒就可能因过滤推动力较大穿过过滤介质而得不到清液。因此，在实验开始后，首先在较小压力下操作片刻，待固体颗粒在过滤介质上形成滤饼后，再在预定的压力下操作至结束。

若在恒压过滤前的 τ_1 时间内已通过了 q_1 的滤液量，则在 τ_1 至 τ 和 q_1 至 q 范围内将式 (5-33) 积分，整理后可得

$$\frac{\tau - \tau_1}{q - q_1} = \frac{1}{K}(q - q_e) + \frac{2}{K}(q_1 + q_e) \tag{5-36}$$

上式表明，$q - q_e$ 和 $\dfrac{\tau - \tau_1}{q - q_1}$ 为线性关系，采用前述方法，亦可方便地求得 K 和 q_e。

如果滤饼是可压缩的，则可在实验中改变过滤压力 ΔP，测得不同的 K 值，由 K 的定义式两边取对数可得

$$\lg K = (1 - S)\lg(\Delta P) + \lg(2/\gamma\phi\mu) \tag{5-37}$$

将 K 与 ΔP 在双对数坐标上标绘得一直线，直线的斜率为 $(1 - S)$，由此可得滤饼的压缩指数 S。将 S 代入式 (5-37) 又可求出滤饼的比阻。

要说明的是，虽然 ΔP 是过滤的推动力，增大 ΔP 可使过滤速率增大，但过滤速率亦与过滤阻力有关。工业上，经常采用减小阻力的办法来强化过滤操作，例如采用性能良好的过滤介质，在原料悬浮液中添加硅藻土、活性炭等改善滤饼的结构，或加入其他有机的、无机的添加剂以减小悬浮液的黏度等措施，而这些也是过滤问题研究的重点内容。

5.4.4　实验设计

实验设计包括实验操作方案的确定，数据测试点及测试方法和操作控制点及控制方法的确定，以及实验装置流程的设计。

（1）实验方案

用碳酸镁粉和水配制的悬浮液做实验物料，以压缩空气为过滤动力源，测定不同过滤时间和与之对应的滤液量，通过对实验数据的处理即可求得过滤常数。

（2）测试点及检测方法

实验中需记录的原始数据有过滤时间 τ 和对应的滤液量 V 以及过滤面积

过滤时间用秒表记时；滤液量用与计量桶测量。

（3）控制点及调节方法

实验中应保持连续不断地向过滤机供料，同时要控制过滤压力稳定，为此，需设置流量控制阀和压缩空气压力调节阀。

（4）实验装置和流程

实验装置流程如图 5-8 所示。图 5-8 所示的实验装置主要由空压机、配料槽、贮浆罐、板框过滤机和压力定值调节阀等组成。碳酸镁的悬浮液在配料桶内配置一定浓度后利用位差送入压力储槽中，用压缩空气加以搅拌使碳酸镁不致沉降，同时利用压缩空气的压力将料浆送入板框过滤机过滤，滤液流入量筒或滤液量自动测量仪计量。过滤完毕后，亦可用清水洗涤滤饼。

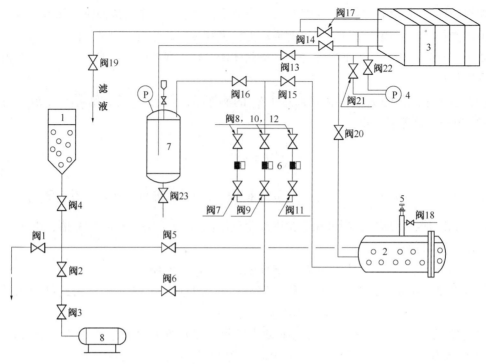

图 5-8　过滤常数测定实验装置流程

1—配料槽；2—贮浆罐；3—板框压滤机；4—压力表；5—安全阀；
6—压力定值调节阀；7—洗涤液槽；8—压缩机

实验设备主要技术参数如下：

（1）板框过滤机：板框个数 2 个，框厚度 25mm，每个框过滤面积 0.024m^2。

（2）空气压缩机：型号为：2VS-0.08/7，风量 $0.08\text{m}^3/\text{min}$，最大气压为 0.7MPa。

5.4.5　实验操作要点

（1）检查实验装置是否处于备用状态。

（2）按板框过滤机的要求组装板、框和滤布，滤布一定要平整。

（3）配制一定浓度的碳酸镁悬浊液作为滤浆（推荐采用质量浓度为 8%～13%）。

（4）启动压缩机，将压缩空气通入配料槽，使碳酸镁悬浊液混合均匀。此时需注意勿使悬浊液喷出配料槽。

（5）将配好的滤浆送入压力储槽中，用压缩空气加以搅拌使碳酸镁不致沉降。压力储槽中的滤浆不宜过满，一般应留有 1/3～1/2 的空间。

（6）按要求操作压滤机进行实验，测取两个压力下的实验数据。

（7）过滤完毕后进行滤饼的洗涤实验，测定洗涤速率。

（8）实验完毕后，将滤饼卸出，剩余滤浆返回配料槽，清洗滤布及设备并使实验装置恢复原状，以备下次实验使用。

5.4.6　实验数据处理和结果讨论分析部分的要求

（1）以累计的滤液量 q 对时间 τ 作图，得出 q 与 τ 之间的关系（即过滤曲线）。

（2）根据过滤曲线，以 $\dfrac{\tau-\tau_1}{q-q_1}$ 对 $q+q_1$ 作图，求出 K 和 q_e，并可与采用最小二乘法线性

拟合的结果进行比较。

（3）比较几种压差下 K，q_e，τ_e 的值，讨论压差变化对以上参数数值的影响。

（4）在双对数坐标纸上绘制 $K \sim \Delta p$ 关系曲线，求出 S 及 k。

（5）比较洗涤速率与过滤终了时的过滤速率两者之间的关系。

（6）对实验数据进行误差分析，并寻找原因。

5.4.7 思考题

（1）过滤刚开始时，为什么滤液经常是浑浊的？

（2）滤浆浓度及过滤压力对 K 值有何影响？

（3）如果滤液的黏度比较大，可以采用什么措施来增大过滤速率？

（4）操作压力增大一倍，过滤速率是否也增加一倍？

（5）在本实验中，数学模型方法的作用体现在哪些方面？

5.5 固体流态化实验

5.5.1 实验内容

测定液体和气体分别通过固体颗粒床层时流速与床层压降的关系。

5.5.2 实验目的

（1）学习流体通过固体颗粒层流动特性的测量方法。

（2）了解固定床向流化床转变的过程，观察聚式流化床和散式流化床流动特性的差异。

（3）掌握流化床流动特性的实验研究方法。

（4）测定流化曲线和临界流化速度，验证流体通过固体颗粒床层的规律。

（5）加深对流体流经固体颗粒层的流动规律和固体流态化原理的理解。

（6）观察空气固体颗粒床中颗粒输送现象及旋风分离器收集颗粒的现象。

5.5.3 实验基本原理

在化学工业和实验研究的流体动力过程中，除了直接处理流体的输送外，经常有流体流经固体颗粒的操作。凡涉及此类流 – 固系统的操作，按其中固体颗粒的运动状态，一般将设备分为固定床、移动床和流化床三大类。

固体流态化现象是指流体通过固体颗粒床层时，流体的流速保持在一定的范围内。固体颗粒悬浮在流体中可以自由运动，在某些方面具有流体性质的一种操作状态。根据系统的不同，流化床可分为散式流化床和聚式流化床。当固体颗粒与流体密度相差不大或颗粒较小时，流体以较低速度通过固体颗粒床层时，各粒子的运动以相对比较一致的平均自由路程通过床层，床层有相对稳定的上界面，固体颗粒均匀地分散在流体中，这种流态化称为散式流态化。当固体颗粒与流体的密度相差很大或颗粒的直径较大时，流体必须以较大的速度通过固体颗粒床层，此时的流化状态是不稳定的，固体颗粒呈沸腾状态，床层的上界面波动大，更看不到清晰的上界面，此种流化状态称聚式流化。一般而言，流体与固体密度相接近的体系趋向于散式流化，流体与固体密度相差大的体系趋向于聚式流化。

根据流体通过固体颗粒床层流速的大小，床层可表现出固定床层、流化床层和气体输送等阶段。在各阶段中，流体的流速与床层压降的关系具有不同的规律。

当流体流经固定床内固体颗粒之间的空隙时，随着流速的增大，流体与固体颗粒之间所产生阻力也随之增大，床层的压降则不断升高。流体流经固定床层的压降，可以仿照流体流经圆形管道时的压降公式列出，即

$$\Delta p = \lambda_0 \frac{L_\mathrm{m}}{d_0} \frac{\rho u_0^2}{2} \tag{5-38}$$

式中　L_m——固定床的高度，m；

　　　d_0——固体颗粒的直径，m；

　　　u_0——流体的空床速度，m/s；

　　　ρ——流体的密度，kg/m^3；

　　　λ_0——固定床的摩擦阻力系数，无因次。

固定床摩擦阻力系数 λ_0 可以直接由实验测定。根据实验结果，Ergun 提出了一个比较好的半经验公式：

$$\Delta p = 150 L_\mathrm{m} \frac{(1-\varepsilon_0)^2}{\varepsilon^3} \frac{\mu u_0}{(\varphi_\mathrm{s} d_0)^2} + 1.75 L_\mathrm{m} \left(\frac{1-\varepsilon_0}{\varepsilon_0} \right) \frac{\rho u_0^2}{\varphi_\mathrm{s} d_0} \tag{5-39}$$

式中　φ_s——形状系数，对于球形颗粒，$\varphi_\mathrm{s}=1$。

$$\lambda_0 = 2 \left[\frac{(1-\varepsilon_0)}{\varepsilon_0^3} \right] \frac{150}{Re_0 + 1.75} \tag{5-40}$$

式中　ε_0——固定床的空隙率；

　　　Re_0——固定床的空隙率。

Re_0 可由颗粒直径 d_0、床层空隙率 ε_0、流体密度 ρ、流体黏度 μ 和空床流速 u 来计算

$$Re_0 = \frac{d_0 \rho u_0}{\mu} \frac{1}{(1-\varepsilon_0)} \tag{5-41}$$

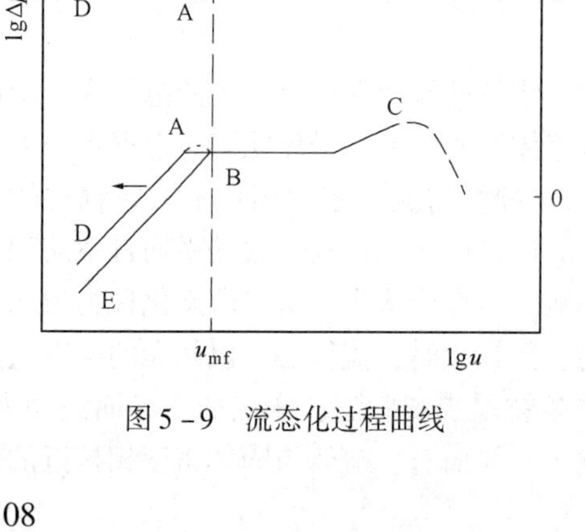

图 5-9　流态化过程曲线

由固定床向流化床转变时的临界速度也可以由实验直接测定，如图 5-9 所示。由于流化床的起始流化速度为临界流化速度，流化床消失的速度为带出速度，因此为保证流化床的稳定操作，须将流体流速控制在一定范围之内。也就是说流态化稳定操作的流体流速应控制在临界流化速度和带出速度之间。这两个速度流化床设计和操作中至关重要的参数。关于这两个速度的计算，研究者们也曾提出过各种计算公式，下面仅介绍一种半理论半经验的公式用于临界流化速度的计算，至于带出速度，本实验不做讨论。

流化床的起始点也是固定床的终点，此处压力与流速之间既符合固定床的规律又符合流化床的规律。因此当流态化开始时，流体对固体颗粒产生的向上的作用力等于固体颗粒在流体中的净

重力而与流速无关。此时，通过床层的压降×床层面积＝床层体积×颗粒分数×颗粒净重，即

$$\Delta p A = L_f A (1 - \varepsilon_f)(\rho_s - \rho)g \tag{5-42}$$

式中 A——床层的截面积，m^2；

L_f——床层的高度，m；

ε_f——床层的空隙率；

ρ_s——固体颗粒的密度，kg/m^3；

ρ——流体的密度，kg/m^3。

由此可得出流化床压降的计算公式：

$$\Delta p = L(1 - \varepsilon_f)(\rho_s - \rho)g \tag{5-43}$$

当床层处于固定床向流化床转变的临界点时，固定床压降的计算式与流化床的计算式应可同时使用，此时有 $L_f = L_m$，$\varepsilon_f = \varepsilon_0$，$u_f = u_0$，联立(5-38)和(5-39)两式，可得临界流化速度的计算公式：

$$u_{mf} = \left[\frac{1}{\lambda_0} \frac{2d_0(1 - \varepsilon_f)(\rho_s - \rho)g}{\rho}\right]^{\frac{1}{2}} \tag{5-44}$$

若式(5-44)中固定床的摩擦阻力系数 λ_0 按式(5-40)计算，则有：

$$u_{mf} = \left[d_0^2\left(\frac{\rho_s - \rho}{150\mu}\right)g\right]\left[\frac{\varepsilon_0^3\varphi_s^2}{(1 - \varepsilon_0)}\right] \tag{5-45}$$

由实验数据关联的出的固定床压力降和临界流化速度的计算公式，除以上介绍的算式之外，文献中所报道的计算公式至今多达数十种，但大都不是形式过于复杂，就是应用局限性和误差较大。一般而言，通过实验方法直接测量的最为可靠，而且这种实验方法相对而言又较为简单可行。

流化床的特性参数除上述之外，还有密相流化与稀相流化临界点的带出速度 u_f、床层的膨胀比 R 和流化数 K 等，这些都是涉及流化床设备的重要参数。其中流化床的床高 L_f 与静床层的高度之比，成为膨胀比，即

$$R = \frac{L_f}{L} \tag{5-46}$$

流化床实际采用的速度 u 与临界流化速度 u_{mf} 之比称为流化数，即

$$K = \frac{u}{u_{mf}} \tag{5-47}$$

当 $K < 1$ 时，为固定床；当 $K > 1$ 时，为流化床；当 $K = 1$ 时，为临界值。

5.5.4 实验设计

实验设计包括实验操作方案的确定，数据测试点及测试方法和操作控制点及控制方法的确定，以及实验装置流程的设计。

（1）实验方案

将一定重量的固体颗粒放入床层中，分别用水和空气作为流体，组成散式流化床和聚式流化床，测定不同流量下床层压降、床层高度与流速之间的关系，通过公式或者作图求得临界流化速度。

（2）测试点及检测方法

实验中需要纪录的原始数据有流量，床层压降，床层高度等。

流量可通过转子流量计或孔板流量计测量。

床层压降：由倒置U形管压差计测量。

床层高度：由米尺测量。

（3）控制点及调节方法

实验中需控制调节的参数是流量，对于散式流化系统，应在转子流量计上游设置调节阀；对于聚式流化的流量，应考虑校正。

（4）实验装置和流程设计

实验装置流程如图5-10所示。图5-10所示的实验装置可分为散式流化床层和聚式流化床层两部分。其中散式流化部分由贮水槽、旋涡泵、流量计及固体颗粒床层等组成。水自贮水槽由泵吸入，经转子流量计计量流量，进入固体颗粒床层底部，经过分布板后流过床层，由二维床层顶部溢流至贮水槽。由于使用的旋涡泵属于正位移泵，因此在起动泵时，应全开旁路阀。调节流量时，要打开出口阀、关小回路阀。聚式流化部分主要由风机、孔板流量计、固体颗粒床层等组成。空气由鼓风机提供，自流化床底部进入固体颗粒床层底部的分布板，经过固体颗粒床层后从旋风分离器顶部排出，而颗粒落入灰斗中。通过调节空气流量，可以进行不同流动状态下的测定实验。

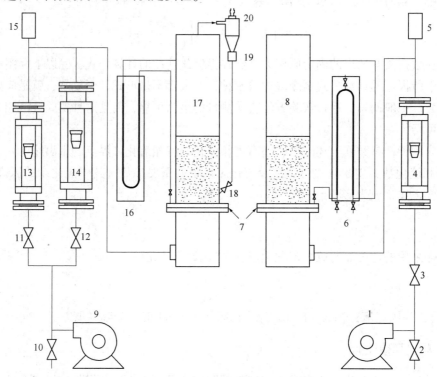

图5-10　固体流态化实验装置流程图

1—水泵；2—旁路阀；3—调节阀；4—流量计；5—温度计；6—压差计；7—分布板；
8—液固床；9—风机；10—放空阀；11、12—调节阀；13、14—流量计；15—温度计；
16—压差计；17—气固床；18—回料阀；19—灰斗；20—旋风分离器

设备中的压差计用于床层压降的测量，标尺用于床层高度的测量。颗粒特性及设备相关参数见表5-1。

表 5 –1　装置的颗粒特性及设备参数表

项目	截面积 A/mm²	粒径 d/mm	粒重 W/g	球形度 φ_s	颗粒密度 ρ_S/（kg/m³）
气 – 固系统	120×20	0.415	一定量	1.0	1040
液 – 固系统	140×20	0.475	一定量	1.0	2490

5.5.5　实验操作要点

（1）检查泵、风机是否处于备用状态。

（2）调节各压差计的液面，使其处于备用状态。

（3）泵和风机在起动前，务必要全关出口阀、全开旁路阀，防止转子流量计损坏和固体颗粒被流体带出。

（4）调节出口阀开度，从小流量起，测取十个以上数据点。

（5）实验中记录压差数据及流体流量。

（6）记录数据后，全开旁路阀，全关出口阀，再停泵和风机。

（7）实验完毕后，使设备恢复原状，以备下次实验使用。

5.5.6　实验数据处理和结果讨论部分的要求

（1）在双对数坐标纸上以流速 u 对床层压降 Δp 作图，得出 u 与 Δp 之间的关系，求出临界流化速度 u_{mf}。

（2）绘出流态化压强降、床层高度与流速关系曲线图。

（3）将实验测定的临界流化速度与计算结果进行比较，计算相对误差。

（4）对实验中观察到的现象，运用流体与颗粒运动的规律加以解释。

（5）对实验数据进行误差分析，并寻找原因。

5.5.7　思考题

（1）流体流过固体床层颗粒时，什么情况下呈滞流？什么情况下呈湍流？两者流动阻力有何不同？

（2）临界流化速度与哪些因素有关？

（3）怎样求取颗粒床层的临界流化速度和带出流化速度？两者比值约为多少？

（4）为何在启动旋涡泵及风机时要先全关出口阀及全开回路阀？

（5）流态化的流化数及床层膨胀比的意义是什么？

5.6　套管换热器传热系数的测定

5.6.1　实验内容

测定空气在水平圆管内作强制湍流时的对流传热系数和总传热系数并确定 Nu、Re 和 Pr 之间的关系。

5.6.2 实验目的

（1）学习并掌握过程分解与合成的工程方法在间壁对流传热问题研究过程中的应用，了解间壁式传热过程传热系数测定的实验组织方法。

（2）了解影响给热系数的工程因素和强化传热操作的工程途径。

（3）观察水蒸气在水平管外壁上的冷凝现象。

（4）掌握间壁式换热设备给热系数和总传热系数的实验测定方法，了解给热系数测定的工程意义。

（5）通过实验测定套管换热器中以水蒸汽加热空气的总传热系数 K 及空气强制对流时的对流传热系数 α 并分析影响 α 的因素。

（6）通过实验提高对 α 关联式的理解，了解工程上强化传热的措施；

（7）由实验数据确定对流传热系数准数关联式 $Nu = CRe^a$ 中的系数 C 及指数 a 的数值。

（8）了解测温热电偶的使用方法。

5.6.3 实验基本原理

在工业生产和科学研究中经常采用间壁式换热装置来实现物料的加热或冷却。这种换热过程系冷热流体通过传热设备中传热元件的固体壁面进行热量交换。

传热设备的能力通常用传热速率方程表示：

$$Q = KA\Delta t_m \tag{5-48}$$

式中　K——传热系数，$W/(m^2 \cdot \text{℃})$；

　　　Q——传热速率，W；

　　　A——传热面积，m^2；

　　　Δt_m——对数平均传热温差。

无论是对于换热器设备的设计或是核算换热器的传热能力，都需要知道传热系数 K。

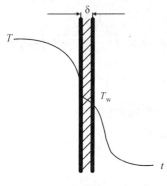

图 5 – 11　间壁传热过程示意图

在间壁对流传热过程中，传热过程机理十分复杂，传热系数的大小受冷、热流体的性质，流动状态，固体壁面的导热性能等诸多因素的影响。目前还不能直接采用严格的理论公式进行计算，必须借助于实验实际测定。由于影响过程的因素众多，如若采用通常的直接实验方法，不仅实验工作量大，而且也不易弄清各种因素对过程的影响作用。根据间壁传热过程的特点，冷热流体被传热元件间壁隔开，二者之间的相互影响可以忽略，因此，可以采用过程分解的方法，将整个传热过程分解为几个独立的子过程，分别单独进行研究，最后再将研究结果综合起来考虑。

如图 5 – 11 所示，对于间壁传热过程，可以将其看成是由下述三个传热子过程串联而成。根据传热学基本原理，可以写出各个子过程的传热速率方程：

（1）热流体与固体壁面之间的对流传热过程：

$$Q_o = \alpha_o A_o \Delta t_{m_h} \tag{5-49}$$

（2）热量通过固体壁面的热传导过程：

112

$$Q_w = \frac{\lambda}{\delta} A_w \Delta t_{m_w} \tag{5-50}$$

（3）固体壁面与冷流体之间的对流传热过程：

$$Q_i = \alpha_i A_i \Delta t_{m_c} \tag{5-51}$$

对于稳态传热过程，忽略热损失，则有：

$$Q = Q_o = Q_w = Q_i \tag{5-52}$$

由式(5-48)~(5-51)可得：

$$\frac{1}{KA} = \frac{1}{\alpha_o A_o} + \frac{\delta}{\lambda A_w} + \frac{1}{\alpha_i A_i} \tag{5-53}$$

或

$$\frac{1}{K} = \frac{A}{\alpha_o A_o} + \frac{\delta A}{\lambda A_w} + \frac{A}{\alpha_i A_i} \tag{5-54}$$

由上可知，可以对三个传热子过程分别进行研究，得到 α_o、α_i 后，即可计算出 K。

对于冷热流体的传热子过程，由于影响的因素仍然较多，为了减少实验工作量，可以采用因次分析方法，将有关的影响因素组成若干无因次数群，在此基础上再组织实验。对于无相变的流体与固体壁面间的对流传热过程，影响对流给热系数的因素有：

（1）流体物理性质 ρ、μ、C_p、λ；

（2）圆管壁面的特征尺寸：l，对于为圆管，有 $l = d$；

（3）操作因素：流速 u；

（4）产生自然对流的升力：$\beta_g \Delta T$。

由此对于水平圆管可以写出

$$\alpha = f(\rho, \ \mu, \ C_p, \ \lambda, \ d, \ u, \ \beta_g \Delta T) \tag{5-55}$$

根据因次分析方法，可将式(5-55)转化为无因次方程

$$Nu = a_0 Re^{a_1} Pr^{a_2} Gr^{a_3} \tag{5-56}$$

其中，$Nu = \dfrac{\alpha d}{\lambda}$，称为努塞尔(Nusselt)数，描述对流传热系数的大小；

$Re = \dfrac{du\rho}{\mu}$，称为雷诺(Reynolds)数，表征流体流动状态；

$Pr = \dfrac{C_p \mu}{\lambda}$，称为普朗特(Prandtl)数，表征流体物性的影响；

$Gr = \dfrac{\beta_g \Delta T d^3 \rho^2}{\mu^2}$，称为格拉斯霍夫(Grashof)数，描述自然对流的影响。

在强制湍流时，自然对流的影响可忽略，则

$$Nu = a_0 Re^a Pr^b \tag{5-57}$$

对于 Pr 的影响，当流体被加热时，$b = 0.4$；当流体被冷却时，$b = 0.3$。在本实验中，流体为空气，其 Pr 近似为常数，所以 Pr^b 认为是常数且与系数 a_0 合并记为 C，则式(5-57)可以写为：

$$Nu = C Re^a \tag{5-58}$$

上式两边取对数得：

$$\lg Nu = \lg C + a \lg Re \tag{5-59}$$

可以看出，$\lg Nu$，$\lg Re$ 成正比关系，在双对数坐标中以 Nu 对 Re 作图应为一直线，由直线的斜率和截距可分别求出 C 和 a，从而确定 Nu 与 Re 之间的关系，亦可利用计算机根据最

小二乘法拟合求得 C 和 a。

本实验中，由于空气走管内，所以传热速率可根据冷流体的热量衡算式求得

$$Q = m_s C_p (t_2 - t_1) \qquad (5-60)$$

式中　m_s——冷流体的质量流量，kg/s；

C_p——冷流体的定压比热，J/(kg·K)；

t_1——冷流体的入口温度，K；

t_2——冷流体的出口温度，K。

其中，C_p 的定性温度可取冷流体进出口温度的算术均值。

在本实验中应用过程分解的方法，不单是为了方便对 K 的研究，更为重要的是通过对 α_o、α_i 的测定，可以知道传热的主要阻力，即过程控制步骤之所在，从而找出过程强化的有效途径。如式(5-54)，由于固定壁面一般采用传热性能良好的金属，其导热系数 λ 较大，且壁厚 δ 较小，通常热传导的热阻力要较对流传热热阻 $\dfrac{1}{\alpha_o}$ 和 $\dfrac{1}{\alpha_i}$ 小得多，因此，式(5-54)可简化为

$$\frac{1}{K} \approx \frac{1}{\alpha_o} + \frac{1}{\alpha_i} \qquad (5-61)$$

在传热过程达到稳定状态后，有如下关系式：

$$Q_o = \alpha_o A_o (T - T_w)_m \qquad (5-62)$$

式中　α_o——水蒸气对内管外壁的冷凝传热系数，W/(m²·℃)

A_o——内管的外壁的传热面积，m²；

$(T-T_w)_m$——水蒸气与内管外壁间的对数平均温度差，℃。

其中 $(T-T_w)_m = \dfrac{(T_1 - T_{w_1}) - (T_2 - T_{w_2})}{\ln \dfrac{T_1 - T_{w_1}}{T_2 - T_{w_2}}}$。 $\qquad (5-63)$

由式(5-52)、(5-60)和(5-62)可得：

$$\alpha_o = \frac{m_s C_p (t_2 - t_1)}{A_o (T - T_w)_m} \qquad (5-64)$$

类似地，对于内管内壁的对流传热系数，有：

$$\alpha_i = \frac{m_s C_p (t_2 - t_1)}{A_i (t_w - t)_m} \qquad (5-65)$$

当内管材料导热性能很好且管壁很薄时，可认为 $T_{w_1} = t_{w_1}$、$T_{w_2} = t_{w_2}$，即为测试点的壁温。若能测得被加热流体的 m_s、t_1、t_2 以及水蒸气温度 T、壁温 T_{w1}、T_{w2}，在已知内管的换热面积 A_o 和 A_i 的情况下，则求得实测的水蒸气冷凝传热系数 α_o 空气在管内的对流传热系数 α_i。若 $\alpha_i \gg \alpha_o$，K 值接近于 α_o，整个传热过程为热流体的传热步骤所控制；反之若 $\alpha_i \ll \alpha_o$，则 K 值接近于 α_i，过程为冷流体对流传热步骤所控制。

工程上，在新型换热设备的设计或开发研究中，一般多着重于给热系数的计算或对子过程的研究，而对于现役换热器的评价或核算，通常只需知道总传热系数 K 即可。

5.6.4　实验设计

实验设计包括实验操作方案的确定，数据测试点及测试方法和操作控制点及控制方法的

确定，以及实验装置流程的设计。

（1）实验方案

实验物系：热流体选用过热水蒸气，冷流体选用空气。

实验的主体设备为套管换热器，空气走管程，蒸汽走壳程。由于蒸汽在冷凝传热过程中有热损失，且不易计量，因此，传热速率以冷流体的热量衡算为基准。只要测得不同流量下冷热流体的进出口温度和换热器两端的壁温，即可计算出相应的 α_i、α_o，并通过数据整理，求出 Nu 与 Re 之间的关系。

（2）测试点及检测方法

根据实验基本原理和确定的实验方案可知，实验中需测定的原始数据有：空气流量 m_s，进、出口温度 t_1、t_2；水蒸气的温度 T（或压力 p）；换热器两端的壁温 T_{W1}、T_{W2} 及换热器内管的特征尺寸。

空气流量由转子流量计或孔板流量计流量计测定；转子流量计应垂直安装在空气进口管路上，孔板流量计应水平安装在空气进口管路上，且前后应有足够的稳定段。

温度采用热电偶或水银温度计测定。

蒸汽压力可用压力表测定。

（3）控制点及调节方法

需控制的变量有：空气流量 m_s，用入口阀控制调节；蒸汽压力 p，用压力调节阀控制。

（4）实验装置及流程

实验装置流程如图 5 - 12 所示。图 5 - 12 所示的实验装置由蒸汽发生器、套管换热器及温度传感器、智能显示仪表等构成。冷空气由鼓风机提供，通过阀门调节流量，经转子流量计计量后进入套管换热器内管（紫铜管），与水蒸气换热后放空。来自蒸汽发生器的水蒸气经调节阀进入套管换热器环隙，冷凝水经管道排入地沟。

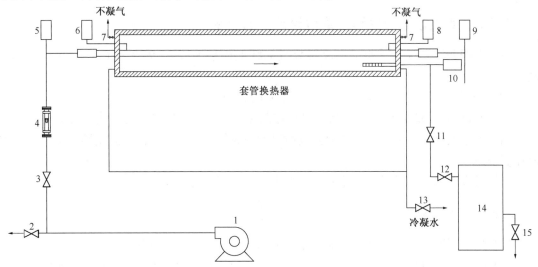

图 5 - 12　套管换热器实验装置流程图

1—风机；2—旁路阀；3—空气流量调节阀；4—转子流量计；5—空气进口温度测量点；

6—入口壁温测量点；7—不凝气放空阀；8—出口壁温测量点；9—空气出口温度测量点；

10—蒸汽压力测量点；11—蒸汽流量调节阀；12—蒸汽总阀；13—冷凝水排出阀；

14—蒸汽发生器；15—排污阀

设备的材质及尺寸：

内管：紫铜管，直径 $\phi 16 \times 3.0\text{mm}$，长度 $L = 1000\text{mm}$。

外管：玻璃管，直径 $\phi 80 \times 5\text{mm}$，长度 $L = 1000\text{mm}$。

风机：XGB – 13 型，风量 $0 \sim 90\text{m}^3/\text{h}$，风压 12kPa。

压力表规格：$0 \sim 0.1\text{MPa}$。

转子流量计 LZB – 25，$2.5 \sim 25\text{m}^3/\text{h}$。

5.6.5　操作要点

（1）检查仪表、风机、蒸汽发生器及测温点是否正常，蒸汽调节阀应处于关闭状态。

（2）打开总电源开关、仪表电源开关。

（3）全开旁路阀，关闭空气流量调节阀，启动风机供气，调整空气流量至最大。若无旁路阀，则需打开空气调节阀，启动鼓风机供气。

（4）缓慢打开蒸汽阀门，使水蒸气的压力稳定在 $0.05 \sim 0.1\text{MPa}$ 范围内某一数值不变。

（5）排除套管中的不凝性气体和蒸汽管线中积存的冷凝水，确认排净后关闭阀门。

（6）在流量计量程范围内适当布点。注意将流量调至某一数值后，应待系统稳定后测取有关数据。

（7）在实验过程中，要密切注意控制蒸汽压力和水流量的稳定，因为温度的变化要大大滞后于蒸汽压力和水流量的变化，如若操作条件发生波动，系统需要较长的时间才能重新达到稳定。

（8）实验结束时先关闭蒸汽阀，再关闭蒸汽发生器，然后将空气流量调节阀关闭，同时使实验装置恢复原状，以备下次实验使用。

5.6.6　实验数据处理和结果讨论部分的要求

（1）根据测定和计算结果，在双对数坐标纸上描绘出 $Nu \sim Re$ 关系曲线，并写出其关联式。

（2）分析冷流体流量的变化对 α_i、α_o 和 K 的影响。

（3）通过对 α_i 和 α_o 的比较，指出过程控制步骤之所在，提出强化传热的措施。

（4）根据式（5 – 54）计算 K，并与实验直接测得的 K 比较，两者有何差异，试分析原因所在。

（5）对实验数据和结果作误差分析，找出原因。

5.6.7　思考题

（1）如何判断实验过程已经稳定？影响本实验稳定的因素有哪些？

（2）蒸汽冷凝过程中，若存在不冷凝气体，对传热有何影响、应采取什么措施？

（3）本实验中测定的壁面温度接近于哪一侧的温度？为什么？

（4）如果采用不同压力的饱和蒸汽进行实验，对 α 关联式有没有影响？

（5）本实验中，空气的 Re 应如何计算？

5.7 吸收传质系数的测定实验

5.7.1 实验内容

分别改变吸收剂的流量，观察实验现象，通过测定气体的进、出口浓度等参数计算传质膜系数、总传质系数和传质单元高度。通过对实验数据的处理，分析吸收剂流量变化对于吸收传质效果的影响。

5.7.2 实验目的

(1) 了解填料吸收塔的一般结构和工业吸收过程流程。
(2) 掌握研究物质传递过程的一种实验方法，加深对传质过程原理的理解。
(3) 掌握填料吸收塔中用水吸收二氧化碳的液相传质膜系数、总传质系数和传质单元高度的测定方法。
(4) 了解液相传质膜系数与各项操作条件之间的关系。
(5) 了解处理量变化对吸收效果的影响。

5.7.3 实验基本原理

吸收过程是依据气相中各溶质组分在液相中的溶解度不同而分离气体混合物的单元操作。在化学工业中，吸收操作广泛地用于气体原料净化、有用组分的回收、产品制取和废气治理等方面。在吸收过程研究中，一般可分为对吸收过程本身的特点或规律进行研究和对吸收设备进行开发研究两个方向。

吸收通常在塔设备内进行，工业上尤以填料塔用得普遍。填料塔一般由以下几部分构成：①圆筒壳体；②填料；③支撑板；④液体预分布装置；⑤液体再分布器；⑥捕沫装置；⑦进、出口接管等等。其中填料是填料吸收塔最重要的部分，对于工业填料，按照其结构和形状，可以分为颗粒填料和规整填料两大类。其中，颗粒填料是一粒粒的具有一定几何形状和尺寸的填料颗粒体，一般是以散装(乱堆)的方式堆积在塔内，填料的材质可以是金属、塑料、陶瓷等。规整填料是由许多具有相同几何形状的填料单元体组成，以整砌的方式装填在塔内。填料的性能主要评价指标是填料的比表面积和空隙率，一般希望填料能提供大的气液接触面积和较小的流动压降。作为气液接触的媒介，填料的作用是使从塔顶流下的流体沿填料表面散布成大面积的液膜，并使从塔底上升的气体增强湍动，从而为气液接触传质提供良好条件。液体预分布装置的作用是使得液体在塔内有一良好的均匀分布。而液体在从塔顶向下流动的过程中，由于靠近塔壁处空隙大，流体阻力小，液体有逐渐向塔壁处汇集的倾向，从而使液体分布变差。液体再分布器的作用是将靠近塔壁处的液体收集后再重新分布。

填料塔的流体力学性能气体通过填料层时的压降、液泛气速(液泛时的空塔气速)、持液量(单位体积填料所持有的液体体积)、喷淋密度(单位时间单位空塔截面积上喷淋的液体体积)等。将气体通过填料层时的压降 Δp 和空塔气速 u 之间的关系在双对数坐标纸上作图，并以液体的喷淋密度 L 为参数，可得图 5-13 所示的曲线。

由图可见，当喷淋密度 $L=0$ 时，气体流经填料层的压降主要用来克服流经填料层时的

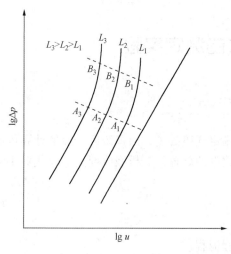

图 5 – 13 填料塔压降与空塔气速关系曲线

摩擦阻力。随着空塔气速 u 的增加，气体与填料之间阻力加剧，$\lg\Delta p$ 与 $\lg u$ 呈直线关系。此直线的斜率为 1.8 ~ 2.0，即压降与空塔气速的 1.8 ~ 2.0 次方成正比。

当喷淋密度 $L \neq 0$ 时，即有液体喷淋在填料上时，填料上的部分间隙被液体占据，气体的流通截面减少，气体的实际速度比 $L = 0$ 时高，因而压降增加。在同样的空塔气速下，随液体喷淋密度增加，填料层的持液量增加，气体流通截面减少，通过填料层的压降增加，且随 L 的增加，$\lg\Delta p \sim \lg u$ 曲线左移，如图 5 – 13 中的 L_1、L_2、L_3 所示。

在一定的喷淋密度和较低的空塔气速下（如小于 A_1 点所对应的空塔气速），液体沿填料表面流动很少受逆向气流的影响，填料层内的持液量基本保持不变。$\lg\Delta p$ 和 $\lg u$ 呈线性关系。但当空塔气速大于 A_1 点所对应的气速后，向下流动的液体受逆向气流的影响明显增大，持液量随空塔气速增加而增加，气体流通截面随之减少。故从点 A_1 开始，压降随空塔气速的增加有较大上升，$\lg\Delta p \sim \lg u$ 曲线斜率逐渐加大。因此 A_1 点代表填料塔操作中的一个转折点，被称为截点。截点以后，填料层内液体分布和填料表面湿润程度大为改善，并随空塔气速增大，两相湍流程度增大，有利于提高吸收传质速率。当到达 B_1 点所对应的空塔气速后，气体通过填料层的压降迅速上升，且有强烈动荡，表示塔内已经发生液泛，因此 B_1 点被称为液泛点。液泛气速是操作气速的上限。液泛时，上升气流经填料层时产生的压降已增加到使下降液体受到阻塞而聚集在填料层上。此时可以观察到在填料层顶部出现一层呈连续相的液体，气体变成分散相呈鼓泡现象。当液泛现象发生后，若空塔气速再增加，鼓泡层迅速增加，进而漫延到全塔。用目测来判断液泛点，容易产生误差，此时可用 $\lg\Delta p \sim \lg u$ 曲线上的液泛转折点来表示，称为图示液泛点。

选定实际空塔气速时，不仅要从提高吸收传质速率和维持填料塔的稳定操作考虑，而且还要考虑到因空塔气速增大，使操作费用增大的不利因素。因此实际空塔气速应在截点气速和液泛气速之间选择，一般为液泛气速的 50% ~ 80%。因此，掌握填料塔液泛规律，对填料塔的操作和设计是必不可少的。

当气液两相进行逆流接触时，就有可能发生物质转移过程。设吸收质 A 由气相向液相转移，或由液相向气相转移。单位时间内，吸收质 A 由气相向液相传递的物质的量即为传质速率。根据双膜理论的基本假设。气相和液相的吸收质 A 的传质速率方程可分别表示为

气膜 $$N_A = k_y(y - y_i) \tag{5 – 66}$$

液膜 $$N_A = k_x(x_i - x) \tag{5 – 67}$$

式中　N_A——组分 A 的传质速率，$kmol/(m^2 \cdot s)$；

　　　k_y——以摩尔分数差表示推动力的气相传质系数，$kmol/(s \cdot m^2)$；

　　　k_x——以摩尔浓度差表示推动力的液相传质系数，$kmol/(s \cdot m^2)$；

　　　y、y_i——溶质 A 在气相主体与在相界面处的摩尔分数；

　　　x、x_i——溶质 A 在液相主体与相界面处上的摩尔分数。

吸收过程的相际传质是由气相与界面的对流传质、界面上溶质组分的溶解、液相与界面的对流传质三个过程串联而成，传质速率虽可按上式计算，但必须获得传质分系数 k_x，k_y 的实验值并求出界面浓度，而界面浓度是难以得到的。工程上为了方便起见，引入总传质系数，使相际传质速率的计算能够避开气液两相的传质系数。

设界面上气体的溶解没有阻力，即界面上气液两相组成服从相平衡方程 $y_i = f(x_i)$。对于稀溶液，物系服从亨利定律 $y_i = mx_i$，或者在计算范围内，平衡线可以近似作直线处理，则传质速率方程可写成推动力与阻力之比，对于定态过程，式(5-66)、(5-67)可改写成

$$N_A = \frac{y - y_i}{\dfrac{1}{k_y}} = \frac{x_i - x}{\dfrac{1}{k_x}} \tag{5-68}$$

考虑平衡线斜率为 m，消去界面含量，可得

$$N_A = \frac{y - y_e}{\dfrac{1}{k_y} + \dfrac{m}{k_x}} \tag{5-69}$$

$$N_A = \frac{x_e - x}{\dfrac{1}{k_y m} + \dfrac{1}{k_x}} \tag{5-70}$$

设

$$K_y = \frac{1}{\dfrac{1}{k_y} + \dfrac{m}{k_x}} \tag{5-71}$$

$$K_x = \frac{1}{\dfrac{1}{k_y m} + \dfrac{1}{k_x}} \tag{5-72}$$

于是相间传质速率方程可表示为

$$N_A = K_y(y - y_e) \tag{5-73}$$

$$N_A = K_x(x_e - x) \tag{5-74}$$

式中　K_y——以气相摩尔分数差 $(y - y_e)$ 为推动力的总传质系数，$\text{kmol}/(\text{s} \cdot \text{m}^2)$；

　　　K_x——以液相摩尔分数差 $(x - x_e)$ 为推动力的总传质系数，$\text{kmol}/(\text{s} \cdot \text{m}^2)$。

对于吸收过程，气液平衡关系对各传质步骤阻力的大小及传质总推动力的分配有着极大的影响。易溶气体溶解度大，平衡线斜率 m 小，则 $K_y \approx k_y$，传质过程总阻力主要集中在气膜内，称为气膜控制。难溶气体溶解度小，平衡线斜率 m 大，则 $K_x = k_x$，传质过程总阻力主要集中在液膜内，称为液膜控制。对于溶解度适中的气体，两个膜都起控制作用。在实际吸收过程中，传质阻力在气相和液相中各占一定的比例，易气膜阻力为主的吸收操作，增加气体流率，可以降低气相阻力而有效地加快吸收过程，而增加液体流率则不会对吸收速率产生明显的影响。反之亦然。

在逆流接触的填料层内，任取一个微分段作为衡算系统，忽略微元塔段两端面轴向分子扩散，则对于气相可得

$$G\mathrm{d}y = N_A a \mathrm{d}h \tag{5-75}$$

对于液相可得

$$L\mathrm{d}x = N_A a \mathrm{d}h \tag{5-76}$$

对于两相可得

$$Gdy = Ldx \tag{5-77}$$

将物料衡算微分方程式(5-77)积分可得

$$G(y_1 - y_2) = L(x_1 - x_2) \tag{5-78}$$

此式即为全塔物料衡算式

将式(5-73)、式(5-74)分别带入式(5-75)和式(5-76)可得

$$Gdy = K_y a(y - y_e) dh \tag{5-79}$$

$$Ldx = K_x a(x_e - x) dh \tag{5-80}$$

对于低含量吸收，气液两相流率 G 和 L、气液两相传质系数 k_y 和 k_x 皆为常数。若在吸收塔操作范围内平衡线斜率变化不大，由式(5-71)、(5-72)可知，总传质系数 K_y 和 K_x 亦沿塔高保持不变，于是分别将式(5-79)、(5-80)沿塔高积分可得

$$H = \frac{G}{K_y a} \int_{y_2}^{y_1} \frac{dy}{y - y_e} \tag{5-81}$$

及

$$H = \frac{L}{K_x a} \int_{x_2}^{x_1} \frac{dx}{x_e - x} \tag{5-82}$$

若设 $\quad N_{OG} = \int_{y_2}^{y_1} \frac{dy}{y - y_e}$，$H_{OG} = \frac{G}{K_y a}$，则式(5-81)可以写为

$$H = H_{OG} N_{OG} \tag{5-83}$$

式中 N_{OG}——以 $(y - y_e)$ 为推动力的传质单元数；

   H_{OG}——传质单元高度，m。

类似地对于式(5-82)可以写出

$$H = H_{OL} N_{OL} \tag{5-84}$$

由于操作线上任一点与平衡线之间的垂直距离即为塔内某截面上以气相组成表示的吸收推动力 $(y - y_e)$，与平衡线的水平距离则为该截面上以液相组成表示的吸收推动力 $(x_e - x)$。若平衡线在吸收塔操作范围内可近似看成直线，则传质推动力 $\Delta y = (y - y_e)$ 和 $\Delta x = (x_e - x)$ 分别随 y 和 x 呈现性变化，此时推动力 Δy 或 Δx 相对于 y 或 x 的变化率皆为常数，并且可分别用 Δy 和 Δx 的两端值表示，即

$$\frac{d(\Delta y)}{dy} = \frac{(y - y_e)_1 - (y - y_e)_2}{y_1 - y_2} = \frac{\Delta y_1 - \Delta y_2}{y_1 - y_2} \tag{5-85}$$

$$\frac{d(\Delta x)}{dx} = \frac{(x_e - x)_1 - (x_e - x)_2}{x_1 - x_2} = \frac{\Delta x_1 - \Delta x_2}{x_1 - x_2} \tag{5-86}$$

将式(5-85)、式(5-86)分别带入式(5-81)和式(5-82)可得

$$H = \frac{G}{K_y a} \times \frac{y_1 - y_2}{\Delta y_1 - \Delta y_2} \int_{\Delta y_2}^{\Delta y_1} \frac{d(\Delta y)}{\Delta y} = \frac{G}{K_y a} \times \frac{y_1 - y_2}{\frac{\Delta y_1 - \Delta y_2}{\ln \frac{\Delta y_1}{\Delta y_2}}} = \frac{G}{K_y a} \times \frac{y_1 - y_2}{\Delta y_m} \tag{5-87}$$

$$H = \frac{G}{K_x a} \times \frac{x_1 - x_2}{\Delta x_1 - \Delta x_2} \int_{\Delta x_2}^{\Delta x_1} \frac{d(\Delta x)}{\Delta x} = \frac{G}{K_x a} \times \frac{x_1 - x_2}{\frac{\Delta x_1 - \Delta x_2}{\ln \frac{\Delta x_1}{\Delta x_2}}} = \frac{G}{K_x a} \times \frac{x_1 - x_2}{\Delta x_m} \tag{5-88}$$

式中 Δy_m——气相对数平均推动力；

   Δx_m——液相对数平均推动力。

比较式(5–83)与式(5–87)、式(5–84)与式(5–88)可知

$$N_{OG} = \frac{y_1 - y_2}{\Delta y_m} \tag{5–89}$$

$$N_{OL} = \frac{x_1 - x_2}{\Delta y_m} \tag{5–90}$$

除上述平均推动力法之外，为计算传质单元数，还可将相平衡关系与操作线方程代入 $N_{OG} = \int_{y_2}^{y_1} \frac{dy}{y - y_e}$ 和 $N_{OL} = \int_{x_2}^{x_1} \frac{dx}{x_e - x}$，然后直接积分，对于相平衡关系服从亨利定律即平衡线为一通过原点的直线这一最简单的情况，积分结果可整理为：

$$N_{OG} = \frac{1}{1 - \frac{1}{A}} \ln \left[\left(1 - \frac{1}{A} \right) \frac{y_1 - mx_2}{y_2 - mx_2} + \frac{1}{A} \right] \tag{5–91}$$

$$N_{OL} = \frac{1}{1 - A} \ln \left[(1 - A) \frac{y_1 - mx_2}{y_1 - mx_1} + A \right] \tag{5–92}$$

式中　$\frac{1}{A}$——解吸因数，$\frac{1}{A} = \frac{mG}{L}$；

　　　　A——吸收因数，$A = \frac{L}{mG}$。

与平均推动力法相比，采用吸收因数法计算吸收操作性问题较为方便。

5.7.4　实验设计

（1）实验方案

用清水（$x_2 = 0$）作吸收剂，吸收空气混合气中的二氧化碳，实验操作压力近似为常压。使气、液两相在填料塔中逆流接触，测定气相的进出口浓度 y_1 和 y_2，即可计算获得传质系数及传质单元数。

溶液中二氧化碳含量的确定：

① 物料衡算

在已知气液相流量及气相进出口浓度的情况下，采用清水作为吸收剂时，可通过式（5–78）计算得到溶液中二氧化碳的浓度。

② 容量分析法

用移液管吸取 10mL0.1M 的 Ba（OH）$_2$ 溶液放入锥形瓶中，加入塔底取样溶液 20mL 和 2～3 滴酚酞指示剂，摇匀，然后用 0.1M 的盐酸滴定到粉红色褪除的瞬间为止。由空白实验与溶液滴定所用盐酸体积之差，按下式计算得出溶液中二氧化碳的浓度：

$$C_{CO_2} = \frac{C_{Ba(OH)_2} V_{Ba(OH)_2} - \frac{1}{2} C_{HCl} V_{HCl}}{V_{溶液}} = \frac{0.10 \times 10 - \frac{1}{2} C_{HCl} V_{HCl}}{20} = 0.050 - 0.025 C_{HCl} V_{HCl} \tag{5–93}$$

式中　C_{CO_2}——二氧化碳溶液浓度，mol/L；

　　　　$C_{Ba(OH)_2}$——氢氧化钡溶液浓度，mol/L；

　　　　$V_{Ba(OH)_2}$——氢氧化钡溶液体积，mL；

　　　　C_{HCl}——盐酸的浓度，mol/L；

　　　　V_{HCl}——盐酸的体积，mL；

　　　　$V_{溶液}$——溶液的体积，mL。

（2）测试点及检测方法

根据实验原理，欲求取传质吸收系数和传质单元数，需测取的原始数据有：气体的进、出口浓度 y_1 和 y_2；气、液相流量 G、L 及气体压力 p，此外还有吸收塔的直径和填料高度。根据以上分析设置必要的检测点，并选配必要的检测仪表。

y_1 和 y_2 用气相色谱仪分析；气液相流量用转子流量计测量；温度用热电阻温度计测定并以数显仪表显示。

（3）控制点及调节方法

实验中需控制和改变的变量有：塔底压力、液封高度，气、液相流量等。据此确定实验装置的控制点并配置控制器件。

塔底压力采用手动阀门调节。

气液相流量通过转子流量计上游阀门手动调节。

（4）实验装置和流程设计

实验装置流程如图 5 – 14 所示。在图 5 – 14 所示的实验装置中吸收剂（清水）经液体涡轮流量计后送入填料塔塔顶再经液体分布器喷淋在填料顶层。由风机输送来的空气和由钢瓶提供的吸收质(二氧化碳气体)混合后，进入吸收塔塔底，并由下向上经过填料层与吸收剂逆流接触，进行质量和热量的交换后，由塔顶出来的尾气放空，溶液由塔底流排出。由于本实验为低浓度气体的吸收，所以热量交换可略，整个实验过程可视为等温吸收过程。

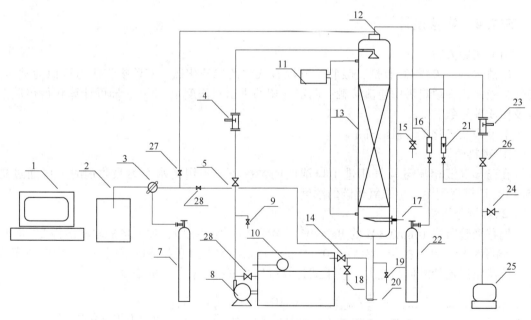

图 5 – 14 吸收传质系数的测定实验流程图

1—计算机；2—色谱分析仪；3—六通阀；4—液体涡轮流量计；5—液体流量调节阀；6—液体流量旁路阀；7—氢气瓶；8—离心泵；9—吸收液取样阀；10—水位控制浮球、水箱；11—压差传感器；12—气体取样口；13—填料吸收塔；14—回水箱球阀；15—空气出口调压阀；16—CO_2 流量计；17—空气进塔温度计；18—排液阀；19—液体取样阀；20—吸收液温度计；22—CO_2 钢瓶减压阀；23—空气涡轮流量计；24—排空阀；25—风机；26—空气调节阀；27—尾气取样阀；28—进气取样阀

5.7.5 实验操作要点

（1）熟悉实验装置的流程及各阀门、仪表的功能、使用方法，检查阀门、仪表等设备是

否处于备用状态。

（2）启动风机，调节空气流量，同时读取填料层压降 Δp，标绘干填料层的 $\Delta p \sim u$ 关系曲线。

（3）调节水流量至某一恒定值（推荐采用 170L/h，视具体设备而定），重复步骤（2）的操作，读取填料层压降 Δp、空气流量和温度，并注意观察塔内的操作现象，一旦看到液泛现象时，记下对应的液泛气速，标绘出在某液体喷淋量时的 $\Delta p \sim u$ 关系曲线，从图上确定液泛气速，并与观察的液泛气速相比较

（4）调节水流量至 300L/h 左右，同时调节塔底液封，使塔底液位缓慢地在一段区间内变化，以免塔底液封过高溢满或过低而泄气。

（5）打开 CO_2 钢瓶总阀，并缓慢调节钢瓶的减压阀，使其压力稳定在 0.2MPa 左右；调节空气流量阀控制空气流量在 $1.0 \sim 2.0 m^3/h$ 范围内；调节 CO_2 调节转子流量计的流量，使其稳定在 $0.10 \sim 0.25 m^3/h$ 范围内。

（6）调节尾气放空阀的开度，直至塔中压力稳定在实验值。

（7）待塔操作稳定后，读取各流量计的读数及通过温度数显表、压力表读取各温度、压力，通过六通阀在线进样，利用气相色谱仪分析出塔顶、塔底气相组成。

（8）在 CO_2 流量不变的情况下，改变水流量值，重复步骤（5）、（6）、（7），取 5 ~ 6 组实验点。

（9）实验完毕，关闭 CO_2 钢瓶总阀，再关闭风机电源开关、关闭仪表电源开关，清理实验仪器和实验场地，同时使实验装置恢复原状，以备下次实验使用。

5.7.6 实验数据处理和结果讨论部分的要求

（1）分析并讨论液相量变化对 y_2 的影响。

（2）讨论液相流量改变引起传质系数、传质平均推动力的变化。

（3）根据实验结果，从传质阻力的角度，讨论传质过程阻力控制步骤所在。

5.7.7 思考题

（1）说明为什么在实验开始时，实验的顺序为先送水，再开空气，最后送二氧化碳？而停止实验时先关二氧化碳，再关空气，最后关水？

（2）本实验中，为什么塔底要有液封？液封高度如何计算？

（3）当气体温度和液体温度不同时，应用什么温度计算亨利系数？

（4）测定 $K_x a$ 有什么工程意义？

（5）从实验结果分析 $K_x a$ 的变化，确定本吸收过程的控制环节。

5.8 筛板精馏塔全塔效率的测定实验

5.8.1 实验内容

采用乙醇 – 水物系测定精馏塔全塔效率。

5.8.2 实验目的

（1）了解板式精馏塔的结构及精馏流程。

(2) 观察板上及塔内汽、液两相的流动情况。

(3) 测定全回流条件下的全塔效率。

5.8.3 实验原理

精馏是利用液体混合物中各组分的挥发度不同使之分离的单元操作。精馏过程在精馏塔内完成。根据精馏塔内构件不同，可将精馏塔分为板式塔和填料塔两大类。根据塔内气、液接触方式不同，亦可将前者称为级式接触传质设备，后者称为微分式接触传质设备。

在板式精馏塔中，塔板是板式精馏塔的主要构件，其作用是提供气、液两相接触进行传热、传质的场所。通过塔底的再沸器对塔釜液体加热使之沸腾汽化，上升的蒸汽穿过塔板上的孔道和板上的液体接触进行传热传质。塔顶的蒸汽经冷凝器冷凝后，部分作为塔顶产品，部分作为回流返回塔内。来自塔顶的液体自上而下经过降液管流至下层塔板口，再横向流过整个塔板，经另一侧的降液管流下。气、液两相在塔内整体呈逆流、板上呈错流，这是板式塔内气、液两相的流动特征。如果在每层塔板上，离开塔板的液体组成与蒸汽组成处于平衡状态，则该塔板称为理论板。然而在实际操作的塔中，由于接触时间有限，气液两相不可能达到平衡，即实际塔板达不到一块理论板的分离效果，因此精馏塔所需要的实际板数总比理论板数多。一种好的塔板，总希望其处理量大，效率高，阻力小(压降低)，结构简单，工业上常用的塔板有筛板、浮阀塔板、泡罩塔板等，其中结构最简单的当属筛板精馏塔。

塔板效率是精馏塔设计的重要参数之一。塔板效率的定义有如下几种：点效率、Nurphree板效率、湿板效率和全塔效率。影响塔板效率的因素有很多，如塔板结构、气液相流量和接触状况以及物性等诸多因素，都对塔板效率有不可忽视的影响。迄今为止，塔板效率的计算问题尚未得到很好的解决，一般还是通过实验的方法测定。

由于众多复杂因素的影响，精馏塔内各板和板上各点的效率不尽相同，这就给工程应用带来了不便。因此工程上经常使用的是全塔效率 η(总板效率)，即将各板的效率平均化，其定义为：

$$\eta = \frac{N_T - 1}{N} \times 100\% \qquad (5-94)$$

其中 N_T——全回流下的理论板数，含塔釜再沸器；

N——精馏塔的实际塔板数。

要测定一个板式精馏塔的全塔效率，首先要求得该塔的理论塔板数。求取理论塔板数常用的方法有解析法和图解法。不管采用何种方法来计算精馏塔的理论塔板数，都需要测的精馏塔在稳定操作条件下塔顶和塔底轻组分的摩尔浓度 x_D 和 x_W，需要知道操作线方程和气液相平衡关系。

一般认为，在正常操作条件下，回流比对塔板效率的影响不大，故通常在全回流操作条件下测定精馏塔的总板效率。选择全回流的好处是没有进出料问题，精馏塔容易达到平衡，精馏段与提馏段的操作线合二为一，均为 $y = x$，理论塔板数的计算简洁方便。

(1) 解析法求理论塔板数

对于某一双组分的精馏分离，如果在全回流条件下该物系的相对挥发度随组成的变化不大，精馏塔的理论塔板数可用芬斯克方程(Fenske's equation)直接计算。

$$N_T = \frac{\lg\left[\left(\frac{x_D}{1-x_D}\right)\left(\frac{1-x_W}{x_W}\right)\right]}{\lg\bar{\alpha}} - 1 \qquad (5-95)$$

式中　　x_D——塔顶馏出液中轻组分的摩尔分数；

　　　　x_W——塔顶馏出液中轻组分的摩尔分数；

　　　　α——全塔物料的平均相对挥发度，工程上常取塔顶、塔底物料相对挥发度的几何平均值。

如果该物系的相对挥发度随组成的变化较大，采用芬斯克方程求取理论塔板数会引入较大的误差，可以采用图解法求取理论板数。

（2）图解法求理论塔板数

图解法求取理论板数的基础是组分的物料衡算和汽液平衡关系。最常用的是麦卡勃 – 蒂列（McCabe-Thiele）图解法。是由美国 W. L. Mccabe 和 E. W. Thiele 在 1925 年合作设计的，用于双组分精馏理论板计算的图解方法。此法假定流经精馏段的气相摩尔流量 V 和液相摩尔流量 L 以及提馏段中的气液两相流量 V' 和 L' 都保持恒定。适用于料液中两组分的摩尔汽化潜热大致相等、混合时热效应不大、而且两组分沸点相近的系统。

对于全回流操作，首先利用物系的气 – 液相平衡关系，在 y-x 相图上做出平衡线和对角线（全回流操作时的操作线）；然后根据测得的塔顶馏出液和塔底残液中轻组分的摩尔分数 x_D、x_W，在对角线和平衡线之间，从对角线上一点 x_D 开始作直角梯级，直至在对角线上的交点小于 x_W 为止，其理论塔板数 N_T = 阶梯数 – 1，如图 5 – 15 所示。这里需要说明的是全回流是操作回流比的极限，一般只在设备开工、调试及实验研究时采用。

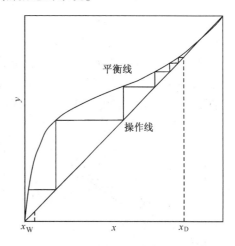

图 5 – 15　全回流操作下图解法求理论板数

部分回流操作时，通过图解法求理论板数除测取全回流情况下的参数外还需要测量进料的组成、温度及操作回流比，理论板数 N_T 的计算方法与全回流操作相同。

取精馏段第 n 板至塔顶的塔段为对象，作易挥发组分物料衡算得精馏段的操作线方程为：

$$y_{n+1} = \frac{R}{R+1}x_n + \frac{x_D}{R+1} \tag{5-96}$$

式中　　y_{n+1}——精馏段第 $n+1$ 块塔板上升的蒸汽组成，摩尔分数；

　　　　x_n——精馏段第 n 块塔板下流的液体组成，摩尔分数；

　　　　x_D——塔顶溜出液的液体组成，摩尔分数；

　　　　R——泡点回流下的回流比。

类似可以得到提馏段的操作线方程为

$$y_{m+1} = \frac{L'}{L'-W}x_m - \frac{W \cdot x_W}{L'-W} \tag{5-97}$$

式中　　y_{m+1}——提馏段第 $m+1$ 块塔板上升的蒸汽组成，摩尔分数；

　　　　x_m——提馏段第 m 块塔板下流的液体组成，摩尔分数；

　　　　x_W——塔底釜液的液体组成，摩尔分数；

　　　　L'——提馏段内下降的液体量，kmol/s；

W——釜液流量，kmol/s。

加料线（q 线）方程可表示为

$$y = \frac{q}{q-1}x - \frac{x_F}{q-1} \qquad (5-98)$$

其中

$$q = \frac{c_{Pm}(t_{BF} - t_F) + r_m}{r_m}$$

$$C_{Pm} = C_{P1}M_1x_1 + C_{P2}M_2x_2, \quad r_m = r_1M_1x_1 + r_2M_2x_2$$

式中　　q——进料热状况参数；

t_F——进料温度，℃；

t_{BF}——进料的泡点温度，℃；

C_{Pm}——进料在平均温度 $(t_F + t_{BF})/2$ 下的定压比热容，kJ/(kmol·℃)；

r_m——进料在其组成和泡点温度下的气化相变焓，kJ/kmol；

C_{P1}、C_{P2}——分别为纯组分 1 和 2 在平均温度下的定压比热，kJ/(kmol·℃)；

r_1、r_2——分别为纯组分 1 和 2 在泡点温度下的气化相变焓，kJ/kmol；

M_1、M_2——分别为纯组分 1 和 2 的相对分子质量，kg/kmol；

x_1、x_2——分别为纯组分 1 和 2 在进料中的摩尔分率。

部分回流操作图解法求理论板数如图 5-16 所示，其主要步骤为：

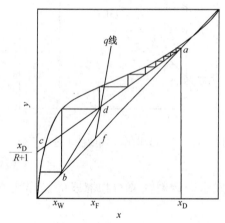

根据物系和操作压力在 $y-x$ 图上作出相平衡曲线 $y=f(x)$，并画出对角线作为辅助线；

在 x 轴上定出 $x = x_D$、x_F、x_W 三点，依次通过这三点作垂线分别交对角线于点 a、f、b；

在 y 轴上定出 $y_C = x_D/(R+1)$ 的点 c，连接 a、c 作出精馏段操作线；

由进料热状况求出 q 线的斜率 $q/(q-1)$，过点 f 作出 q 线交精馏段操作线于点 d；

连接 d、b 两点作出提馏段操作线；

从点 a 开始在平衡线和精馏段操作线之间画阶梯，当梯级跨过点 d 时，改在平衡线和提馏段操作线之间画阶梯，直至梯级跨过点 b 为止；

图 5-16　部分回流操作下图解法求理论板数

所画的总阶梯数就是全塔所需的理论塔板数（包含再沸器），跨过点 d 的那块板就是加料板，其上的阶梯数为精馏段的理论塔板数。

综上所述，全塔效率是板式精馏塔分离性能的综合度量，它不仅与影响点效率、板效率的各种因素有关，而且还包括塔板上气液相组成变化的影响。因此，全塔效率是一个综合塔板结构、物性、操作变量等诸多因素影响的参数。

对于一个连续操作的精馏塔，要实现稳定的操作，必须要保持物料的平衡。若进料的摩尔流量为 F，进料中轻组分的摩尔分数为 x_F；塔顶馏出液的摩尔流量为 D，塔顶馏出液中轻组分的摩尔分数为 x_D；塔底馏出液的摩尔流量为 W，塔底馏出液中轻组分的摩尔分数为 x_W，则

总物料平衡　　　　　　　　$F = D + W$ $\qquad (5-99)$

轻组分的物料平衡　　$F \cdot x_F = D \cdot x_D + W \cdot x_W$ $\qquad (5-100)$

对于二元溶液，若进料量 F 和进料中轻组分的摩尔分数 x_F 以及产品的分离要求 x_D、x_W 已知时，由式(5-96)和式(5-97)可知，要达到物料平衡，塔顶和塔底的采出率必须满足以下要求：

$$\frac{D}{F} = \frac{x_F - x_W}{x_D - x_W}, \quad \frac{W}{F} = 1 - \frac{D}{F} \qquad (5-101)$$

但严格控制塔顶和塔底的采出率，并不一定能满足处理量和分离要求。首先，用于分离该物系的精馏塔必须具有足够的分离能力，即在全回流操作时能够达到分离要求；其次是要有能够满足处理量和分离要求的操作条件(如：合适的回流比、正确的加料口位置等)。一旦操作不当或进料状况发生变化，均可能导致精馏操作的异常情况。

① 分离能力不够导致产品的质量不合格

由于分离能力不够引起的产品不合格，其表现为塔顶温度升高，塔釜温度降低，即塔顶馏出液的轻组分含量降低、塔底残液的轻组分含量升高，而达不到分离要求。对于这种情况，一般可以通过加大回流比来调节。

值得注意的是，当塔的处理量 F_q、进料组成 x_F 以及分离要求 x_D 和 x_W 一定时，塔顶和塔底的采出率已经确定，要保证塔内的物料平衡，不能采用减小塔顶采出量来调节回流比，而必须靠增加上升蒸气量，即增加塔釜的加热速率和增加塔顶的冷凝液量来加大回流比。但是，上升蒸气量的增加应避免引起严重的液沫夹带，否则同样会导致精馏塔分离能力下降。

② 物料不平衡导致馏出液的组成发生变化

在精馏操作过程中，要维持总物料平衡 $F = D + W$ 是比较容易的，但要使各组分也达到物料平衡往往比较困难，有时精馏过程会处于物料不平衡状态，即 $F \cdot x_F \neq D \cdot x_D + W \cdot x_W$。对于这种情况，其表观现象和恢复正常操作的处理方法有以下两种：

在 $D \cdot x_D > F \cdot x_F - W \cdot x_W$ 条件下操作

在这种情况下进行精馏操作时，随着过程的进行，塔内轻组分会大量流失，而重组分含量将逐渐增高，使操作过程不断恶化。其表观现象是塔釜温度正常而塔顶温度逐渐升高，塔顶馏出液中轻组分的含量逐渐下降。此时应维持加热速率不变(即上升蒸气量的大小不变)，减小塔顶采出量，加大进料量和塔釜采出量，使精馏过程在 $D \cdot x_D < F \cdot x_F - W \cdot x_W$ 的条件下进行一段时间，以补充塔内的轻组分含量，直到塔顶温度逐步降至规定值后，再调节操作参数使精馏过程在 $D \cdot x_D = F \cdot x_F - W \cdot x_W$ 条件下进行。

在 $D \cdot x_D < F \cdot x_F - W \cdot x_W$ 条件下操作。在该条件下操作时，塔内重组分将逐渐流失，相应的轻组分含量却会不断地增高。其表观现象是塔顶温度不变或略有下降，塔底温度下降；塔顶产品合格，而塔釜的产品不合格。校正措施一是维持回流比不变，加大塔顶采出量；或增大塔釜的汽化速率，提高上升蒸气量；第三是减小塔底的采出量和视具体情况适当地减少进料量。采用上述操作至釜温升至正常值后，再按 $D \cdot x_D = F \cdot x_F - W \cdot x_W$ 的操作要求，适当调整操作参数。

③ 进料量对馏出液组成的影响

进料量的变化将引起塔内物料不平衡。进料量增加，精馏操作处于 $D \cdot x_D < F \cdot x_F - W \cdot x_W$ 的状态；而进料量的减少，则会使精馏操作处于 $D \cdot x_D > F \cdot x_F - W \cdot x_W$ 的状态。若为冷液进料，则进料量的变化会使上升蒸气量发生变化，此时需要根据具体情况调整加热效率。

5.8.4 实验设计

（1）实验方案

选用乙醇—水系统或乙醇—正丙醇系统作为实验物系，操作压力为常压。

① 全塔效率的测定

在塔釜内预先配制5%（体积分数）乙醇料液，使精馏塔在全回流的条件下操作，待操作状态稳定后，同时测取塔顶回流液和釜液的浓度 x_D 和 x_W，利用图解法求得全塔理论板数，进而得出全塔效率。

② 连续精馏过程操作及分析

在塔釜内预先配制15%（体积分数）乙醇料液，根据分离要求，预先估算出塔顶、塔底的采出率和操作回流比大小。使精馏塔在全回流的条件下操作，待操作状态稳定后，再根据进料量的大小，调整塔顶、塔底的出料量、回流比以及塔釜加热量等操作参数，使精馏过程在连续、稳定的状态下运行，在操作过程中，应随时注意塔釜液位、塔釜压力和各板温度的变化以及塔板上气液两相流动状况，随时调整各有关参数，最终获得合格的塔顶、塔底产品。

操作回流比的确定：可根据 Gilliland 捷算法估算出最小回流比 R_{min}，然后按（1.2~2）R_{min} 确定操作回流比。对于乙醇—水系统，由于相平衡线存在交点，最小回流比可根据作图方式求得。

（2）主要检测点及检测仪表

在全塔效率测定实验中，需测定塔顶产品（乙醇）浓度 x_D 和塔釜浓度 x_W。同时出于全塔效率是一个条件实验，因此需要记录塔釜加热量（加热电压 V、电流 A）、塔顶温度 T_D、塔釜温度 T_W、塔釜压力 p_W 等。

在部分回流连续精馏操作实验中，需要测定的参数有进料量 F、进料浓度 x_F、塔顶出料流量 D、塔顶产品浓度 x_D、回流量 L_D、塔釜液位 h、塔釜物料浓度 x_W、塔釜加热量（加热电压 V、电流 A）、塔顶温度 T_D、塔釜温度 T_W、塔釜压力 p_W 等。

根据以上分析设置所需的检测点，并选配相应的检测仪表。塔顶产品浓度 x_D、釜液浓度 x_W 用液体比重天平或阿贝折光仪测定仪测定；塔顶温度 T_D、塔釜温度 T_W 铂电阻温度计配数显仪表测定；塔釜压力 p_W 用压力表测定；塔釜加热量大小用电压表、电流表测定；进料量、塔顶出料量、回流量、冷凝水用转子流量计控制调节；塔釜液位用液位计测定。

（3）控制点及调节方法

在全回流操作中塔釜加热量用耦合电压调节器调节。

在连续精馏操作中进料流量、塔顶出料量和回流量通过手动阀门调节；塔釜液位通过塔釜出料阀门控制；塔釜加热量用耦合电压调节器调节。

（4）实验装置流程

实验装置流程如图5-17所示。图5-17所示的实验装置中的精馏塔为筛板塔，全塔共有10块不锈钢板塔板，塔高1.5m，塔身用内径为50mm的不锈钢管制成，每段为100mm，用螺栓连在一起。塔身第二段和第七段是用耐热玻璃制成的，以便于观察塔内的操作状况。不锈钢塔段采用玻璃棉保温。降液管是由外径为8mm的铜管制成。筛板的直径为54mm，筛孔的直径为2mm。塔中装有铂电阻温度计用来测量塔内气相温度。塔顶的全凝器和塔底冷却器内是直径为8mm做成螺旋状的的铜管，外面是不锈钢套管。塔顶的物料蒸气和塔底产品在铜管外冷凝、冷却,铜管内通冷却水。塔釜用电炉丝进行加热,塔外部也用保温棉保温。混合液体由高位槽经转子流量计计量后进入塔内。塔釜的液位计用于观察塔釜内的存液量。塔底产品经过冷却器由平衡管流出,储存在釜产品储罐(8)中。回流比调节器(30)用来控制回流比,馏出液储罐(12)接收塔顶馏出液。

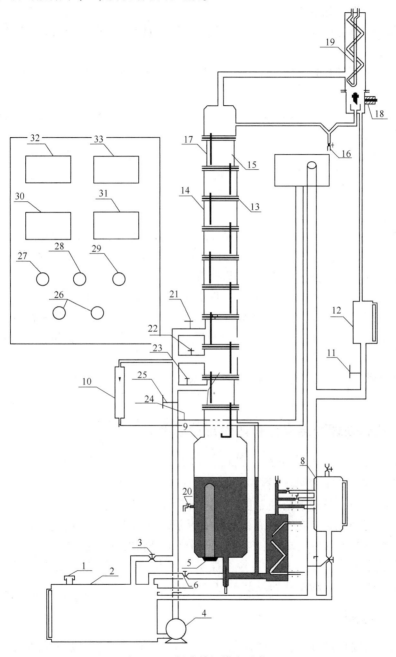

图 5-17 板式精馏塔实验装置

1—原料罐进料口;2—原料罐;3—进料泵旁路阀;4—进料泵;5—电加热器;6—釜料放空阀;
7—塔釜产品罐放空阀;8—釜产品储罐;9—塔釜;10—转子流量计;11—顶产品罐放空阀;12—顶产品储罐;
13—塔板;14—塔身;15—观察段;16—塔顶取样口;17—降液管;18—线圈;19—冷凝器;20—塔釜取样口;
21,22,23—第七、八和九块板进料口及控制阀;24—高位槽进料阀;25—进料阀;26—总电源开关;
27—加热开关;28—进料泵开关;29—回流比开关;30—电压控制器;31—回流比控制器;32,33—温度显示器

5.8.5 实验操作要点

（1）熟悉实验装置的流程及各阀门、仪表的功能、使用方法，检查阀门、仪表等设备是否处于备用状态。

（2）全回流操作。如下：

① 配制体积浓度 5% ~ 10% 的乙醇 - 水溶液加入精馏塔内，使得冷液面在塔釜总高 2/3 处。

② 接通电源进行加热，待塔身中部玻璃塔段内塔板上出现气液两相流动时，开启冷却水。

③ 待塔身上部玻璃塔段内塔板上出现气液两相流动时，调整加热电压使各层塔板上气液两相均处于稳定接触状态。

④ 保持塔釜电压不变，视塔顶温度接近 80℃，塔底温度接近 100℃ 并在一段时间（10 ~ 15min）内保持稳定不变，玻璃塔段各层塔板上气液流动状态处于正常（清液层深度与溢流堰等高并有连续气泡产生）后，同时取样分析 x_D、x_W。

（3）连续精馏操作。如下：

① 打开塔釜冷却水，冷却水流量以保证塔釜馏出液温度接近常温为准。

② 调节进料转子流量计阀，以 2.5 ~ 3.0L/h 的流量向塔内加料；用回流比控制调节器调节回流比 $R = 4$；馏出液收集在塔顶产品储罐中。

③ 塔釜产品经冷却后由溢流管流出，收集在塔釜产品储罐内。

④ 等操作稳定后，观察板上传质状况，记下加热负荷、塔顶温度等相关数据，整个操作中维持进料流量不变，用注射器取塔顶、塔釜和进料三处样品，用折光仪分析，并记录进原料液的温度（室温）。

（4）确认测取数据无误后，先关电源，再关冷却水，使实验装置恢复原状，以备下次实验使用。

5.8.6 数据处理和结果分析时论部分的要求

（1）在全回流操作条件下测得 x_D 和 x_W，利用乙醇和水二元相平衡数据，在 $x ~ y$ 相图上求得全塔理论板数 N_T，进而得出全塔效率。

（2）画出在全回流条件下塔顶温度随时间的变化规律曲线。

（3）画出稳定操作时，在全回流和部分回流条件下塔内温度在塔内分布规律。

（4）根据物系的 $t - x - y$ 关系，确定部分回流下进料的泡点温度。

（5）在实验报告中，要着重于实验过程操作现象的分析，详细讨论塔釜压力、塔顶温度、塔釜温度等操作参数的变化所反映的过程本质。

5.8.7 思考题

（1）在精馏塔操作过程中，塔釜压力为什么是一个重要操作参数？塔釜压力与哪些因素有关？

（2）板式塔中气液两相的流动特点是什么？

（3）在正常操作时，影响精馏塔全塔效率的因素有哪些？

（4）在部分回流操作时，如何根据全回流的数据，选择一个合适的回流比和进料口位置的？

(5) 为达到同样的分离效果，在什么条件下所需要的理论板数最少？此时每板的分离能力效率是高还是低？

5.9　液 – 液萃取实验

5.9.1　实验内容

通过以水为萃取剂，萃取煤油中的苯甲酸，掌握传质单元高度的测定原理和方法。

5.9.2　实验目的

(1) 了解液 – 液萃取设备的一般结构和特点。
(2) 熟悉液 – 液萃取操作的工艺流程，掌握液 – 液萃取装置的操作方法。
(3) 学习和掌握液 – 液萃取塔传质单元数，传质单元高度及体积总传质系数的测定方法，分析外加能量对液 – 液萃取塔传质单元高度和通量的影响。

5.9.3　实验基本原理

液 – 液萃取(简称萃取)是以液体混合物分离为目的的常用化工单元操作，在石油炼制、化学工业和环境保护等部门有着广泛的应用，是除蒸馏以外最为常用的分离液体混合物用的单元操。它是采用加入与欲分离混合液不完全混溶的溶剂(称为萃取剂)形成第二个液相的方法，按被分离物质(溶质)在两相之间的不同分配关系，通过物质传递的方式将液态均相混合物进行分离。其基本过程如图 5 – 18 所示。

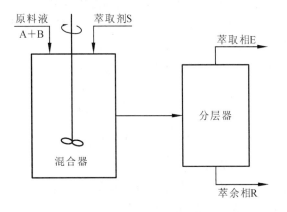

图 5 – 18　萃取过程原理图

液 – 液萃取过程可采用类似于气 – 液传质过程所广泛采用的塔式设备，如填料塔，筛板塔和喷洒塔等。在这类塔式设备中，混合液与萃取剂两相逆向流动，但由于互不相溶的两相密度差小，两相的流动、混合、物质传递和两相分离过程，比吸收和精馏等气 – 液传质设备困难。有时为了改善流动和混合状况，需要借助于外力，如采用机械转动、往复振动或脉冲等方式引入一定的能量。

原料液中含有溶质 A 和溶剂 B，为使 A 与 B 尽可能地分离，需选择一种溶剂，称为萃取剂 S，要求它对 A 的溶解能力要大，而与原溶剂(稀释剂)B 的相互溶解度越小越好。萃取的第一步是使原料液与萃取剂在混器中保持密切接触，溶质 A 将通过两液相间的界面由原料液向萃取剂中传递；在充分接触、传质之后，第二步是使两液相在分层器中因密度的差异而分为两层。一层以萃取剂 S 为主，并溶有较多的溶质，称为萃取相；另一层以原溶剂 B 为主，还含有未被萃取完的部分溶质，称为萃余相。若溶剂 S 和 B 为部分互溶，则萃取相中还含有 B，萃余相中亦含有 S。当萃取相和萃余相达到相平衡时，则称上图中的设备为一个理论级。

萃取相和萃余相都是均相混合液，为了得到产品 A，并回收溶剂 S 供循环使用，还需对它们做进一步的分离，通常是应用蒸馏；当溶质很难挥发时，也可采用蒸发。

由上可知，为了分离液体混合物，萃取的过程比蒸馏要复杂，但在遇到以下情况时，直接用蒸馏却不一定经济合理。

① 当溶质 A 的浓度很稀，特别是溶剂 B 为易挥发组分时，以蒸馏法回收 A 的单位热耗甚大。这时可用萃取先将 A 富集在萃取相，然后对萃取相进行蒸馏，因而使耗热量显著降低。

② 当溶液是恒沸混合物或所需分离的组分沸点相近时，一般的蒸馏方法不适用。除可以采用恒沸蒸馏或萃取蒸馏外，有些场合以应用先萃取再蒸馏的方法较为经济。

③ 当需要提纯或分离的组分不耐热时，若直接用蒸馏，往往需要在高真空之下进行，而应用常温下操作的萃取过程，通常较为经济。

液 – 液传质过程和气 – 液传质过程均属于相际传质过程，这两类传质过程既有相似之处，又有明显差别。在液 – 液系统中，如果两相密度差较大，两相的分散和流动仅靠密度差即可实现，此时的萃取设备为重力流动设备，不需外界做功。若两相间的密度差较小，界面张力差也不大，所以从过程进行的流体力学条件看，在液 – 液接触过程中，推动相际传质的惯性力较小，同时已分散的两相，分层分离能力也不高。因此，对于气 – 液相分离效率较高的设备用于液 – 液传质，效率不会很高。为了提高液 – 液传质设备的效率，常常需要补给外加能量，如采用搅拌、脉动、振动等。为使两相分离，通常在萃取塔的顶部和底部都设有扩大的相分层段，以保证有足够的停留时间，让分散的液相凝聚。

当溶液为稀溶液，且原溶剂与萃取剂完全不互溶时，微分萃取过程与填料塔吸收过程类似，萃取塔有效高度的计算可以仿照吸收操作处理，即有：

$$H = H_{OE} \cdot N_{OE} = H_{OR} \cdot N_{OR} \qquad (5-102)$$

其中

$$H_{OE} = \frac{G_E}{K_E a \cdot A}, \ H_{OR} = \frac{G_R}{K_R a \cdot A} \qquad (5-103)$$

$$N_{OE} = \int_{y_E}^{y_F} \frac{\mathrm{d}y}{(y^* - y)}, \ N_{OR} = \int_{x_R}^{x_F} \frac{\mathrm{d}x}{x - x^*} \qquad (5-104)$$

式中　　H——萃取塔的有效传质高度，m；

H_{OE}，H_{OR}——以连续相和分散相为基准的传质单元高度，m；

N_{OE}，N_{OR}——以连续相和分散相为基准的传质单元数；

$K_E a$，$K_R a$——以连续相和分散相为基准的体积传质系数，kg/(m³·h)；

G_E，G_R——分散相和连续相中稀释剂的质量流量，kg/s；

x_F，x_R——分散相进出萃取塔的质量比浓度，kg/kg；

y_F，y_E——连续相进出萃取塔的质量比浓度，kg/kg；

x^*——与连续相浓度 y 成平衡的分散相浓度，kg/kg；

y^*——与分散相浓度 x 成平衡的分散相浓度，kg/kg。

对于互不相溶的稀溶液体系且平衡曲线接近于直线时，N_{OE} 或 N_{OR} 可以通过对数平均推动力法计算：

$$N_{OE} = \frac{(y_F - y_F^*) - (y_E - y_E^*)}{\ln \dfrac{y_F - y_F^*}{y_E - y_E^*}}, \ N_{OR} = \frac{(x_F - x_F^*) - (x_R - x_R^*)}{\ln \dfrac{x_F - x_F^*}{x_R - x_R^*}} \qquad (5-105)$$

物系的相平衡关系,可以近似用直线关系来表示:

$$y^* = mx, \ x^* = \frac{y}{m} \qquad (5-106)$$

其中 m 为相平衡常数。

y 与 x 之间的关系可通过物料衡算方程确定:

$$G_E(y_F - y_E) = G_R(x_F - x_R) \qquad (5-107)$$

当平衡线为曲线时,可以通过图解积分法来计算 N_{OE} 或 N_{OR}。当平衡关系可用解析式表达时,通常是用简单的辛普森(Simpson)公式计算积分;当平衡曲线以离散点的形式给出又难以用简单的解析表达式拟合时,可以考虑用三次样条函数进行拟合,相应地,积分可用三次样条积分公式求出。图解积分法的一般步骤如下:

① 根据操作线和平衡线求出与 Y 相对应的 $Y-Y^*$,如图 5-19(a)所示;

② 在 Y_1 到 Y_2 的范围内作 $Y-[1/Y-Y^*]$ 曲线,如图 5-19(b)所示;

③ 在 Y_1 与 Y_2 区间内,$Y-[1/Y-Y^*]$ 曲线和横坐标轴所包围的面积即为传质单元数,即图 5-19(b)中阴影部分。

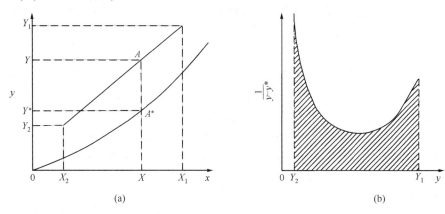

(a)   (b)

图 5-19 图解积分法球传质单元数

H_{OE}、N_{OE} 和 H_{OR}、N_{OR} 是萃取设计中两个重要的参数。其中传质单元数 N_{OE} 或 N_{OR} 是代表工艺上分离难易程度的参数,N_{OE}(N_{OR})越大,表示物系越难分离,需要较多的塔板数或较高的萃取高度;传质单元高度 H_{OE} 或 H_{OR} 表示设备传质性能好坏的参数,主要反映出设备结构、两相的物性、操作因素以及外加能量大小的影响。

对于萃取过程,由于其与气液传质过程机理的相似性,可以仿照吸收操作处理。如求萃取段高度目前均用理论级数、级效率或者传质单元数、传质单元高度法。对于本实验所用的这类微分接触装置,一般采用传质单元数、传质单元高度法计算。N_{OE} 或 N_{OR} 可以通过实验测定分散相和连续相的进、出口浓度而求得;H_{OE} 或 H_{OR} 则可在已知萃取塔的有效传质高度的基础上用下式求得:

$$H_{OE} = \frac{H}{N_{OE}}, \ H_{OR} = \frac{H}{N_{OR}} \qquad (5-108)$$

本实验采用水-煤油-苯甲酸体系,以水为萃取剂,从煤油中萃取苯甲酸。水相为萃取相(连续相)，煤油相为萃余相(分散相)。其 $Y_E - X_R$ 图上的分配曲线如图 5 – 20 所示。

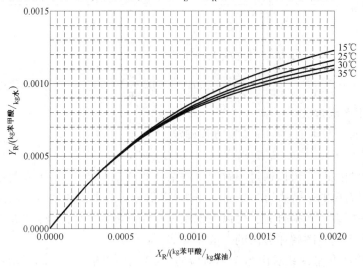

图 5 – 20　水 – 煤油 – 苯甲酸体系的分配曲线图

5.9.4　实验设计

实验设计包括实验操作方案的确定，数据测试点及测试方法和操作控制点及控制方法的确定，以及实验装置流程的设计。

（1）实验方案

实验物系：本实验采用水 – 煤油 – 苯甲酸体系，以水为萃取剂，从煤油中萃取苯甲酸，建议操作相比(质量比)为 1:1，在此条件下，相平衡关系为 $y = 2.2x$。

根据外加能量形式的不同，实验设备有桨叶式旋转萃取塔、脉冲填料萃取塔和填料萃取塔三种。通过调节外加能量的大小，测取一系列相应的分散相(油相)中的苯甲酸含量，并通过物料衡算求的连续相(水相)的出口浓度，即可通过计算得到一系列的传质单元数和传质单元高度。

（2）测试点及检测方法

根据实验基本原理和确定的实验方案可知，实验中需测定的原始数据有：连续相流量 G_R；分散相流量 G_E；外加能量(电机转速或脉冲压力)；分散相的进出口浓度 x_F，x_R 及萃取塔有效传质高度 H 等设备参数。

流量用转子流量计测定；外加能量通过转速测定装置或频率调节仪测定；进出口浓度通过酸碱滴定法采用 NaOH 标准溶液标定，方法如下：

① 操作稳定后收集分散相进、出口的样品各约 50mL，连续相出口样品约 100mL 备用；

② 用移液管移取 25mL 样品至于锥形瓶中，添加同样体积的去离子水，低加 3 滴酚酞指示剂，轻轻摇匀；

③ 用 0.01N 左右的标准 NaOH 溶液滴定样品至终点，记录所消耗的 NaOH 体积。在滴定煤油相时可在样品中加数滴非离子型表面活性剂醚磺化脂肪醇聚乙烯醚硫酸脂钠盐或其他类型的非离子型表面活性剂。

④ 重复以上分析步骤 3 次，用 NaOH 消耗量的平均值计算溶质的浓度。计算公式为

$$N_{苯甲酸} = \frac{N_{NaOH} V_{NaOH}}{V_{分散相}}$$

$$x = \frac{N_{苯甲酸}M_{苯甲酸}}{\rho_{分散相}}$$

式中　N_{NaOH}——NaOH 标准溶液的浓度，mol/mL；

　　　V_{NaOH}——分析所消耗的 NaOH 溶液的平均体积，mL；

　　　$V_{分散相}$——分散相试样的体积，mL；

　　　$\rho_{分散相}$——分散相密度，本实验中 $\rho_{煤油}=800kg/m^3$；

　　　$M_{苯甲酸}$——溶质的相对分子质量，本实验中 $M_{苯甲酸}=122.24$；

　　　$N_{苯甲酸}$——分析试样中溶质的浓度，mol/mL；

　　　x——分散相中溶质的质量分数，无因次。

（3）控制点及调节方法

需控制的变量有：外加能量的输入，可通过调速装置控制电机转速或脉冲频率仪控制脉冲频率到某一定值；连续相和分散相的流量，用流量调节阀控制；分层段的界面高度，通过 π 形管自动调节。

（4）实验装置及流程

实验装置及流程如图 5－21 所示，装置主要由萃取塔、高位槽、转子流量计、π 形管等组成。轻相由塔底进入（苯甲酸在煤油中的浓度推荐采用 0.0015～0.0020kg 苯甲酸/kg 煤油）作为分散相向上流动，经塔顶分离段分离后由塔顶流出；重相由塔顶进入作为连续相向下流动至塔底经 π 形管流出。轻重两相在塔内呈逆向流动，近似认为在萃取过程中两相液体的体积流量不发生变化。

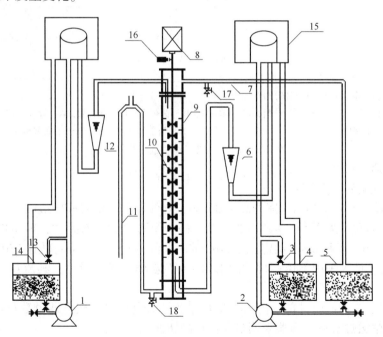

（a）桨叶式旋转萃取塔实验装置的流程示意图

1—水泵；2—油泵；3—煤油回流阀；4—煤油原料箱；5—煤油回收箱；6—煤油流量计；

7—回流管；8—电机；9—萃取塔；10—桨叶；11—π 形管；12—水转子流量计；13—水回流阀；

14—水箱；15—煤油高位槽；16—转数测定器；17—塔顶轻相取样阀；18—塔底重相取样阀

图 5－21　液液萃取实验装置流程图

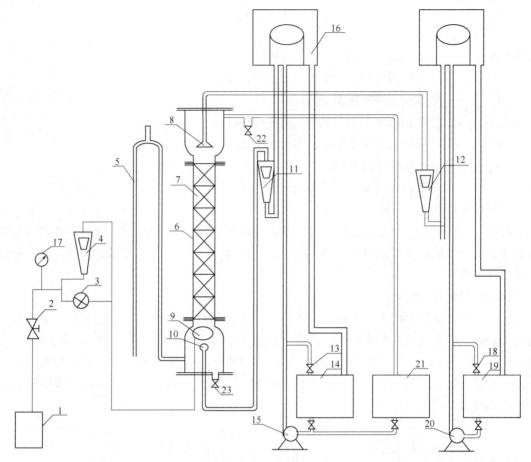

（b）脉冲填料萃取流程示意图

1—气泵；2—流量调节阀；3—电磁阀；4—空气转子流量计；5—π形管；6—玻璃萃取塔；7—填料；

8—进水分布器；9—脉冲气体分布器；10—煤油分布器；11—煤油转子流量计；12—水转子流量计；

13—煤油泵旁路阀；14—煤油储槽；15—煤油泵；16—高位槽；17—压力表；18—水泵旁路调节阀；

19—水储槽；20—水泵；21—出口煤油储槽；22—塔顶轻相取样口；23—塔底重相取样口

图 5-21　液液萃取实验装置流程图（续）

设备的材质及尺寸：

（1）桨叶式旋转萃取塔

① 萃取塔塔径 $D = 37\text{mm}$，塔身高 1000mm，有效传质高度 $H = 750\text{mm}$。

② 水泵、油泵均采用 CQ 型磁力驱动泵，磁力泵型号为 16CQ-8，额定电压 380V，额定功率 180W，额定扬程 8m，额定流量 30L/min，允许吸上高度 3m；转速 2800r/min。

③ 转子流量计为采用不锈钢材质的 LZB-4 型玻璃转子流量计，其流量 1~10L/h，测量精度 1.5 级。

④ 转速测定装置：通过霍尔传感器将转速变换为电信号，然后通过数显仪表显示出转速。在本实验中通过直流调压器来调节搅拌轴的转速。

（2）脉冲填料萃取塔

① 萃取塔塔径 $D = 50\text{mm}$，填料段高度为 600mm，采用 CY-700 丝网填料，上下扩大段塔径 100mm，高度 400mm，塔体总高 1400mm。

② 水泵、油泵均采用 CQ 型磁力驱动泵，磁力泵型号为 16CQ-8，额定电压 380V，额定功率 180W，额定扬程 8m，额定流量 30L/min，允许吸上高度 3m；转速 2800r/min。

③ 转子流量计是采用不锈钢材质的 LZB－4 型和 LZB－6 型玻璃转子流量计,其流量范围分别 2.5~25L/h 和 0.25~25L/h,测量精度为 1.5 级。

④频率调节仪:通断时间为 1∶99 至 99∶1s。

⑤ 压力表:0~0.4MPa。

5.9.5 操作要点

(1) 检查仪表、泵、流量调节阀及分析所用仪器是否正常。

(2) 在实验装置最左边的贮槽内放满水,在最右边的贮槽内放满配制好的轻相入口煤油,分别开动水相和煤油相送液泵的电源开关,将两相的回流阀打开,使其循环流动。

(3) 全开水转子流量计调节阀,将连续相送入塔内。此时可以打开轻相转子流量计开关,当煤油分散器有煤油冒出后关闭轻相转子流量计,这样可以避免管路内有气泡而造成转子流量计不稳定或浮子升不到指定值。当塔内水面快上升到重相入口与轻相出口间中点时,将水流量调至指定值(推荐采用 4L/h),并缓慢改变 π 形管高度使塔内液位稳定在重相入口与轻相出口之间中点左右的位置上。

(4) 对于桨叶式旋转萃取塔,将调速装置的旋扭调至零位,然后接通电源,开动电动机并调至某一固定的转速。调速时应缓慢升速,避免调节过量致使马达产生"飞转"而损坏设备。

(5) 将分散相流量调至指定值(桨叶式旋转萃取塔推荐值为 6L/h),并注意及时调节 π 形管的高度。在实验过程中,始终保持塔顶分离段两相的相界面位于重相入口与轻相出口之间中点左右。在操作过程中,要绝对避免塔顶的两相界面过高或过低。若两相界面过高,到达轻相出口的高度,则将会导致重相混入轻相贮罐。

(6) 对于脉冲填料萃取塔,打开气泵调节流量调节阀,开动脉冲频率仪的开关或空气转子流量计,将脉冲频率调到一定数值,进行某脉冲强度下的实验。

(7) 操作稳定半小时后用锥形瓶收集轻相进、出口的样品各约 50mL,重相出口样品约 100mL 以备分析浓度之用。

(8) 用容量分析法测定各样品的浓度。

(9) 对于无外加能量的实验条件,改变煤油和水的配比(推荐采用 4∶6 和 6∶8)重复上述步骤,进行比较。

(10) 对于有外加能量的实验条件,可改变外加能量的大小,测取一系列相应的分散相中苯甲酸的含量。如对于脉冲填料萃取塔,取样后即可改变脉冲气压或脉冲频率数进行其他点的测试;对于桨叶式旋转萃取塔,取样后即可改变桨叶的转速,其他条件不变,进行第二个实验点的测试。

实验结束时先关闭两相流量计,再切断电源(对于桨叶式旋转萃取塔,应先将调速器调至零位,使搅拌轴停止转动,再切断电源)。滴定分析过的煤油应集中存放回收。洗净分析仪器,使实验装置恢复原状,以备下次实验使用。

5.9.6 实验数据处理和结果讨论部分的要求

(1) 通过图解积分法求出传质单元数,进而求得传质单元高度和体积总传质系数。

(2) 分析随外加能量的不同,传质单元高度的变化趋势,并做出分析。

(3) 分析传质单元高度的影响因素并定性讨论其对传质单元高度变化的影响趋势。

（4）分析物料衡算得到的实验误差的大小。

（5）对实验数据和结果作误差分析，找出原因。

5.9.7 思考题

（1）液液萃取设备与气液传质设备的主要区别在哪里？

（2）本实验中为何不宜采用清水作为分散相？若以清水作为分散相，操作步骤如何改变？两相分层分离段应设在塔的哪一端？

（3）在液液萃取操作过程中，外加能量是否越大越有利？

（4）重相出口为何要采用 π 形管？π 形管的高度是如何确定的？

（5）对于一种均相混合物的分离，根据哪些因素来决定是采用蒸馏还是萃取的方法？

5.10　干燥速率曲线的测定

5.10.1　实验内容

测定在一定条件下的干燥速率曲线。

5.10.2　实验目的

（1）熟悉常压洞道式干燥器的结构特点、工作原理和实验组织方法。

（2）学习和掌握测定干燥速率曲线的基本原理和实验方法。

（3）测定在恒定干燥条件下的湿物料干燥曲线和干燥速率曲线。

（4）测定该物料的临界湿含量 X_0。

（5）了解测定物料干燥速率曲线的工程意义，分析影响干燥曲线的因素。

（6）掌握有关测量和控制仪器的使用方法

5.10.3　实验基本原理

干燥是指采用某种方式将热量传给湿物料，使其中的湿分（水或有机溶剂）汽化分离的单元操作，在化工、轻工及农、林、渔业产品的加工等领域有广泛的应用。

干燥过程不仅涉及气 – 固两相间的传热和传质，也涉及湿分以气态或液态的形式自物料内部向表面传质的机理。由于物料的含水性质和物料的形状及内部结构不同，水分传递速率的大小差别很大，即干燥过程速率受物料性质、含水量、含水性质、热介质性质和设备类型等多种因素的影响，因此尚无成熟的理论方法来计算干燥速率，研究干燥速率大多采用实验测定的方法。

在设计干燥器的尺寸或确定干燥器的生产能力时，被干燥物料在给定干燥条件下的干燥速率、临界湿含量和平衡湿含量等干燥特性数据是最基本的技术依据参数。例如在对干燥设备进行设计设计或选型时，通常规定干燥时间和干燥工艺要求，需要确定干燥器的类型和干燥面积；或者在干燥操作时，设备的类型及干燥器的面积已定，规定工艺要求，确定所需干燥时间。这都需要知道物料的干燥特性，即干燥速率曲线。实验测定干燥曲线和干燥速率曲线，按干燥过程中空气状态参数是否变化，可将干燥过程分为恒定干燥条件操作和非恒定干燥条件操作两大类。本实验是在恒定的干燥条件下进行的，即采用大量的空气来干燥少量的物料，此时空气温度、温度、气速以及流动方式均不变。

干燥速率一般用单位时间内单位干燥面积上汽化的水量表示，也可以以干物料为基准，用单位质量干物料在单位时间内所汽化的水量表示：

$$N_A = \frac{\mathrm{d}\omega}{A\mathrm{d}\tau} = -\frac{\mathrm{d}\omega}{G_C\mathrm{d}\tau} \tag{5-109}$$

式中　N_A——干燥速率，kg/(m²·s)；

　　　ω——干燥除去的水量，kg；

　　　A——平均面积，m²；

　　　τ——干燥时间，s；

　　　G_C——干物料质量，kg。

干燥速率表示在一定的干燥条件下物料的含水率与干燥时间之间的关系。对于不同的物料、不同的干燥设备，干燥曲线与干燥速率曲线的形状是不同的，这反映了干燥情况的差异。但是，无论是何种干燥情况，干燥曲线(或干燥速率曲线)都可以分为两个阶段，即恒速干燥阶段和降速干燥阶段。如图5-22和图5-23所示。

图5-22的干燥曲线是表示物料含水量 X 及物料表面温度 T 与干燥时间 τ 的关系曲线。一般来说，干燥过程分为三个阶段：Ⅰ物料预热阶段；Ⅱ恒速干燥阶段；Ⅲ降速干燥阶段。在干燥开始进行的时候，由于物料的初温不会恰好等于空气的湿球温度，热空气中部分热量用来加热物料，使其温度则升至湿球温度，干燥速率可能呈上升趋势变化，也可能呈下降趋势变化。物料含水量随时间变化不大，因此在干燥初期会有一个为时不长的预热阶段，如图5-22和5-23中的 AB 线所示。

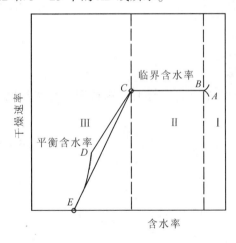

图5-22　干燥曲线

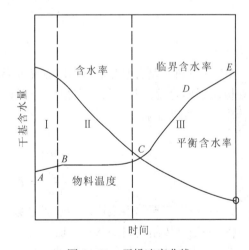

图5-23　干燥速率曲线

由于预热阶段一般非常短暂，在实验中往往会因实验条件和检测条件的局限而测定不出该段曲线。在随后的Ⅱ阶段，由于物料中含有一定量的非结合水分，这部分水所表现的性质与纯水相同，热空气传入物料的热量只用来蒸发水分，物料含水量随时间成比例减少，此时，物料的温度基本不变，并近似等于热空气的湿球温度，即传质推动力保持不变，若干燥条件恒定，则干燥速率亦恒定不变。如图5-22和图5-23中的 BC 线所示。随着干燥过程的进行，物料内部水分移动到表面的速度小于表面水分的气化速率，物料表面局部出现"干区"，尽管这时物料其余表面的平衡蒸汽压仍与纯水的饱和蒸汽压相同，传质推动力也仍为湿度差，但以物料全部外表面计算的干燥速率因"干区"的出现而降低，此时物料中的含水率称为临界含水率，用 X_C 表示，对应图 5-22 和图 5-23 中的 C 点，称之为临界点。过 C 点以后，干燥速率逐渐降低至 D 点，CD 阶段称为降速干燥第一阶段。干燥到点 D 时，物料全部表面都成为干区，汽化面逐渐向物料内部移动，汽化所需的热量必须通过已被干燥的固体层才能传递到汽化面；从物料中汽化的水分也必须通过这层干燥层才能传递到空气主流中。干燥速率因热、质传递的途径加长而下降。此外，在点 D 以后，物料中的非结合水分已被除尽。接下去所汽化的是各种形式的结合水，由于物料中结合水的物理和化学约束力的作用，水的平衡蒸汽压下降，需要较高的温度才能使这部分水汽化，传质推动力减小，使得物料温度也逐渐上升，干燥速率也随之较快降低，最终达到平衡含水率而终止，此时的干燥速率降为零。这一阶段称为降速干燥第二阶段。需要指出的是，降速阶段干燥速率曲线的形状随物料内部的结构而异，不一定都呈现前述的曲线 CDE 形状。例如对于某些多孔性物料，可能降速两个阶段的界限不是很明显，曲线看起来好像只有 CD 段；对于某些无孔性吸水物料，汽化只在表面进行，干燥速率取决于固体内部水分的扩散速率，故降速阶段只有类似 DE 段的曲线。与恒速阶段相比，降速阶段从物料中除去的水分量相对少许多，但所需的干燥时间却长得多。总之，降速阶段的干燥速率取决与物料本身结构、形状和尺寸，而与干燥介质状况关系不大，故降速干燥阶段又称物料内部迁移控制阶段。

在干燥过程中物料的含水量，一般多用相对于湿物料总量的水分含量来表示，即以湿物料为基准的含水率 ω（kg 水分/kg 湿物料），由于在干燥物料过程中总量不断发生变化，所以，采用以干物料为基准的含水率 X（kg 水分/kg 干物料）来表示较为方便。ω 和 X 之间有如下关系：

$$X = \frac{\text{湿物料中水分的质量}}{\text{湿物料中绝干物料的质量}} \qquad (5-110)$$

$$X = \frac{\omega}{1-\omega} \qquad (5-111)$$

式中　X——物料干基含水量，kg 水/kg 绝干物料。

在恒速干燥阶段，若物料是在恒定的干燥条件下进行干燥时，物料表面与空气间的传热、传质过程可以分别表示为：

$$\frac{\mathrm{d}Q}{A\mathrm{d}\tau} = \alpha(T - T_{\mathrm{W}}) \qquad (5-112)$$

$$\frac{\mathrm{d}\omega}{A\mathrm{d}\tau} = K_{\mathrm{H}}(H_{\mathrm{W}} - H) \qquad (5-113)$$

式中　α——由空气至物料表面的传热膜系数，kW/(m^2 · ℃)；

　　　Q——空气传给物料的热量，kJ；

　　　T——干燥器内空气的干球温度，℃；

　　T_{W}——干燥器内空气的湿球温度，℃；

　　K_{H}——以湿度差为推动力的传质系数，kg/(m^2 · s)；

　　　H——空气的湿度，kg 水/kg 空气；

　　H_{W}——T_{W} 时空气的饱和湿度，kg 水/kg 干空气。

在恒速干燥阶段，空气传给物料的显热等于水分汽化所需的潜热，即

$$\mathrm{d}Q = r_{\mathrm{W}} \cdot \mathrm{d}\omega \qquad (5-114)$$

式中　r_{W}——T_{W} 时水的汽化相变焓，kJ/kg。

由式(5-112)、式(5-113)和式(5-114)可知：

$$\frac{\mathrm{d}\omega}{A\mathrm{d}\tau} = \frac{\mathrm{d}Q}{r_\mathrm{W}A\mathrm{d}\tau} = K_\mathrm{H}(H_\mathrm{W} - H) = \frac{\alpha}{r_\mathrm{W}}(T - T_\mathrm{W}) \tag{5-115}$$

对于静止的物料层，当空气流动的方向平形于物料表面时，有

$$\alpha = 0.024\left(\frac{G}{3600}\right)^{0.8} \tag{5-116}$$

其中 G 为湿空气的质量流速，该式的适用范围是 $G = 8.82 \times 10^6 \sim 1.055 \times 10^8 \ \mathrm{kg/(m^2 \cdot s)}$，空气温度为 $45 \sim 150℃$。

由式(5-115)、式(5-116)即可求得传质系数 K_H：

$$K_\mathrm{H} = \frac{\alpha}{r_\mathrm{W}} \cdot \frac{T - T_\mathrm{W}}{H_\mathrm{W} - H} \tag{5-117}$$

本实验是将湿物料试样置于恒定空气流中进行干燥的实验，随着干燥时间的延长，水分不断汽化，湿物料质量减少。若记录物料不同时间下质量 G，直到物料质量不变为止，也就是物料在该条件下达到干燥极限，此时留在物料中的水分就是平衡水分 X^*。再将物料烘干后称重得到绝干物料重 G_C，则物料中瞬间含水率为：

$$X = \frac{G - G_\mathrm{C}}{G_\mathrm{C}}$$

计算出每一时刻的瞬间含水率 X_i，然后将 X_i 对干燥时间 τ 作图，即可得干燥曲线。由已测得的干燥曲线求出不同 X_i 下的斜率，则可由式(5-109)计算得到干燥速率 N_A，将 N_A 对 X_i 作图，就是干燥速率曲线。

5.10.4　实验设计

（1）实验方案

本实验采用洞道干燥器，以热空气为加热介质，干燥物料选用湿毛毡。通过测定不同时间含水率的变化和物料温度，得到干燥曲线，经数据处理，即可得到干燥速率曲线。

（2）主要检测点及检测仪表

实验中需测定的数据有干燥时间和与之相对应的物料温度、含水率。

干燥时间可通过秒表计时；物料温度通过热电阻测量；物料的含水率采用烘干称重法测定。

（3）控制点及调节方法

实验中需要控制的操作变量有空气流量和空气温度。

空气流量通过排出阀、循环阀和入口阀共同调节；空气温度通过固态继电器控制仪表和电热加热器自动调节。

（4）实验装置流程

实验装置流程如图5-24所示。图5-24所示的实验装置中空气由风机输送，经孔板流量计计量、电加热器加热后进入干燥室，与试样接触并进行干燥，干燥后的废气进入风机循环使用，同时补充部分新鲜空气。通过温度显示控制仪表控制点加热器的加热，使空气温度恒定。风机出口端的温度计用来测量流经孔板流量计空气的温度，空气流速及废气的排出通过三个蝶阀共同调节，任何时刻都不允许全关蝶阀。

设备相关参数如下：

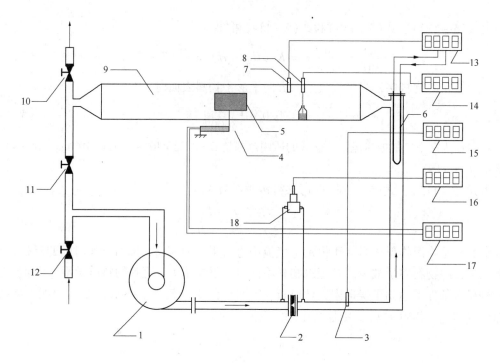

图 5 – 24　洞道干燥实验装置流程图

1—中压风机；2—孔板流量计；3—空气进口温度计；4—质量传感器；5—被干燥物料；

6—加热器；7—干球温度计；8—湿球温度计；9—洞道干燥器；10—废气排出阀；

11—废气循环阀；12—新鲜空气进气阀；13—干球温度显示控制仪表；14—湿球温度显示仪表；

15—进口温度显示仪表；16—流量压差显示仪表；17—质量显示仪表；18—压力变送器

（1）洞道干燥器：洞道截面积：0.15m×0.2m。

（2）鼓风机：最大出口风压1.7kPa，电机功率0.55kW。

（3）空气预热器采用三电热器并联，每个电热器的额定功率450W，额定电压220V。

（4）质量变送器量程0~200g，精度0.1级；压差变送器量程0~10kPa，精度0.5级。

（5）温度显示及控制仪表采用Pt100热电阻，显示温度50~150。

（6）孔板流量计孔流系数$C_0 = 0.65$，孔板直径$d_0 = 0.040$m。

5.10.5　实验操作要点

（1）将被干燥物料试样进行充分的浸泡。

（2）检查湿球温度湿度计，使其处于备用状态；将被干燥物料的空支架安装在洞道内。

（3）调节新鲜空气入口阀到全开的位置。

（4）启动风机，将空气流量调至预定读数。

（5）通过温度显示控制仪表设定实验所需温度，开启加热器；

（6）待温度稳定后，记录试样支撑架的重量，将被干燥试样放入干燥器内，同时开始计时，并记录相关仪表示值，直至试样接近平衡水分时为止。

（7）实验完毕后，将取出干燥试样，复原支撑架，停止加热器，待温度将至室温，方可关闭风机。

（8）使实验装置恢复原状，以备下次实验使用。

5.10.6 数据处理和结果分析时论部分的要求

（1）根据实验数据，在直角坐标纸上标绘干燥曲线 $X \sim \tau$。

（2）根据干燥曲线上各点的斜率，在直角坐标纸上标绘干燥速率曲线。

（3）根据干燥曲线和干燥速率曲线求出恒定干燥速率、临界湿含量、平衡含水量、计算恒速干燥阶段物料与空气的对流传热系数、传质系数。

（4）对实验结果进行分析，讨论所得结果的工程意义。

（5）对实验数据和结果作误差分析，找出原因。

5.10.7 思考题

（1）测定干燥速率曲线涉及哪些理论，有什么应用价值？

（2）影响干燥速率的因素有哪些？

（3）空气的进口温度是否越高越好？

（4）在干燥过程中，有些物料的干燥希望热气流的相对湿度要小，而另一些物料则要在湿度较大的热气流中干燥，这是为什么？

（5）在实际生产过程中，干燥操作为什么采用废气循环的形式？降低初始含水量，对干燥操作有何影响？

6 化学工程基础综合实验

6.1 流体流动过程综合实验

6.1.1 研究内容

流体流动过程是化学工程课堂教学的基础部分,涵盖了流体流动阻力的测定、流量计校核和离心泵性能参数测定三个流体力学实验。本实验以前述三个典型的流体力学实验为基础,通过对实验装置的组装,了解化工管路的组成与安装要求,掌握化工管路的拆、装方法,掌握常用工具的使用方法。在完成实验装置组装的基础上测取数据,与常规的流体力学实验装置所取得的数据进行对比,分析异同的原因。

6.1.2 基本原理

化工管路的布置是由设备的布置而确定,要正确地布置和安装管路,必须明确生产工艺的特点和操作条件的要求,遵循化工管路布置和安装的原则。

管路的安装工作包括:管路安装、法兰和螺纹接合、阀门安装、流量计的安装和试压。

(1)管路安装 管路的安装应保证横平竖直,水平管偏差不大于15mm/10m,但偏差总长不能大于50mm,垂直管偏差不能大于10mm。

(2)法兰与螺纹接合 法兰安装要做到对得正、不反口、不错口、不张口。紧固法兰时要做到:未加垫片前,将法兰密封面清理干净,其表面不得有沟纹;垫片的位置要放正,不能加入双层垫片;在紧螺栓时要按对称装置的次序拧紧,紧固之后螺栓两头应露出2~4个丝扣;管道安装时,每对法兰的平行度、同心度应符合要求。螺纹接合时管路端部应有外螺纹,利用螺纹与管箍、管件和活管接头配合固定。其密封则主要依靠锥管螺纹的啮合和在螺纹之间加敷的密封材料来达到。常用的密封材料是四氟乙烯膜,缠绕在螺纹表面,然后将螺纹配合拧紧。

(3)阀门安装 阀门安装时应把阀门清理干净,关闭进行安装,单向阀、截止阀及调节阀安装时应注意介质流向,阀的手轮便于操作。

(4)流量计安装

① 孔板流量计安装 孔板流量计一般安装在水平直管上。若必须安装在垂直管上,液体流向应是由下向上,对于气体和蒸汽应是由上向下。孔板流量计安装位置的上、下游要有一段内径不变的直管段,以保证流体通过孔板之前速度分布稳定。通常要求上游直管长度为$50d$,下游直管长度为$10d$(d为管内径)。

② 转子流量计安装 转子流量计应安装在垂直、无震动的管道上,不允许有明显的倾斜(倾角要小于2°),否则会造成测量误差。转子流量计在安装使用前,应检查流量的刻度

值、工作压力是否与实际相符，其误差不应超过规定值。为了便于维修，转子流量计应采取分路管道安装。

（5）水压试验　管路安装完毕后，应做强度与严密度试验，检验是否有漏气或漏液现象。管路的操作压力不同，输送的物料不同，试验的要求也不同。当管路系统是进行水压试验时，接通自来水并维持5min，未发现渗漏现象，则水压试验即为合格。

6.1.3　课题要求

根据实验室提供的零、部件在查阅文献的基础上确定合理的流程，自行拟定实验方案和步骤，完成实验设备的组装，组装好的实验设备应能完成以下实验要求：

① 测定水平等径直管内流体流动的摩擦阻力和摩擦阻力系数；标绘 $\lambda \sim Re$ 关系曲线并与 Moody 摩擦因数图对比，分析存在差异的原因；

② 在压差测量范围内，测量管件、阀门、突然扩大等局部阻力系数 ζ；

③ 能够对孔板、1/4 圆角孔板、文丘里流量计、浮子流量计等进行校核并确定其适宜操作范围；

④ 螺旋管摩擦阻力系数的测定；

⑤ 皮托管测量流速；

⑥ 测定一定转速下离心泵的特性曲线及流量调节阀在某一开度下管路特性曲线。

实验装置参考流程图如图 6-1 所示：

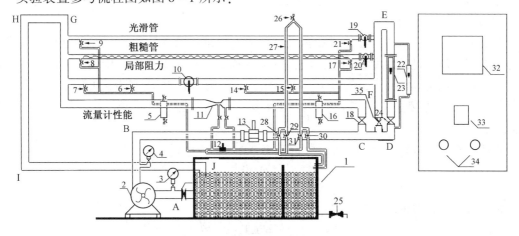

图 6-1　流体流动过程综合实验参考流程图

通过实验和文献调研，以研究论文的形式对获得的实验数据进行有效的、正确的、全面的分析，并对共同遵循的规律进行总结。

6.2　正交试验法在过滤实验中的应用

6.2.1　研究内容

（1）学习用正交实验法安排实验；

（2）学习对正交实验法的实验结果进行分析，分析每个因素重要性的大小，指出实验指标随各因素变化趋势，确定适宜的操作条件；

（3）掌握恒压过滤常数 K，q_e，θ_e 的测定方法，加深对 K，q_e，θ_e 的概念和影响因素的理解并以实验所得结果验证过滤方程式；

（4）学习滤饼压缩指数 S 和物料特性常数 k 的测定方法；

（5）学习 $d\theta/dq \sim q$ 一类关系的实验测定方法。

6.2.2 基本原理

正交实验设计（Orthogonal Design）是由日本质量管理专家田口玄一（Tachugi）博士在 20 世纪 50 年代初期提出的。它在多因素实验设计方法的基础上，进一研究开发出来的一种实验设计技术。正交实验设计法基于一种规范化的表格（正交表）进行实验设计，是在实验因素的全部水平组合中，挑选部分有代表性的水平组合进行实验。正交实验的特点为：①完成实验要求所需的实验次数少；②数据点的分布很均匀；③可用相应的级差分析方法、方差分析方法、回归分析方法等对实验结果进行分析，引出许多有价值的结论。运用正交实验设计方法，目的在于用部分实验来代替全面实验，通过对部分实验结果的分析，了解全面实验的情况，找出最优的水平组合，取得较为准确、可靠的优选结论。

正交实验设计主要可以完成：①确定出各因素对实验指标的影响规律，得知哪些因素的影响是主要的、哪些因素的影响是次要的、哪些因素之间存在相互影响；②选出各因素的一个水平组合来确定最佳生产条件。正交实验设计的基础是正交表。有关正交实验的详细介绍，请参阅本书相关内容。

在过滤过程中，过滤常数 K 是衡量过滤效果非常重要的参数，影响 K 的主要因素有压强差、滤浆浓度、过滤温度和过滤介质，要探讨各因素对 K 的影响，传统的方法是改变其中一个因素，固定其他因素，若每个因素变化 n 次，则需做 4^n 次实验，工作量巨大，各种消耗惊人。采用正交法安排实验，可大幅度减少实验次数，降低消耗，收到事半功倍的效果。

过滤基本方程式的一般形式为：

$$\frac{dV}{d\theta} = \frac{A^2 \Delta p^{1-s}}{\mu \gamma' v (V + V_e)} \qquad (6-1)$$

恒压过滤时，对上式积分可得：

$$(V + V_e)^2 = KA^2(\theta + \theta_e) \qquad (6-2)$$

或改写为

$$(q + q_e)^2 = K(\theta + \theta_e) \qquad (6-3)$$

将恒压过滤方程微分后得到：

$$2(q + q_e)dq = Kd\theta \qquad (6-4)$$

或

$$\frac{d\theta}{dq} = \frac{2}{K}q + \frac{2}{K}q_e \qquad (6-5)$$

该式表明 $d\theta/dq \sim q$ 为直线，直线斜率为 $2/K$，截距为 $(2/K) \cdot q_e$。为便于根据测定的数据计算过滤常数，$d\theta/dq$ 可近似用 $\Delta\theta/\Delta q$ 代替。

另外需要注意的是，通常是在滤液量达到某一刻度时，才作为恒压过滤时间的零点，而在此之前从滤布到计量容器之间的管线中已充满滤液，再加上计量容器中的滤液，这两部分

146

滤液可视为常量(用 q' 表示),这部分滤液所对应的滤饼应视为过滤介质以外的另一层过滤介质,在整理数据时应考虑进去。因此有

$$\frac{\mathrm{d}\theta}{\mathrm{d}q} = \frac{2}{K}q + \frac{2}{K}(q_e + q') \tag{6-6}$$

当过滤压力不变时,测得对应不同过滤时间所得到的滤液量,以 $\mathrm{d}\theta/\mathrm{d}q$ 对 q 在直角坐标系中作图,可得一直线,读取直线斜率和截距,即可求得过滤常数 K 和 q_e,进而可得滤饼的压缩指数 s 和物料特性常数 k。有关过滤过程的详细介绍,请参阅 5.4 的内容。

6.2.3 课题要求

(1)设定实验指标、因素和水平(假定各因素之间无交互作用)。

本实验可分四个小组共同完成,故需统一设定实验指标(恒压过滤常数 K)、因素(过滤压差、过滤温度、过滤介质、滤浆浓度)及其水平,可参考表 6-1 进行设置。

表 6-1 正交实验的因素和水平

因素 水平	压强差/MPa	过滤温度/℃	滤浆浓度/%	过滤介质
1	0.03	室温	5	单层滤布
2	0.04	室温 + 10	10	双层滤布
3	0.05		15	
4	0.06		20	

(2)为便于处理实验结果,统一选择正交表,并进行表头设计。

(3)分小组进行实验,测定每个实验条件下的过滤常数 K,q_e,θ_e。

(4)对实验指标 K 进行极差分析、方差分析和逐步回归分析,指出各因素重要性大小,讨论试验指标 K 随其影响因素的变化趋势。以提高过滤速度为目标,确定适宜的操作条件。

实验装置和流程可参见图 5-8,其中过滤温度通过电加热器加热滤浆改变,过滤介质的水平通过改变滤布来实现。

通过实验和文献调研,以研究论文的型式对获得的实验数据进行有效的、正确的、全面的分析,并画出表示 K 随各因素水平变化趋势的曲线图,确定适宜的操作条件。

6.3 传热综合实验

6.3.1 研究内容

(1)掌握对流传热系数 α_i 及总传热系数 K 的测定方法,加深对其概念和影响因素的理解,并应用线性回归分析方法,确定关联式 $Nu_0 = A \cdot Re^m \cdot Pr^n$ 中系数;

(2)通过对强化套管换热器的实验研究,测定其准数关联式 $Nu = B \cdot Re^m$ 中系数和强化比 Nu/Nu_0,了解强化传热的基本理论和基本方式。

6.3.2 基本原理

(1)传热过程的计算

参见 5.6 套管换热器传热系数的测定。

（2）传热过程的强化

强化传热能够减小初设计的传热面积，以减小换热器的体积和重量，提高现有换热器的换热能力，使换热器能在较低温差下工作，并能够减少换热器的阻力以减少换热器的动力消耗。强化传热的方法有多种，本实验装置是采用波纹管换热器来强化传热的。

波纹管是以普通光滑换热管为基管，采用滚扎工艺使管内外表面金属塑性变形而成。在近壁区域，流体由于波纹的作用而发生旋转的同时，还周期性地受到波纹的扰动，这样改变了管内壁滞流层的流动状态，减少了流体传热热阻，达到强化传热的效果。波纹管圆弧的半径、波纹的节距与管内径的比值为技术参数，且长径比是影响传热效果和阻力系数的重要因素。通过实验研究总结出了形式为 $Nu = B \cdot Re^m$ 的经验公式，其中 B 和 m 的值随波纹管尺寸变化。

不考虑阻力的影响，单纯研究强化手段的强化效果时，可采用强化比的概念作为评判准则，它的形式是 Nu/Nu_0，其中 Nu 是强化管的努塞尔准数，Nu_0 是普通管的努塞尔准数，显然，强化比 $Nu/Nu_0 > 1$，而且它的值越大，强化效果越好。需要说明的是，在实际使用过程中，评判强化方式的真正效果和经济效益，则必须考虑阻力因素，阻力系数随着换热系数的增加而增加，从而导致换热性能的降低和能耗的增加，只有强化比较高，且阻力系数较小的强化方式，才是最佳的强化方法。

（3）对流传热系数及准数关联式的确定

对流传热系数 α 是研究传热过程和换热器性能的主要参数。水或空气在圆形直管内做强制湍流流动时，特征数关联式的一般形式如下：

$$Nu = A \cdot Re^m \cdot Pr^n \qquad (6-7)$$

其中，常数 A，m，n 需实验测定，一般方法如下：

① 图解法

对多变量方程进行关联时，要对不同的变量分别回归。在本实验中，物系为空气和水，当流体被加热时，取 $n = 0.4$，当流体被冷凝时，取 $n = 0.3$，这样特征数关联式即可转化为单变量方程，两边取对数可得：

$$\ln \frac{Nu}{Pr^n} = \ln A + m \ln Re \qquad (6-8)$$

在双对数坐标纸上作图，找出直线的斜率即为指数 m，将任一点的函数值代入上式，即可求得系数 A。

② 最小二乘法

由实验测得的多组 Nu、Re 和 Pr 值后，利用计算机进行多元线性回归，可直接同时求取 A、m 和 n。计算步骤如下：

对于 $\ln \dfrac{Nu}{Pr^n} = \ln A + m \ln Re$，设 $x = \ln Re$，$y = \ln(Nu/Pr^n)$，$a = \ln A$，$b = m$，则有线性方程 $y = a + bx$。按回归法，有

$$b = \frac{\sum x_i y_i - n \overline{xy}}{\sum x_i^2 - n(\bar{x})^2} \qquad (6-9)$$

$$a = \bar{y} - b\bar{x} \qquad (6-10)$$

根据实验所得到的 Nu、Re 和 Pr 值取对数，列表计算各组 x_i、y_i、$x_i y_i$ 代入上式，即可求得 A、m 和 n。最小二乘法克服了图解法中的人为因素，可得出最佳关联结果。但需要注

意的是 Re 和 Pr 的取值应有足够大的变化幅度。

实验装置的流程如图 6 – 2 所示。

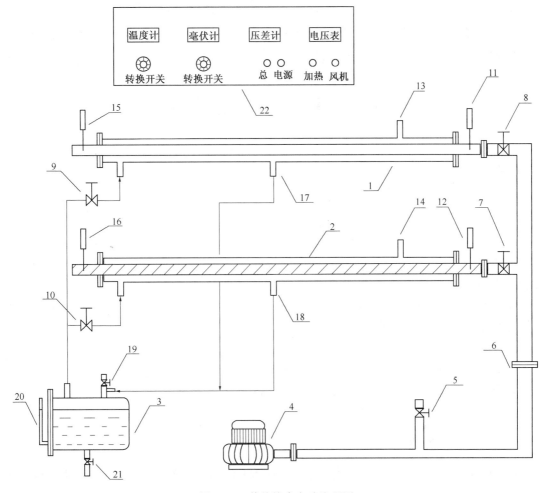

图 6 – 2　传热综合实验流程图

1—普通套管换热器；2—内插有螺旋线圈的强化套管换热器；3—蒸汽发生器；4—旋涡气泵；5—旁路调节阀；
6—孔板流量计；7，8—空气支路控制阀；9，10—蒸汽支路控制阀；11，12，15，16—电阻温度计；
13，14—蒸汽放空口；17，18—冷凝水回流口；19—加水口；20—液应计；21—放水口；22—仪表面板

6.3.3　课题要求

本实验目的在于研究影响传热过程的诸多因素。

(1) 测定热水(热风)在圆直管内强制对流时的对流传热系数 α_i，对测得的实验数据进行多元线性回归，确定 Nu、Re 和 Pr 特征数之间的关系，并与经验式进行比较。

(2) 测定上述条件下，套管式换热器的总传热系数 K 及环隙流体的流动阻力。

(3) 观察套管式换热器环隙中气、液两相环状流动对传热效果的影响(可通过换热管壁温或流体进出口温度判断)。

(4) 研究下述各种情况对传热过程强化的影响，并对强化措施作出综合评价。

① 增加流体的流速(Re 增大)；

② 并流操作改逆流操作；

③ 采用波纹管换热器；

④ 改变传热介质；

⑤ 单相流改气、液两相流；

⑥ 通过实验和文献调研，以研究论文的形式对传热机理、规律及效果进行比较和研究，得出结论。

6.4 精密精馏综合实验

6.4.1 研究内容

（1）精馏柱和填料性能评价

① 掌握实验室精密精馏塔的实验方法和填料塔精馏理论塔板数的测定方法，测定全回流条件下的最小理论塔板数和等板高度，以掌握实验室精密分馏装置性能的评价方法；

② 深入理解精馏原理和精馏塔设备性能，熟悉采用芬斯克方程计算全回流下理论塔板数的原理和方法；

③ 掌握实验室精密分馏设备的操作，了解精馏的物料种类、空塔气速、回流量等操作参数对填料塔分离能力的影响。

（2）恒沸精馏制备无水乙醇

① 通过实验加深对共沸精馏过程的理解；

② 熟悉精馏设备的构造，掌握精馏操作方法；

③ 对精馏过程做全塔物料衡算。

6.4.2 基本原理

精馏操作是化工生产中的一种很普遍也是很重要的单元操作之一，除了可以进行精馏理论和设备方面的研究以外，还可以完成以下几方面的工作：

通过实验确定研究体系分离的难易，特别是对一些缺乏气－液平衡数据的体系或多组分体系，可以通过实验为设计和生产提供数据，比较分离方案，确定工艺流程和工艺条件。

验证或校正计算结果。在开发新产品时可能对组分与理想溶液的偏差程度不甚清楚，计算时通常按理想溶液处理，最后用实验数据再进行验证或校正计算结果。

分析工业塔的故障。当工业生产出现产品质量问题或其他故障，又不能通过分析和计算的方法去解决时，进行模拟精馏实验往往是最有效的手段。

为研究制备高纯物质，提供产品或中间产品的纯样，供分析评价使用。

在化学工程、分离工程、传递过程等许多课程中都对精馏过程的原理进行了详细讨论。在实际操作中，根据其特点又可分为许多类型，如按操作压力可分为加压精馏，常压精馏和真空精馏；按操作方式可分为连续精馏和间歇精馏；接分离原理又可分为一般精馏和特殊精馏，特殊精馏主要用在待分离体系的混合物各组分之间的沸点相差不大(一般小于3℃)，或者组分之间的相对挥发度小于1.05，或者形成共沸物等情况。特殊精馏包括萃取精馏、共沸精馏、水蒸汽精馏、加盐精馏、分子精馏和反应精馏等类型，这些操作类型是实验室精馏技术研究的重点。

（1）精馏柱和填料性能评价

填料精馏塔是实验室精密精馏通常采用的装置。对于填料精馏柱，其分离能力的大小通常以1m高的填料层所具有的理论塔板数或相当于一块理论塔板的填料层高度（HETP）来表示。影响填料塔分离能力的因素大致分为三个方面：填料的物理性质、设备的结构和操作的条件。其中以塔中装填的填料为最重要的因素。填料的种类很多，大致可分为实体填料和网体填料两大类。实体填料包括环形填料(如拉西环、鲍尔环和阶梯环等)、鞍形填料(如弧鞍、矩鞍等)和栅板填料、波纹填料等，它们均由陶瓷、金属、塑料等材质制成的。网体填料主要是由金属丝网制成的各种填料，如鞍形网、波纹网等。填料的形式、规格、材质以及填充方式等，都会对分离效率产生很大影响。实验室精密分离的关键因素之一，在于选择适当的高效填料。

评价高效精馏柱，一般采用沸点相近的二元混合液，在全回流下，当达平衡状态时，测定其理论塔板数。因为在全回流条件下，达到指定分离程度所需要的理论塔板数最少，即设备分离能力达到最大，并避免了回流比等因素的影响，较为简单、快速，容易达到准确一致的结果。

在同一个塔内，采用不同混合溶液测定理论板数时，测定结果差异往往很大，不能得到同一结果，因此实验常采用有代表性的二元混合液并在规定条件下进行。选择的标准液应该是近于理想溶液、已知其气液平衡数据和沸点相差不太大的高纯有机物，并且性能稳定，在测定条件下不发生分解或聚合。常用的有正庚烷-甲基环己烷、苯-二氯乙烷、苯-四氯化碳等体系。

本实验中采用可视为理想溶液的是正庚烷和甲基环己烷二元混合液，以避免实验中由于物系物理性质(如相对挥发度)的变化带来的影响。由于正庚烷和甲基环己烷在常压下的相对挥发度为1.075，采用图解法或逐板计算法较为烦琐，故在此采用芬斯克方程计算。

根据芬斯克方程，在全回流条件下最小理论塔板数

$$N_{min} = \frac{\lg\left[\left(\dfrac{x_D}{1-x_D}\right)\left(\dfrac{1-x_W}{x_W}\right)\right]}{\lg\alpha} - 1 \qquad (6-11)$$

式中　N_{min}——全回流条件下的最小理论塔板数；

　　　x_D——塔顶馏出液中轻组分的摩尔分数；

　　　x_W——塔底馏出液中轻组分的摩尔分数；

　　　α——塔顶、塔底温度下的平均相对挥发度，$\alpha = \sqrt{\alpha_D \cdot \alpha_W}$。

填料层等板高度为

$$HETP = h/N_{min} \qquad (6-12)$$

式中　h——精馏柱内填料层的高度，m。

溶液组成的测试，可采用气相色谱或采用阿贝折光仪测定其折射率，因为在标准条件下，它们的数据较全，不必再用其他仪器测试。配制标准混合液时需要注意试样纯度，杂质含量要低，否则会带来误差。

（2）恒沸精馏制备无水乙醇

在常压下，用常规精馏方法分离乙醇-水溶液，最高只能得到质量分数为95.57%的乙醇。这是由于乙醇和水在78.15℃形成恒沸物的缘故，其恒沸点与乙醇沸点78.30℃十分接近，形成的是均相最低恒沸物。因此制备无水乙醇，可采用恒沸精馏的方法。实验室中恒沸

精馏过程的研究，包括以下几个内容：

（1）恒沸剂的选择

恒沸剂是恒沸精馏能否进行的决定因素，一个理想的恒沸剂应该满足如下几个条件：

① 必须至少能与原溶液中一个组成形成最低恒沸物，希望此恒沸物比原溶液中的任一组分的沸点或原来的恒沸点低10℃以上。

② 低含量，易回收。在形成的恒沸物中，恒沸剂的含量应尽可能少，以减少夹带剂的用量，节省能耗。同时一方面希望形成的最低恒沸物是非均相恒沸物，可以减轻分离恒沸物的工作量；另一方面，在溶剂回收塔中，应该与其他物料有相当大的挥发度差异。

③ 恒沸剂应具有较小的汽化相变焓、廉价、来源广、无毒、热稳定性好、腐蚀性小等特点。

通过恒沸精馏制备无水乙醇，适用的恒沸剂有苯、正乙烷、环乙烷、乙酸乙酯等。他们都能与乙醇－水形成多种恒沸混合物，而且其中的三元恒沸混合物在室温下又可分为两相，一相富含夹带剂，另一相富含水。前者可以循环使用，后者易于分离，这样可使整个分离过程大为简化。

（2）决定精馏区

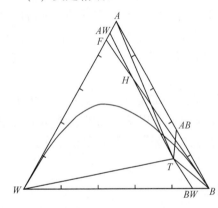

图6-3　乙醇、恒沸剂和水的三角形图

具有恒沸混合物系统的精馏过程与普通精馏过程不同，表现在精馏产物不仅与塔的分离能力有关，而且与进塔总组成落在哪个浓度区域有关。当添加一定数量的恒沸剂于乙醇蒸馏过程时，整个精馏过程可以用三角相图加以说明。在图6-3中A、B、W分别表示乙醇、恒沸剂、水的纯物质，中间三点分别代表三个二元恒沸混合物，T点为$A-B-W$三元恒沸物。三角相图内曲线为三元混合物在25℃时的溶解度曲线，曲线以下为两相共存区，以上为均相区、以T点为中心，连接三种纯物质A、B、W和三个二元恒沸组成点，则该三角形的相图被分城六个小三角形。当塔顶混相回流时，如果原料液的组成落在某个小三角形内，则间歇精馏的结果只能得到这个小三角形三个定点所代表的物质。因此要想得到无水乙醇，就应保证原料液的总组成落在包含顶点A的小三角形内。除此之外，还要保证形成的恒沸混合物与乙醇的沸点相差较大。图中F代表乙醇－水混合物的组成，随着恒沸剂的加入，原料液的总组成将沿着FB线变化，并将与AT线相交于H点。此时恒沸剂的加入量称为理论恒沸剂用量，它是达到分离目的所需要最少的恒沸剂用量。一般在实际操作中，总是将恒沸剂过量，以保证塔釜脱水完全。这样当塔顶三元恒沸物T出完以后，接着馏出的是沸点略高于T的二元恒沸物，最后塔釜得到无水乙醇。若将塔顶三元馏出物冷凝后分成的两相利用分层器将其中富含恒沸剂的一相回流，则恒沸剂的用量可以低于理论用量。这也是在实际生产中普遍采用的方法，其优点是恒沸剂用量少、提纯的费用低。在实验室研究或者实际生产过程中，恒沸精馏既可用于连续操作，也可用于间歇操作。

（3）恒沸剂用量的确定

恒沸剂理论用量的计算，可利用三角相图以物料平衡求得。若原溶液的组成为F，加入恒沸剂B以后，物系的总组成沿FB线向B点方向移动。当物系的总组成移到H点时，恰好能将水以三元恒沸物的形式带出，由此可得恒沸剂的理论用量。

实验装置的流程如图 6 – 4 所示。

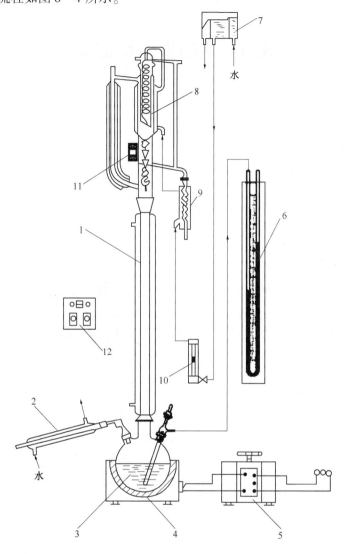

图 6 – 4　精密精馏实验流程图

1—精馏柱；2—塔底取样冷凝器；3—蒸馏烧瓶；4—电热套；5—调压变压器；6—U 形管压差计；
7—冷却水高位槽；8—回流头；9—馏出液冷凝器；10—转子流量计；11—电磁线圈；12—回流比控制仪

6.4.3　课题要求

（1）精馏柱和填料性能评价

在一定的压力下进行全回流操作，测定填料精馏柱的理论板数。由于理论塔板数受回流液量的影响，因此在液泛速度以下，需以不同的回流量进行测定，以最适宜回流量下测得的最大理论塔板数作为精馏柱分离能力的特性指标。

（2）恒沸精馏制备无水乙醇

通过自行查阅文献资料，选用合适的恒沸剂，并拟定实验方案，当塔釜乙醇浓度大于98% 时即可停止实验。

通过实验和文献调研，以研究论文的型式对获得的实验数据进行有效的、正确的、全面的分析，并对共同遵循的规律进行总结。

6.5　精馏操作型实验

6.5.1　研究内容

（1）掌握精馏装置的操作过程
（2）学习分析和解决实际过程中出现的问题和现象

6.5.2　基本原理

实验的基本原理与装置流程图参见5.8筛板精馏塔全塔效率的测定实验。

6.5.3　课题要求

现有浓度约15%（质量分数，后同）左右的乙醇－水低浓度溶液，欲回收利用。要求回收液浓度不低于90%，在给定时间内，产品不少于1000mL。

通过实验和文献调研，确定实验方案，计算出操作回流比及塔釜热负荷等操作参数；测定稳定操作时的总塔效率。以研究论文的形式对获得的实验数据进行有效的、正确的、全面的分析，并对共同遵循的规律进行总结。

7 化学工程基础演示实验

7.1 流体流动型态的演示

7.1.1 实验内容

通过观察流体在圆形管道中的流动状态，了解不同流态产生的条件，分析圆直管内流体流动状态转化的规律，加深对雷诺数(Re)的理解。

7.1.2 实验目的

（1）观察液体流动时的层流和紊流现象，建立对两种流动型态的感性认识。
（2）观察 Re 与流体流动类型的相互关系，区分两种不同流态的特征，确定临界 Re。
（3）观察层流时流体在圆管内的速度分布曲线。

7.1.3 实验基本原理

流体在运动时，存在着两种不同的流动状态。当流体流速较小时，惯性力较小，粘滞力对质点起控制作用，使各流层中流体质点互不混杂，只沿流动方向作一维的运动，与其周围的流体间无宏观的混合，流体呈分层运动状态，这种流动型态被称为层流或滞流。随着流体流速逐渐增大，质点惯性力也逐渐增大，粘滞力对质点的控制逐渐减弱，当流速达到一定程度时，各流层中的流体形成涡体并能脱离原流层，流体质点互相混杂，其运动方向除流动方向外，还向其他方向作随机的运动，即存在流体质点的不规则脉动，流体呈现紊乱运动状态，这种流动型态被称为湍流。这种从层流到湍流的运动状态，反应出液流内部结构从量变到质变的一个变化过程。

流体流动过程中存在两种型态，首先是由英国物理学家雷诺(Reynolds)于1883年进行了定性与定量的证实。通过实验发现层流的沿程阻力损失 h_f 与流速一次方成正比，紊流的沿程阻力损失 h_f 与流速的 1.75 ~ 2.0 次方成正比；在层流与紊流之间存在过渡区，在过渡区 h_f 与流速的变化规律不明确。雷诺根据研究结果，提出流体流动型态可用下列无量纲准数来判断：

$$Re = \frac{du\rho}{\mu} \tag{7-1}$$

式中　d——管子内径，m；
　　　u——流速，m/s；
　　　ρ——液体密度，kg/m³；
　　　μ——液体黏度，Pa·s。

一般认为，$Re < 2000$ 时，流动型态为层流，$Re > 4000$ 时流动型态为湍流。雷诺数居于两者之间是过渡状态，流型不稳，有可能是湍流，也有可能是层流，和外界环境有关。如图7-1所示。

一定温度的流体在特定的圆直管内流动，Re 仅与流速有关，本实验是通过改变清水在圆直管内的流速，通过有色液体的质点运动来观察不同 Re 下流体流型的变化。

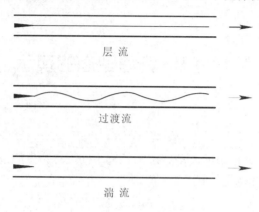

层 流

过渡流

湍 流

图 7-1   流体的流动型态

无论是层流或湍流，在管道任意截面上，流体质点的速度沿管径而变，管壁处速度为零，离开管壁后速度渐增，到管中心处速度最大，速度在管截面上的分布规律因流型而异。理论分析和实验都已证明，层流时的速度沿管径按抛物线规律分布，如图7-2所示，截面上各点速度的平均值 $\bar{u}$ 等于管中心处最大速度 u_{max} 的0.5倍。湍流时的速度分布目前还不能完全利用理论推导求得。经实验方法得出湍流时圆管内速度分布曲线不再是严格的抛物线，曲线顶部区域比较平均，当 Re 数值愈大，曲线顶部的区域就愈广阔平坦，但靠管壁处的速度骤然下降，曲线较陡。$\bar{u}$ 与 u_{max} 的比值随 Re 而变化。需要指出的是，即使在湍流时，管壁处的流体速度也等于零，而靠近管壁的流体仍作层流流动，这一流体薄层称层流底层，管内流速愈大，层流底层就愈薄，流体黏度愈大，层流底层就愈厚。湍流主体与层流底层之间存在着过渡层。

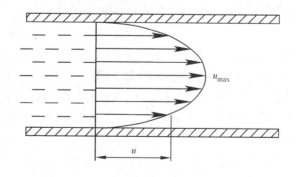

图 7-2   层流时的速度分布

上述速度分布曲线，仅在管内流动达到平稳时才成立。在管入口处外来影响还未消失，以及管路拐弯、分支处和阀门附近流动受到干扰，这些局部地方的速度分布就不符合上述规律。

7.1.4 实验装置和流程

实验装置流程如图7-3所示。实验装置主要由高位槽、玻璃圆直管、示踪剂、转子流量计等组成。水通过进水阀进入水箱，水平玻璃管浸没于水箱内，水从扩大口一端进入玻璃管，经放水阀进入转子流量后排出，流速由防水阀门和出口阀门共同调节。示踪剂借助本身的位头经装在玻璃管中心的针头注入水平玻璃管内，由此可观察水在玻璃管内的流动状态。

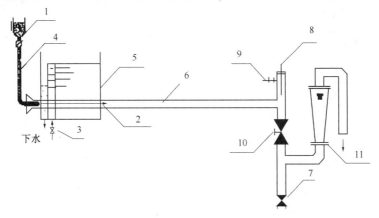

图7-3 流动型态演示实验装置流程图

1—示踪剂；2—针头；3—进水阀；4—乳胶管；5—水箱；6—水平玻璃管；
7—出口阀门；8—温度计；9—放空阀；10—放水阀；11—流量计

实验管道有效长度：$L = 600$mm，管外径：$d_o = 30$mm，管内径$d_i = 24.2$mm。

7.1.5 实验步骤

（1）流体流动型态演示

① 检查针头是否处于水平玻璃管的中心线上，必要时可通过调整红水细管4的位置，使其处于实验管道6的中心线上。

② 向红水储瓶中加入适量的用水稀释过的红墨水作为示踪剂。

③ 关闭流量调节阀10、7、9，打开进水阀3，使自来水充满水槽，并保持一定的溢流量。

④ 轻轻打开阀门10，让水缓慢流过实验管道，使示踪剂全部充满细管道4中。

⑤ 调节进水阀，维持尽可能小的溢流量。

⑥ 缓慢地适当打开示踪剂流量调节夹，即可看到当前水流量下实验管内水的流动状况，读取流量计的流量并计算出 Re。

⑦ 实验过程中因进水和溢流所造成的震动有时会使实验管道中的红水流束偏离管的中心线，或发生不同程度的左右摆动，此时可暂时关闭进水阀3，静置后即可看到实验管道中出现的与管中心线重合的红色直线。

⑧ 增大进水阀3的开度，在维持尽可能小的溢流量的情况下提高水的流量。并同时根据实际情况适当调整示踪剂流量，即可观测其他各种流量下实验管内的流动状况。为部分消除进水和溢流造成的震动的影响，在滞流和过渡流状况的每一种流量下均可采用步骤⑦中所述的方法，然后再观察管内水的流动状况，同时读取流量计的流量并计算出 Re。

（2）流体在圆直管流体速度分布演示

① 首先将进口阀 3 打开，关闭出口阀门 7、10。

② 将示踪剂流量调节夹打开，使示踪剂滴落在不流动的实验管路中。

③ 突然打开放水阀门 10，在实验管路中可以清晰地看到示踪剂流动所形成的如图 7 - 2 所示速度分布。

（3）实验结束时，首先关闭示踪剂流量调节夹，使示踪剂停止流动；然后关闭进水阀 3；待实验管道的示踪剂消失后关闭阀门 10。

7.1.6　思考题

（1）试比较层流与湍流状态有什么区别？

（2）流体的流动状态与哪些有素有关？

（3）雷诺数的物理意义是什么？

（4）流体在圆直管内的速度分布演示中示踪剂顶部形状如何，此形状说明什么问题？

（5）如果不能通过观察来判断管内流体的流动类型，可通过什么方法确定流体的流动型态？

7.2　机械能的相互转化

7.2.1　实验内容

观察流体在管道中流动时，各种能量的相互转化现象，加深对柏努利方程式的理解。

7.2.2　实验目的

（1）通过观察静止和流动流体中各种能量及其相互转换，加深对流动流体中各种能量或压头及其相互转化概念的理解，验证流体静力学原理和柏努力方程。

（2）通过观察流速的变化和与之相应的压头损失的变化，验证流体流动的连续性方程。

7.2.3　实验基本原理

不可压缩流体在管路中做稳定流动时，由于管路条件改变（如位置高低、管径大小等）致使各截面上的流速不同，而引起相应的静压头随之变化，其关系可由流动过程中能量衡算式描述，即柏努利方程：

$$z_1 g + \frac{u_1^2}{2} + \frac{p_1}{\rho} = z_2 g + \frac{u_2^2}{2} + \frac{p_2}{\rho} + \sum h_f \qquad (7-2)$$

对于无黏性的理想流体，因流体质点之间无摩擦和碰撞，所以无机械能损失，即 $\sum h_f = 0$，管路上任意两个截面上每种机械能并不一定相等，但机械能的总和是相等的。对于实际流体而言，因为有黏性而存在内摩擦，在流动过程中消耗部分机械能转化成热能，此部分能量是不可恢复的。所以对于实际流体而言，两个截面上的机械能总是不相等，两者的差，就是转化成热能的机械能。在进行机械能衡算时，就必须将这部分消失的机械能加到第二个截面上去。

式(6-2)中所描述的几种机械能都可以用测量管中的一段流体柱的高度来表示。该流体柱的高度称为"压头"。其中表示位能的,称为位压头;表示动能的,称为动压头(或速度头);表示压力能的,称为静压头(或压强压头);消失的机械能称为损失压头(或摩擦压头)。

静压测量管与水流放向垂直,测量管内液位高度(从测量管底部算起)即为静压头,它反映出测压点处液体静压强的大小;测量管处液体的位压头则由测量管的几何高度所决定;当测量管的测压开口正对水流方向时,所测得的液位高度称为冲压头,即该点的静压头和动压头之和。任意两个截面的位压头、动压头和静压头三者总和之差即为损失压头,表示流体流经这两个截面之间时机械能的消耗。

7.2.4 实验装置和流程

实验装置流程如图7-4所示。实验装置主要由高位槽、实验管路、测压管等组成。水通过离心泵进入高位槽后,沿实验管路流动经出口调节阀返回水箱。通过观察水在实验管路不同截面压差计的变化,直观了解机械能相互转化的过程。

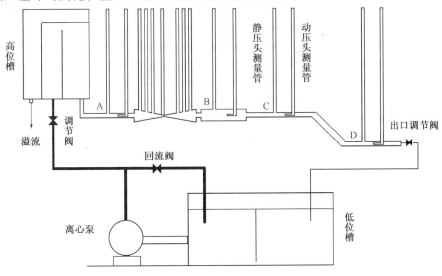

图7-4 能量转化演示实验装置流程图

7.2.5 实验步骤

(1)向低位槽内加入一定数量的蒸馏水,关闭离心泵出口调节阀门及实验测试导管出口调节阀门,启动离心泵。

(2)缓慢打开离心泵出口调节阀,当高位槽溢流管有液体溢流后,调节导管出口调节阀为全开位置,检查高位槽内的水面是否稳定,当水面下降时应适当开大泵出口调节阀。离心泵出口调节阀不要开得过大,以避免使水流冲击到高位槽外面,同时导致高位槽液面不稳定。

(3)排除实验导管内的空气泡,待流体稳定后,读取A、B、C、D截面静压头和冲压头并记录数据。

(4)缓慢关小导管出口调节阀,以免造成流量突然下降测压管中的水溢出管外。重复步骤(3),讨论流体流过不同位置处的能量转换关系。

（5）演示完毕后，关闭离心泵，使实验装置恢复原状，以备下次实验使用。

7.2.6 思考题

（1）当流量为零时，测量管内液面如何，为什么？

（2）阀门打开，管路中有水流动，能量来自何处？

（3）扩大管内测压管的测压孔方向不同所测得液位高度是否相同，为什么？

（4）实验中截面 A 与截面 C 的测量管内液面高度是否相同？

（5）测压孔正对水流方向的测压管其液位高度的物理意义是什么？

8　计算机数据处理

要使得实验问题得到圆满、快速、准确的解决，就需要使用计算工具对实验数据进行分析和处理。人类使用计算工具的历史可以追溯到一千多年以前，随着生产的发展，人们所需要解决的问题越来越复杂，技术的进步也使得计算工具不断地得到改进和更新。随着世界上第一台电子数字计算机的诞生，人类进入了一个飞速发展的信息化时代，有效的利用信息、合理的提取其中有用的成分，对社会进步、科技发展和经济增长起着越来越重要的作用。人类社会进入信息时代的同时，也步入知识经济时代，知识是人们对客观事物及其规律的认识，科学和技术是知识的核心。科学技术的发展，促进了实验方法和实验技术的不断创新，尤其是计算机应用于实验研究之后，不但使实验仪器设备得到改进和创新，而且使实验方法和实验数据分析处理得到改进和创新，计算机的应用加快了实验室成果的产生和工业化。实验数据计算机处理在科学研究中发挥着越来越重要的作用，掌握实验数据计算机处理技术具有重要的意义，为进一步探索和研究新的实验方法和新的实验技术提供技术支持。

随着可视化技术、所见即所得、面向对象方法等计算机技术的发展成熟，为计算机应用与开发带来了极大的方便。如何将现代计算机技术用于实验设计与分析，仍然是不断发展的新问题。本章通过介绍 Excel 电子表格及 Origin 绘图软件在化工类实验数据分析处理中的应用，让读者感受计算机信息时代一种全新的科学思维模式——电子表格模式，通过这种模式，体会其中所包含的辩证法——变化和广泛联系的观点和方法，以达到授之以渔的目的。

8.1　Excel 在化学工程基础实验数据处理中的应用

8.1.1　Excel 简介

所谓电子表格，也称电子试(计)算表，通常是指那些能够提供输入数值、文字、公式等资料，迅速产生计算结果，并可以产生各种统计、分析表报或统计图形等的计算类操作软件。在个人电脑上基于 Windows 操作系统的电子表格产品中，比较知名的有 Excel、Lotus1 – 2 – 3、Quattropro 等。其中的 Lotus1 – 2 – 3 是早期最热门的电子表格类软件，可以说 1983 年公开发行的 Lotus1 – 2 – 3 启动了个人电脑的计算革命，它大幅度改善了人工计算容易发生错误的问题，同时极大地提升了工作效率。

美国 Microsoft 公司在推出视窗操作系统 Windows 之后，发行了基于 Windows 的电子表格软件 Excel，并不断推出新的版本。在 Microsoft 的强力促销及拥有操作系统平台的优势下，Excel 逐渐取代了 Lotus1 – 2 – 3，成为主流的电子表格软件。Excel 具有较强的图标图形功能、丰富的宏命令和函数以及支持互联网的开发功能，可以用来方便地记录和分析数据。同时具有一定人工智能的特性，可以在某些方面判断用户下步的操作，使操作大为简化。由于 Excel 的普遍性，许多软件都与 Excel 建立了信息交换窗口，如 MathCAD、Matlab 和 Inprise

公司的 Delphi 等等。许多用户在应用其他软件的过程中，都要考虑如何与 Excel 联合使用，不断研究出接口方法。从某种意义上说，Excel 的功能和界面代表了当今计算机软件的最高水平。

Microsoft Excel 主要有以下七方面的功能：(1)表格制作；(2)强大的计算功能；(3)丰富的图表；(4)数据库管理；(5)分析与决策；(6)数据共享与 Internet；(7)内置开发工具 Visual Basic。在化工数据处理过程中，经常用到的是其中前三项功能，如将实验数据制成表格和对实验数据进行处理计算等等。

8.1.2 Excel 基础知识

Excel 运行时的界面如图 8–1 所示，在单元格中可以直接输入数据、计算公式或文字，其中计算公式需以"="开始。例如单元格中输入"=5+3"，当回车确认后，单元格内会显示计算结果"8"。

图 8–1　Excel 运行界面

若输入公式中包含函数，可通过"插入"菜单下的"函数"命令得到。类似地，如果需在单元格中输入符号，如希腊字母等内容，可通过"插入"菜单下的"符号"命令得到。处理化工原理实验数据时常用的函数如下：

① 幂函数—Power(Number，Power)$\Leftrightarrow$Number^{Power}。

在实际使用时，可用"^"来代替 Power 函数。例如 Power(5，2)$\Leftrightarrow$5^2。

② 平方根函数—Sqrt(Number)$\Leftrightarrow \sqrt{Number}$

③ 自然对数的幂次方—Exp(Number)$\Leftrightarrow$e^{Number}

④ 对数—LN(Number)$\Leftrightarrow$ln(Number)，Log10(Number)=lg(Number)

8.1.3 Excel 处理实验数据的基本方法

下面以实验中的流体流动阻力测定实验为例，讲述如何利用 Excel 来进行实验数据的处理。

(1)原始数据的输入

输入原始数据时，与数据处理过程相关的设备结构尺寸也应一起输入，在计算过程中首先应统一输入数据的因次，以免造成不必要的错误。实验原始数据输入表格如图 8–2 所示。

162

	A	B	C	D	E	F
1	水温：	18.5℃				
2	管子材料：	不锈钢		直管压差计指示剂：水银		
3	直管规格：	管长2m，管径φ21mm		局部压差计指示剂：氯仿		
4	闸阀：	管径φ32mm				
5	仪表常数：	ξ=324.15次/升				
6						
7	序号	流量计示值	直管阻力/m².s⁻²		局部阻力/m².s⁻²	
8		次/秒	左	右	左	右
9	1	834	3.19	5.82	9.27	0.50
10	2	619	3.74	5.29	7.50	2.22
11	3	451	4.06	4.96	6.25	3.47
12	4	360	4.20	4.82	5.74	3.98
13	5	304	4.28	4.74	5.50	4.23
14	6	243	4.36	4.67	5.27	4.46
15	7	209	4.39	4.63	5.16	4.57
16	8	171	4.42	4.60	5.06	4.66
17	9	161	4.43	4.59	5.04	4.67
18	10	132	4.46	4.57	4.97	4.74

原始数据记录表 / 中间运算表 / 结果表

图 8 − 2 流体流动阻力实验原始数据

（2）实验数据的处理

① 物性数据

查相关表格可知：18.5℃下水的密度为 998.5kg/m³，黏度为 1.0429mPa·s。

② 插入两个新工作表，可以别命名为"中间运算表"和"结果表"，将"原始数据表"中第 7 至 18 行内容复制至"中间运算表"。

③ 计算过程

在 C4：P4 单元格区域内输入计算所需公式。

计算直管压差计读数（R_1）：

在单元格 G4 中输入公式" = C4 − D4"；

计算局部压差计读数（R_2）：

在单元格 H4 中输入公式" = E4 − F4"；

计算管路流量（$q_V = F/\xi$）：

在单元格 I4 中输入公式" = B4/324.15"；

计算流体在直管内的流速（$u = 4 \cdot q_V/(\pi \cdot d^2)$）：

在单元格 J4 中输入公式" =4 * I4 * 1e − 3/3.14159/(0.021^2)"；

计算流体在与闸阀相连的直管中的流速[$u = 4q_V/(\pi d^2)$]：

在单元格 K4 中输入公式" =4 * I4 * 1e − 3/3.14159/(0.032^2)"；

计算流体流过长为 2m，内径为 21mm 直管的阻力损失（$h_{f1} = \Delta p/\rho = (\rho_i - \rho)gR_1/\rho$）：

在单元格 L4 中输入公式" = (13600 − 998.5) * G4/998.5"；

计算流体流过闸阀的阻力损失（$h_{f2} = (\rho g\Delta z + \Delta p)/\rho = (\rho_{i2} - \rho)gR_2/\rho$）：

在单元格 M4 中输入公式" = (1477.5 − 998.5) * H4/998.5"；

计算摩擦系数（$\lambda = h_{f1} \cdot (d_1/l) \cdot (2/u_1^2)$）：

在单元格 N4 中输入公式" = L4 * 0.021/2 * 2/(J4^2) * 1e2"；

计算局部阻力系数（$\zeta = 2h_{f2}/u_2^2$）：

在单元格 O4 中输入公式" = M4 * 2/(K4^2)"；

计算流体在直管中流动的雷诺准数($R_e = d_1 u_1 \rho / \mu$)：

在单元格 P4 中输入公式"$= 0.021 * J4 * 998.5/1.0429e - 3 * 1e - 4$"；

选定 I4：P4 单元格区域，再用鼠标拖动 P4 单元格下的填充柄(单元格右下方的"＋"号)至 P13，复制单元格内容，结果见图 8 - 3。

	A	B	G	H	I	J	K	L	M	N	O	P
1												
2	序号	流量计示值 次/秒	直管压差R	局部压差R	体积流量 ($\times 10^{-3} m^3 \cdot s^{-1}$)	$u_{\text{直}}$ /m.s^{-1}	$u_{\text{局}}$ /m.s^{-1}	$h_{f\text{直}}$ /J.kg^{-1}	$h_{f\text{局}}$ /J.kg^{-1}	$\lambda \times 10^2$	ξ	$R_e \times 10^4$
4	1	834	2.63	8.77	2.573	7.43	3.20	33.19	4.21	1.26	0.822	14.94
5	2	619	1.55	5.28	1.910	5.51	2.37	19.56	2.53	1.35	0.899	11.09
6	3	451	0.90	2.78	1.391	4.02	1.73	11.36	1.33	1.48	0.891	8.08
7	4	360	0.62	1.76	1.111	3.21	1.38	7.82	0.84	1.60	0.886	6.45
8	5	304	0.46	1.27	0.938	2.71	1.17	5.81	0.61	1.66	0.896	5.44
9	6	243	0.31	0.81	0.750	2.16	0.93	3.91	0.39	1.75	0.894	4.35
10	7	209	0.24	0.60	0.645	1.86	0.80	3.03	0.28	1.84	0.881	3.74
11	8	171	0.18	0.40	0.528	1.52	0.66	2.27	0.19	2.06	0.892	3.06
12	9	161	0.16	0.37	0.497	1.43	0.62	2.02	0.18	2.06	0.931	2.88
13	10	132	0.11	0.25	0.407	1.18	0.51	1.39	0.11	2.11	0.861	2.36

原始数据记录表 / 中间运算表 / 结果表

图 8 - 3　复制 I4：P4 单元格内容后的结果

④ 计算结果表格

将"中间运算表"中 A4：A13，N4：N13，O4：O13，P4：P13 单元格区域内容复制至"结果表"，并添加 E 列与 F 列，其中 E2 = B2 * 1e4，F2 = C2 * 100，运算结果见图 8 - 4。

	A	B	C	D	E	F
1	序号	$R_e \times 10^{-4}$	$\lambda \times 10^2$	ζ	R_e	λ
2	1	14.94	1.26	0.822	149354	0.0126
3	2	11.09	1.35	0.899	110851	0.0135
4	3	8.08	1.48	0.891	80766	0.0148
5	4	6.45	1.60	0.886	64469	0.0160
6	5	5.44	1.66	0.896	54441	0.0166
7	6	4.35	1.75	0.894	43517	0.0175
8	7	3.74	1.84	0.881	37428	0.0184
9	8	3.06	2.06	0.892	30623	0.0206
10	9	2.88	2.06	0.931	28832	0.0206
11	10	2.36	2.11	0.861	23639	0.0211

中间运算表 / 结果表

图 8 - 4　流体流动阻力实验结果表

⑤ 实验结果的图形表示

根据实验要求，绘制 $\lambda - R_e$ 关系曲线，步骤如下：

① 选定 E2：F11 单元格区域，点击工具栏上的"图表向导"，如图 8 - 5 所示，得到图表向导对话框，如图 8 - 6 所示。

图 8 - 5　图表向导

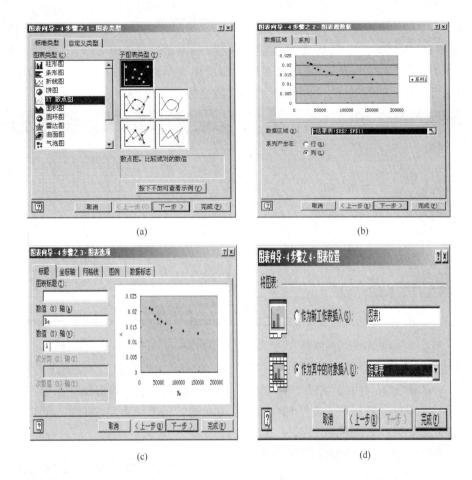

(a)

(b)

(c)

(d)

图 8 - 6　图表向导对话框

② 图表类型选择"XY 散点图",如图 8 - 6(a)所示;点击"下一步",如图 8 - 6(b)所示,若系列产生在"行",改为系列产生在"列";点击"下一步",如图 8 - 6(c)所示,分别输入图标标题和 X 轴、Y 轴名称;点击"下一步",如图 8 - 6(d)所示,一般选择将图标插入到数据表格中。最后点击"完成",得到直角坐标下的 $\lambda - Re$ 关系曲线,如图 8 - 7(a)所示。

③ 由于 Execl 所绘制的散点图与我国通常的科技绘图在习惯上存在一些差别,因此应对系统所绘制的 XY 散点图进行修饰,以符合我国科技绘图的要求。首先应清除网格线和绘图区填充效果,其操作如下:选定"数值 Y 轴主要网格线",点击 Del 键,选定绘图区,点 Del 键,结果见图 8 - 7(b)所示。

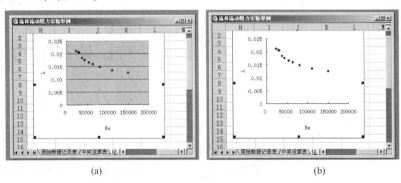

(a)

(b)

图 8 - 7　$\lambda - Re$ 关系曲线

165

④ 将 X、Y 轴的刻度由直角坐标改为对数坐标：选定 X 轴，点右键，选择坐标轴格式得到"坐标轴格式"对话框，根据 Re 的数值范围改变"最小值"、"最大值"，并将"主要刻度"改为"10"，并选中"对数刻度"，从而将 X 轴的刻度由直角坐标改为对数坐标，如图8－8所示。类似的可以将 y 轴的刻度由直角坐标改为对数坐标，如图8－9所示。

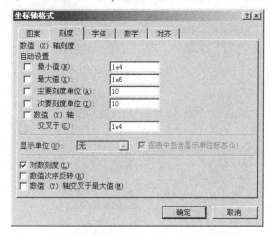

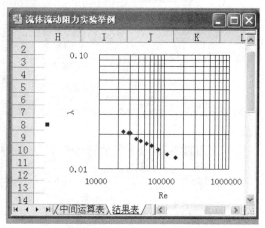

图8－8　坐标轴格式对话框　　　　　图8－9　对数坐标下的 $\lambda - Re$ 关系曲线

⑤ 连接实验数据点，绘制光滑曲线：如图8－10所示，首先打开"绘图工具栏"，单击"自选图形"→"线条"→"曲线"命令，绘制曲线。绘制方法如下：单击要开始绘制曲线的位置，再继续移动鼠标，然后单击要添加曲线的任意位置。若要结束绘制曲线，可随时双击鼠标。最终绘制的 $\lambda - Re$ 关系曲线如图8－11所示。

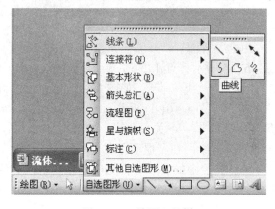

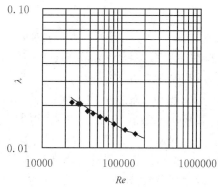

图8－10　绘图工具栏　　　　　　　图8－11　$\lambda - Re$ 关系曲线

8.2　Origin 在化学工程基础实验数据处理中的应用

8.2.1　Origin 简介

Origin 是 OriginLab 公司开发的图形可视化和数据分析软件，其定位介于专业软件和基础软件之间，自1991年问世以来，很快就成为国际科技出版界公认的作图软件。如果考虑以图形的方式跨越语言和专业的障碍实现科研成果的有效交流，Origin 是一种很好的选择。

其功能强大但操作简便，既适合于一般的作图需求，也能够满足复杂的数据分析、图形处理、函数拟合等高级需求，很好地平衡了功能和操作复杂之间的矛盾。

与 Excel 相比，Origin 不仅可以根据数据绘制出满意的图形，包括条状、线形、扇形、三维图形等，还可将几组数据放在一个图中，进行比较处理，更重要的是可以对图形进行分析，比如平滑、拟合、过滤、积分、微分等等。而 Excel 虽然也具有数据可视化功能，但其提供的主要是电子表格功能，并可简单地将数据可视化，在作图方面 Excel 显然不如 Origin 功能强大，不能进行 Gaussian 或 Lorentzian 等函数拟合，同样也没有积分和微分等计算功能。

8.2.2　Origin 处理实验数据的基本方法

本节主要介绍如何利用 Origin 求取经验公式中的常数、绘制双对数坐标图及一横轴多纵轴图的绘制。

（1）用最小二乘法求取经验公式中的常数

以传热实验为例，根据实验原理可知：

$$Nu = a_0 Re^a Pr^b \qquad (8-1)$$

两边同时取对数，有：

$$\ln(Nu/Pr^{0.3}) = \ln a_0 + a\ln Re \qquad (8-2)$$

利用 Origin 软件获取常数 a_0 和 a 的步骤为：

① 建立工作表

依次点击主菜单上的 File→New→Work Sheet 选项，创建工作表"Data1"；输入 Re 与 $Nu/Pr^{0.3}$ 值，打开主菜单上的 Column 选项，点击 Add New Columns 命令，添加两列，如图 8-12(a)所示；选中列 C，打开主菜单上的 Column 选项，点击 Set Column Values... 命令，打开 Set Column Values 对话框，如图 8-12(b)所示，在编辑框中填入 $\ln(col(A))$，即对第一列求对数；同理对于 D 列，有 $\ln(col(B))$，最后所得结果如图 8-12(c)所示。

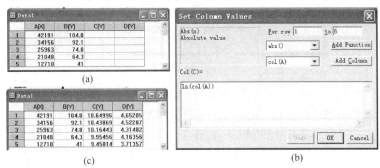

图 8-12　建立工作表

② 修改各列的格式

若工作表 Data1 中的内容需要修改，例如将 C 列的标题改成 Ln(Re)，可依次点击主菜单上 Format→Column... 命令，打开 Work Column Format 对话框，如图 8-13 所示，根据具体情况进行修改。

③求常数 a_0 与 a

非线性拟合法

选中图 8-13 中 NuPr0.3[Y1]列，也就是第二列，然后选择主菜单上 Analysis 项，依次点击 Non-Linear Curve Fit→Fitting Wizard→Select data→Select function→Weight→Fitting Control

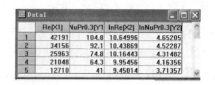

图 8 – 13　修改工作表格式

→Results 即可。在本例中 Select function 选项中应选择 Power 函数即：$y = ax^b$，拟合结果如图 8 – 14 所示，从图 8 – 14 中可知，前述传热实验，$Nu = 0.0354Re^{0.752}Pr^{0.3}$，相关系数 $R = \sqrt{0.995}$。

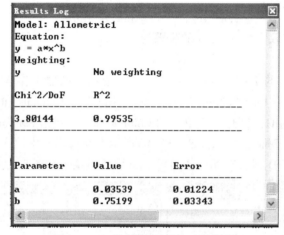

图 8 – 14　采用非线性拟合法的结果

线性拟合法

选中工作表 Data1 中的第三和第四列，打开主菜单上的 Plot 选项，点击 Scatter 命令，如图 8 – 15(a)所示；打开主菜单上的 Analysis 选项，点击 Fit linear 命令，如图 8 – 15(b)和图 8 – 15(c)所示。由图 8 – 15(c)可知：$\ln Nu = -3.6828 + 0.7853\ln Re$，即 $Nu = 0.0354Re^{0.7853}Pr^{0.3}$，相关系数 $R = 0.99757$。

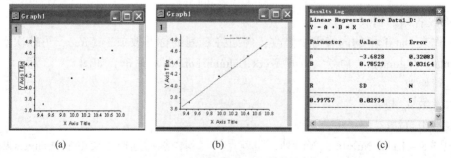

(a)　　　　　　　　　　　(b)　　　　　　　　　　　(c)

图 8 – 15　采用线性拟合法的结果

（2）双对数坐标图的绘制

以流体流动阻力实验数据为例，用 Origin 绘制双对数坐标图的步骤为：

① 创建工作表 Data1，如图 8 – 16(a)所示。

② 选中第二列，打开主菜单上的 Plot 选项，点击 Scatter 命令，得到在直角坐标中绘制 $\lambda - Re$ 关系曲线，如图 8 – 16(b)所示。

③ 打开主菜单的 Format 选项，选择 Axes→X Axis... 命令，打开 X Axis 对话框，将 Type 选项设为 Log10，根据实验数据的最大和最小值修改刻度范围，如图 8 – 16(c)。同理将 Y 轴改为对数坐标刻度，即可得到双对数坐标系中的 $\lambda - Re$ 关系曲线，如图 8 – 16(d)所示。

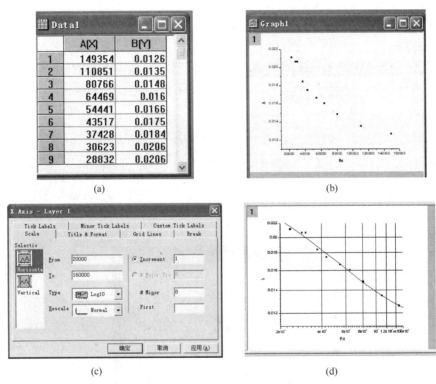

(a)   (b)

(c)   (d)

图 8 – 16　双对数坐标图的绘制

（3）一横轴多纵轴数据图的绘制

以离心泵性能测定实验数据为例，用 Origin 绘制离心泵特性曲线的步骤为：

① 创建工作表 Data1，如图 8 – 17(a)所示。

② 创建图层。选中第二列，打开主菜单上的 Plot 选项，点击 Line + Sumbol 命令，打开主菜单上的 Edit，依次点击 New Layer(Axes)→(Linked)：Right Y 命令，创建图层 2 与图层 3，如图 8 – 17(b)所示。

③ 向图层中添加曲线。选择图层 2，单击鼠标右键，选择 Add/Remove Plot... 命令，将 Data1_c 中的数据添加至 Layer Contents 中，类似地，可将 Data1_d 中的数据添加至图层 3 的 Layer Contents 中，这样就得到某离心泵的 3 条特性曲线，如图 8 – 17(c)所示。

④ 纵轴右移。选择图 8 – 17(c)中的图层 3，打开主菜单上的 Format 选项，依次选择 Axes→Y Axis 命令，打开 Y Axis 对话框，如图 8 – 17(d)，在 Axis 项中选择 At PositionAt，

169

在 Percent/Value 项中填写 5(Y 轴与 X 轴的交点坐标)，点击确定即得最终结果，如图 8 – 17 (e)所示。

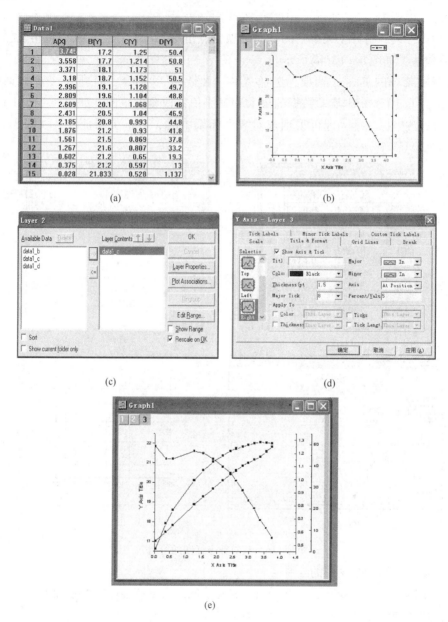

(a)　　　　　　　　　　　(b)

(c)　　　　　　　　　　　(d)

(e)

图 8 – 17　一横轴多纵轴数据图的绘制

8.3　Matlab 在化学工程基础实验数据处理中的应用

8.3.1　Matlab 简介

Matlab 是由 MathWorks 公司于 1984 年推出的一套数值计算软件，分为总包和若干个工具箱，可以实现数值分析、优化、统计、偏微分方。

程数值解、自动控制、信号处理、图像处理等若干个领域的计算和图形显示功能。它将不同数学分支的算法以函数的形式分类成库，使用时直接调用这些函数并赋予实际参数就可以解决问题，快速而准确。

近年来，Matlab 在国内的知名度越来越大，并已被广泛地应用于教学和科研。一种语言之所以能如此迅速地普及，是由于它有着不同于其他语言的特点，正如同 FORTRAN 和 C 等高级语言使人们摆脱了需要直接对计算机硬件资源进行操作一样，被称作为第四代计算机语言的 Matlab，利用其丰富的函数资源，使编程人员从繁琐的程序代码中解放出来。以下简单介绍一下 Matlab 的主要特点：

（1）语言简洁紧凑，使用方便灵活，库函数极其丰富。Matlab 程序书写形式自由，利用起丰富的库函数避开繁杂的子程序编程任务，压缩了一切不必要的编程工作。由于库函数都由本领域的专家编写，用户不必担心函数的可靠性。

（2）运算符丰富。由于 Matlab 是用 C 语言编写的，Matlab 提供了和 C 语言几乎一样多的运算符，灵活使用 Matlab 的运算符将使程序变得极为简短。

（3）Matlab 既具有结构化的控制语句（如 for 循环，while 循环，break 语句和 if 语句），又有面向对象编程的特性。

（4）程序限制不严格，程序设计自由度大。例如，Matlab 里，用户无需对矩阵预定义就可使用。

（5）程序的可移植性很好，基本上不做修改就可以在各种型号的计算机和操作系统上运行。

（6）Matlab 的图形功能强大。在 FORTRAN 和 C 语言里，绘图都很不容易，但在 Matlab 里，数据的可视化非常简单，Matlab 还具有较强的编辑图形界面的能力。

（7）Matlab 的缺点是，它和其他高级程序相比，程序的执行速度较慢。由于 Matlab 的程序不用编译等预处理，也不生成可执行文件，程序为解释执行，所以以速度较慢。

（8）功能强大的工具箱是 Matlab 的另一特色。Matlab 包含两个部分：核心部分和各种可选的工具箱。核心部分中有数百个核心内部函数。其工具箱又分为两类：功能性工具箱和学科性工具箱。功能性工具箱主要用来扩充其符号计算功能，图示建模仿真功能，文字处理功能以及与硬件实时交互功能。功能性工具箱用于多种学科。而学科性工具箱是专业性比较强的，如 control，toolbox，signal processing toolbox，communication toolbox 等。这些工具箱都是由该领域内学术水平很高的专家编写的，所以用户无需编写自己学科范围内的基础程序，而直接进行研究。

（9）源程序的开放性。开放性也许是 Matlab 最受人们欢迎的特点。除内部函数以外，所有 Matlab 的核心文件和工具箱文件都是可读可改的源文件，用户可通过对源文件的修改以及加入自己的文件构成新的工具箱。

8.3.2　Matlab 处理实验数据的基本方法

（1）图的绘制

Matlab 作图是通过描点、连线来实现的，故在画一个曲线图形之前，必须先取得该图形上的一系列的点的坐标（即横坐标和纵坐标），然后将该点集的坐标传给 Matlab 函数画图，基本命令为：

格式：plot(x,y)

说明：以 x、y 对应元素为坐标绘二维图，线型为实线，其中 x、y 的维数要匹配。

格式：plot($x,y1,x,y2,\cdots\cdots,x,yn$)

说明：将多条线画在一起。

在很多工程问题中，通过对数据进行对数转换可以更清晰地看出数据的某些特征，在对数坐标系中描绘数据点的曲线，可以直接地表现对数转换。对数转换有双对数坐标转换和单轴对数坐标转换两种：用 loglog 函数可以实现双对数坐标转换，用 semilogx 和 semilogy 函数可以实现单轴对数坐标转换。Matlab 绘图基本命令为：

loglog(x,y) 表示 x、y 坐标都是对数坐标系；

semilogx(x,y) 表示 x 轴坐标是对数坐标，而 y 轴为线性刻度；

semilogy(x,y) 表示 y 轴坐标是对数坐标，而 x 轴为线性刻度；

plotyy($x1,y1,x2,y2$) 表示用图形左右两侧的 y 轴刻度绘制数据图。

下面以流量计校核为例对 Matlab 绘图进行介绍。

通过实验测定和计算，要求绘制流量系数 C_0 与 Re 之间的关系曲线，以孔板流量计为例，用 Matlab 进行绘图，所需数据如表 8－1 所示。

表 8－1　孔板流量计校核 Re 和流量系数数据

序　号	Re	流量系数	序　号	Re	流量系数
1	18893	0.70	7	71982	0.65
2	26450	0.70	8	78972	0.66
3	34007	0.68	9	86907	0.65
4	41564	0.66	10	94000	0.66
5	56868	0.65	11	102986	0.66
6	64236	0.66			

① 图形建立

在 Matlab 命令窗口输入：

x = [18893 26450 34007 41564 56868 64236 71982 78972 86907 94000 102986];

y = [0.70 0.70 0.68 0.66 0.65 0.66 0.65 0.66 0.65 0.66 0.66];

semilogx(x,y,'^')

回车后所得图形如图 8－18 所示。

其中'^'表示符号为上三角，其他形状符号如表 8－2 所示。

表 8－2　图形上符号及其含义

符　号	含　义	符　号	含　义
·	实心黑点	d	菱形
+	十字	h	六角星符
*	八线符	o	空心圆圈
>	右三角	p	五角星符
<	左三角	s	方块
v	下三角	x	叉字符

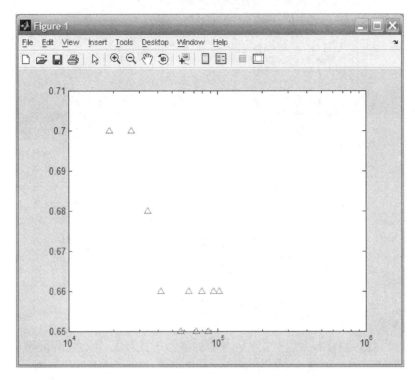

图 8-18　图形建立

② 图形处理

在图形上加格栅、图例并定制坐标，基本命令有：

grid on：加格栅在当前图上；

grid off：删除格栅；

xlabel('Re')：在当前图形的 x 轴上加坐标名称 Re；

ylabel('流量系数(C_0)')：在当前图形的 y 轴上加坐标名称流量系数(C_0)；

title('图 1 孔板流量计流量系数与雷诺数关系曲线')：在当前图形的顶端上加标题；

gtext('string')：运行命令 gtext('string')时，屏幕上出现当前图形，在图形上出现一个交叉的十字，该十字随鼠标的移动移动，当按下鼠标左键时，该标注 string 放在当前十交叉的位置；

axis([xmin xmax ymin ymax])：定制图形坐标 x、y 的最大、最小值。

或者在坐标轴属性对话框里进行设置，在图形窗口选择 Edit-Axes Properties，出现对话框，对里面的各项进行设置后如图 8-19 所示。处理后的图形如图 8-20 所示。

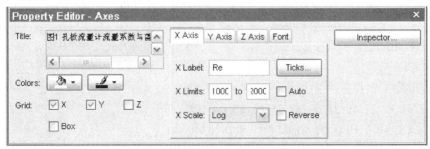

图 8-19　图形处理

173

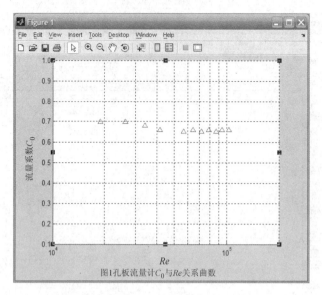

图 8 - 20　图形处理后

（2）数据拟合

数据拟合（回归）是利用一批已知测量点上的取值，按照某个确定的准则寻找一条可用函数表示的平滑线，以使该函数在已知测量点上尽可能接近测量点上的取值。

下面以恒压过滤常数的测定为例，对 Matlab 的数据拟合进行介绍。

通过恒压过滤实验测定，由实验数据求过滤常数 K，q_e 和 τ_e，基本公式为：

$$\frac{\tau}{q} = \frac{1}{K}q + \frac{2}{K}q_e \tag{8-3}$$

$$\tau_e = \frac{q_e^2}{K} \tag{8-4}$$

实验数据经处理后得到 $\frac{\tau}{q} - q$ 数据如表 8 - 3 所示。

表 8 - 3　$\frac{\tau}{q} - q$ 数据

序号	1	2	3	4	5	6	7
τ/s	55.72	162.91	324.57	542.50	810.97	1141.69	1538.63
$q/(m^3 \cdot m^{-2})$	0.0153	0.0302	0.0452	0.0602	0.0750	0.0900	0.1052
$\frac{\tau}{q}/(m^2 \cdot s \cdot m^{-3})$	3639	5393	7179	9016	10810	12680	14633

方法一：用作图法做基本拟合

① 图形建立

在 Matlab 命令窗口输入：

$x = [15.31\ 30.21\ 45.21\ 60.17\ 75.02\ 90.04\ 105.15]$；

$y = [3.64\ 5.39\ 7.18\ 9.02\ 10.81\ 12.68\ 14.63]$；

$plot(x, y, 'x')$

如图 8 - 21 所示。

174

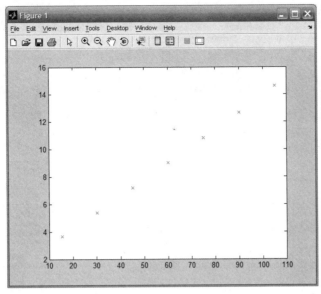

图 8 – 21   恒压过滤常数求取图形建立

② 图形处理

对坐标轴名称、图形名称等进行设置。

③ 曲线拟合

选择在图形界面选择 Tool – Basic Fitting，单击后出现曲线拟合对话框，在其左侧选择"linear"、"Show equations"和"Show norm of residuals"，拟合结果出现在右侧，见图 8 – 22，同时自动生成图 8 – 23，对拟合结果作图并评测。

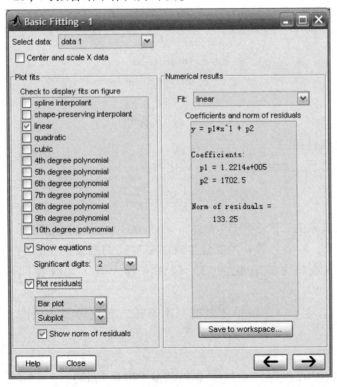

图 8 – 22   数据拟合对话框

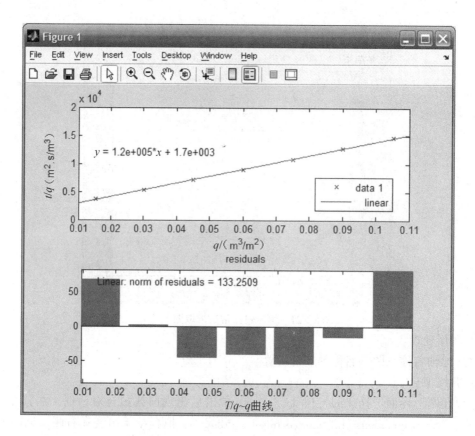

图 8 – 23　$\dfrac{\tau}{q}$ – q 曲线及其拟合方程

有拟合方程可知斜率 $\dfrac{1}{K}$ 为 1.2×10^5，截距 $\dfrac{2}{K}q_e$ 为 1.7×10^3，则过滤常数：

$$K = 8.18 \times 10^{-6}\,\mathrm{m^2/s};$$

$$q_e = 6.96 \times 10^{-3}\,\mathrm{m^3/m^2} \tag{8-5}$$

$$\tau_e = \frac{q_e^2}{K} = \frac{(6.69 \times 10^{-3})^2}{8.18 \times 10^{-6}} = 5.91\,\mathrm{s}$$

方法二：二元线性回归

恒压过滤基本方程式 $q^2 + 2q_e q = K\tau$ 可转化为：

$$\tau = \frac{1}{K}q^2 + \frac{2q_e}{K}q \tag{8-6}$$

式中 τ 与 q 的关系为二次多项式（命令 $p = \mathrm{polyfit}(x,\ y,\ n)$，其中 $(x,\ y)$ 为已知数据向量，n 为多项式阶数；输出参数 p 为拟合生成的多项式的系数向量）可直接用多项式回归的方法来求过滤常数或将上式转化为二元线性方程，做二元线性回归，实验数据仍采用表 8 – 3。

设 $x1 = q^2$，$x2 = q$，$y = \tau$，则恒压过滤基本方程式转化为多元线性方程 $y = b_0 + b_1 x1 + b_2 x2$。

在 Matlab 窗口输入：

$x2 = [0.0153\ 0.0302\ 0.0452\ 0.0602\ 0.0750\ 0.090\ 0.1052]$；

$x1 = x2.\hat{}\,2$；

$y = [55.72\ 162.91\ 324.57\ 542.508\ 10.971\ 141.69\ 1538.63];$

$x = [x1',x2'];$

$A = x \backslash (y')$

输出：

$A =$

   1.0e + 005 *

     1.2387

     0.0156

拟合方程为：$\tau = 1.2387 \times 10^5 \cdot q^2 + 1.56 \times 10^3 \cdot q$，由此可求得过滤常数。

（3）Matlab 与 Excel 的动态链接

① Matlab 与 Excel 链接的建立

运行 Excel2007，在 office 按钮中选择"Excel 选项/加载项/转到"，打开"加载宏"对话框，选择"浏览"（对于 Excel2003，在菜单栏中选择"工具/加载宏/浏览"），选择 Matlab 安装目录下 \ toolbox \ exlink，在加载宏列表中选择：Excel Link 2.2 for use with MATLAB，并确定加载，见图 8 – 24。此时在 Excel 任务栏中出现 Matlab 命令窗口按钮（图 8 – 25），同时 Matlab 被打开。以后每次启动 Excel 时，Excel Link 和 Matlab 也同时启动。

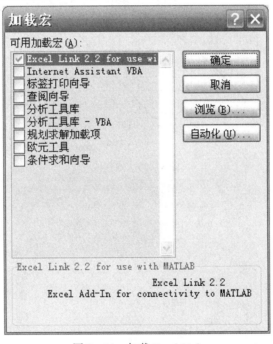

图 8 – 24　加载 Excel Link

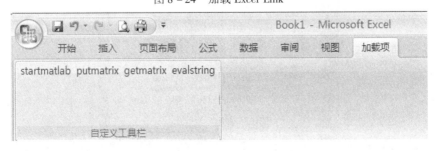

图 8 – 25　Excel 加载 Matlab 之后

Matlab 命令窗口按钮分别为 startmatlab、putmatrix、getmatrix、evalstring，其中 startmatlab 是启动一个 Matlab 命令窗口；putmatrix 按钮的作用是将电子表格内所选数据发送到 Matlab；getmatrix 按钮的作用是从 Matlab 获取数据；evalstring 按钮的作用执行 Matlab 命令。利用这三个按钮就可以把 Excel 电子表格同 Matlab 数据处理功能紧密连接在一起。

下面将以液液萃取实验数据处理为例对 Excel 与 Matlab 的链接和数值积分进行说明。

② 积分

液液萃取实验，用水萃取煤油溶液中的苯甲酸，经实验测定出塔顶和塔底和轻相和重相组成，在水－煤油－苯甲酸体系分配曲线图(图 8－20)上找到塔顶、塔底组成，画出操作线；然后将萃取相重相组成从塔顶 Y_a 到塔底 Y_b 十等分，测定温度为 25℃，利用分配曲线图依次查得各点所对应的 Y^*，如当 Y 等于 0.0005，查得 $Y^*=0.00095$，如图 8－26 所示。计算出 $1/(Y^*-Y)$，具体实验数据如图 8－27 所示。

图 8－26　操作线

	A	B	C	D	E
1	塔顶	轻相Xa	0.0008		
2		重相Ya	0		
3	塔底	轻相Xb	0.0017		
4		重相Yb	0.001		
5	Y	X	Y*	1/(Y*-Y)	
6	0	0.0008	0.00063	1587.30	
7	0.0001	0.0009	0.00079	1449.28	
8	0.0002	0.00098	0.00083	1587.30	
9	0.0003	0.00107	0.00087	1754.39	
10	0.0004	0.00116	0.00091	1960.78	
11	0.0005	0.00125	0.00095	2222.22	
12	0.0006	0.00135	0.00098	2631.58	
13	0.0007	0.00144	0.00102	3125.00	
14	0.0008	0.00153	0.00104	4166.67	
15	0.0009	0.00162	0.00106	6250.00	
16	0.001	0.0017	0.00108	12500.00	
17					

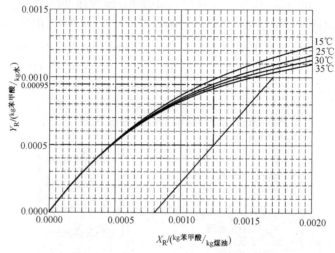

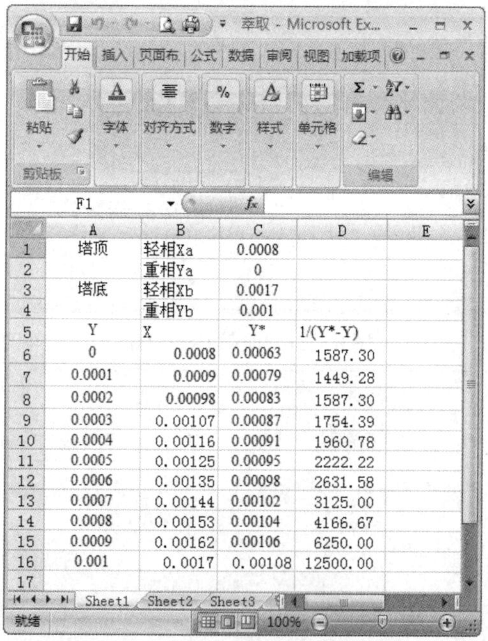

图 8－27　萃取实验数据

方法一：

选取 Excel 菜单栏中的 A6：A16，点击"putmatrix"，出现变量名对话框，命变量名为：x，见图 8 - 28，再选取 Excel 中的 D6：D16，点击"putmatrix"，命变量名为：y。

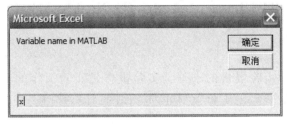

图 8 - 28　给变量命名

根据公式　　　　　$N_{OE} = \int_{Ya}^{Yb} \dfrac{dY}{(Y^* - Y)}$ 进行积分。

数值积分在数值计算中有着重要作用，许多数值计算问题可以转化为数值积分问题，构造数值积分的方法很多，主要有 Newton-Cotes 系列数值积分法、Gauss 积分法和 Romberg 积分法等。Matlab 中的基本命令如表 8 - 4 所示。

表 8 - 4　Matlab 数值积分

Matlab 函数	公　　式
quad	自适应 Simpson 求积公式(低阶)
quadl	自适应 Lobatto 积分公式，精度高，常用
trapz	梯形求积公式，速度快，精度差
cumtrapz	梯形法求一个区间上的积分曲线
cumsum	等宽距法求一个区间上的积分曲线，精度差
fnint	利用样条函数求不定积分；与 spline，ppval 配合使用，主要用于表格"函数"积分

采用梯形法计算数值积分，在 Matlab 命令窗口输入：

$z = \mathrm{trapz}(x, y)$

回车并得到

$z =$

　　3.2191

所以，传质单元数 $N_{OE} = 3.2191$。

方法二：

设 x 变量为 Y 值，y 变量为 $1/(Y^* - Y)$，将实验处理数据在 Matlab 命令窗口中输入：

$x = 0: 0.0001: 0.001$；

$y = [\, 1587.30 \; 1449.28 \; 1587.30 \; 1754.39 \; 1960.78 \; 2222.22 \; 2631.58 \; 3125.00 \; 4166.67$ $6250.00 \; 12500.00\,]$；

$z = \mathrm{trapz}(x, y)$

回车并得到

$z =$

　　3.2191

附录1　实验报告的书写

实验完成后要进行实验报告的书写，实验报告是实验工作的全面总结和系统概括。通过书写实验报告，使学生在实验数据处理，作图、误差分析、问题归纳等方面得到全面提高。

化工基础实验报告的内容分为：实验目的、基本原理、实验装置流程、实验操作方法、注意事项、原始数据记录、数据处理、作表或图、数据计算过程举例及对实验结果的分析讨论，最后应给出实验结论。

实验目的、基本原理、实验装置流程、实验操作方法、注意事项等内容在本书的每一个实验中均有较为详尽的描述，要求学生在实验开始前对上述内容有充分的了解，以便于更好地完成实验。书写实验报告时要求学生根据自己的实验结果书写，不要照抄书本内容。

记录原始实验数据时，要根据仪表的精度决定实验数据的有效数字位数。进行数据处理时，要求将实验数据整理、加工成表格或图形的形式（参见实验误差分析与数据的处理一章），并要求以某一组原始数据为例，列出各项计算过程，说明数据图表中结果的来源。

实验结果的分析讨论非常重要，是学生对基本原理、实验方法及结果进行的综合分析。讨论的内存包括：

（1）对实验结果从理论上进行分析和解释；

（2）对实验现象，特别是异常现象的分析讨论；

（3）对实验结果的误差分析，如何提高测量精度；

（4）提出进一步的研究方向或对实验方法提出的改进建议等。

此外，在本书每一个实验后面都附有思考题，旨在加深学生对基本原理的理解，要求学生结合实验并阅读有关资料认真回答。

附录2 化学工程基础实验中常用单位及其换算

2.1 流体流动过程的一些单位换算

物理量	SI 制	工程制	cgs 制		
力	$N(m \cdot kg \cdot s^{-2})$	千克(力)	达因		
	1	0.102	10^5		
	9.81	1	9.81×10^5		
压力	$Pa(kg \cdot m^{-1} \cdot s^{-2})$	千克(力)·厘米$^{-2}$	绝对大气压	毫米汞柱	米水柱
	101.3×10^3	1.033	1	760	10.33
	133.3	1.36×10^{-3}	1.32×10^{-3}	1	1.36×10^{-3}
	98.1×10^3	1	0.968	735.7	10
	100×10^3	1.02	0.987	750	10.2
功(能量)	$J(m^2 \cdot kg \cdot s^{-2})$	千克(力)·米	尔格(达因·厘米)		
	1	0.102	10^7		
	9.81	1	9.81×10^7		
功率	$W(J \cdot s^{-1})$	千克(力)·米·秒$^{-1}$	尔格·秒$^{-1}$		
	1	0.102	10^7		
	9.81	1	9.81×10^7		
	7.35×10^2	75	7.35×10^9		
黏度	$Pa \cdot s(kg \cdot m^{-1} \cdot s^{-1})$	千克(力)·秒·米$^{-2}$	泊 P	厘泊 cP	
	1	0.102	10	10^3	
	10^{-3}	0.102×10^{-3}	10^{-2}	1	

2.2 有关热量的单位换算

物理量	SI 制		工程制	cgs 制
热量	$J(m^2 \cdot kg \cdot s^{-2} = N \cdot m)$	kJ	kcal	cal
	1000	1	0.2389	238.9
	4187	4.187	1	1000
传热速率	$W(m^2 \cdot kg \cdot s^{-3})$	$kW(kJ \cdot s^{-1})$	$kcal \cdot h^{-1}$	$cal \cdot s^{-1}$
	1000	1	860	238.9
	1.163	1.163×10^{-3}	1	0.2778
热通量 (热流密度)	$W \cdot m^{-2}(kg \cdot s^{-3})$	$kW \cdot m^{-2}$	$kcal \cdot m^{-2} \cdot h^{-1}$	$cal \cdot cm^{-2} \cdot s^{-1}$
	1000	1	860	2.389×10^{-2}
	1.163	1.163×10^{-3}	1	2.778×10^{-3}

物理量	SI 制		工程制	cgs 制
焓	$J \cdot kg^{-1}(m^2 \cdot s^{-2})$	$kJ \cdot kg^{-1}$	$kcal \cdot kg^{-1}$	$cal \cdot g^{-1}$
	1000	1	0.2389	0.2389
	4187	4.187	1	1
比定压热容	$J \cdot kg^{-1} \cdot K^{-1}(m^2 \cdot s^{-2} \cdot K^{-1})$	$kJ \cdot kg^{-1} \cdot K^{-1}$	$kcal \cdot (kg \cdot \text{℃})^{-1}$	$cal \cdot (g \cdot \text{℃})^{-1}$
	1000	1	0.2389	0.2389
	4187	4.187	1	1
导热系数	$W \cdot m^{-1} \cdot K^{-1}(m \cdot kg \cdot K^{-1} \cdot s^{-3})$	$kW \cdot m^{-1} \cdot K^{-1}$	$kcal \cdot (m \cdot h \cdot \text{℃})^{-1}$	$cal \cdot (cm \cdot s \cdot \text{℃})^{-1}$
	1000	1	860	2.389
	1.163	1.163×10^{-3}	1	2.778×10^{-3}
	418.7	0.4187	360	1
传热系数	$W \cdot m^{-2} \cdot K^{-1}(kg \cdot K^{-1} \cdot s^{-3})$	$kW \cdot m^{-2} \cdot K^{-1}$	$kcal \cdot (m^2 \cdot h \cdot \text{℃})^{-1}$	$cal \cdot (cm^2 \cdot s \cdot \text{℃})^{-1}$
	1000	1	860	2.389×10^{-2}
	1.163	1.163×10^{-3}	1	2.778×10^{-5}
	4.187×10^4	41.87	3.6×10^4	1

2.3 温度

$$K = 273.15 + \text{℃}$$

$$\text{℃} = \frac{5}{9}(^\circ F - 32)$$

$$^\circ F = \frac{9}{5}\text{℃} + 32$$

2.4 标准重力加速度

$$g = 9.807 \text{m} \cdot \text{s}^{-2}$$
$$= 980.7 \text{cm} \cdot \text{s}^{-2}$$

2.5 摩尔气体常数

$$R = 8.314 \text{J} \cdot \text{mol}^{-1} \cdot \text{K}^{-1}$$
$$= 1.987 \text{cal} \cdot \text{mol}^{-1} \cdot \text{K}^{-1}$$
$$= 848 \text{kgf} \cdot \text{m} \cdot \text{kmol}^{-1} \cdot \text{K}^{-1}$$
$$= 82.06 \text{atm} \cdot \text{cm}^3 \cdot \text{mol}^{-1} \cdot \text{K}^{-1}$$

附录3 空气的重要物理性质

温度/℃	密度/(kg/m³)	比定压热容/[kJ/(kg·℃)]	导热系数/[W/(m·℃)]	黏度/10⁻⁵Pa·s
-10	1.342	1	0.0236	1.67
0	1.293	1.005	0.0244	1.72
10	1.247	1.005	0.0251	1.77
20	1.205	1.005	0.0259	1.81
30	1.165	1.005	0.0267	1.86
40	1.128	1.005	0.0276	1.91
50	1.093	1.005	0.0283	1.96
60	1.06	1.005	0.029	2.01
70	1.029	1.009	0.0297	2.06
80	1.0	1.009	0.0305	2.11
90	0.972	1.009	0.0313	2.15
100	0.946	1.009	0.0321	2.19
120	0.898	1.009	0.0334	2.29
140	0.854	1.013	0.0349	2.37

附录4 水的重要物理性质(101.3kPa)

温度/℃	蒸气压/kPa	密度/(kg/m³)	比热容/[kJ/(kg·℃)]	焓/(kJ/kg)	汽化相变焓/(kJ/kg)	黏度/10⁻⁵Pa·s	导热系数/[W/(m·℃)]	膨胀系数/×10⁻⁴/℃
0	0.61	999.9	4.212	0		1.789	0.5513	-0.63
10	1.23	999.7	4.191	42.04		1.305	0.5745	0.7
20	2.33	998.2	4.183	83.9	2448.83	1.005	0.5989	1.82
30	4.24	995.7	4.178	125.69	2426.72	0.801	0.6167	3.21
40	7.37	992.2	4.178	167.51	2403.94	0.653	0.6338	3.87
50	12.33	988.1	4.178	209.3	2379.96	0.549	0.6478	4.49
60	19.92	983.2	4.183	251.12	2356.44	0.47	0.6594	5.11
70	31.16	977.8	4.187	292.99	2331.83	0.406	0.6676	5.7
80	47.34	971.8	4.195	334.94	2307.16	0.355	0.6745	6.32
90	71.00	965.3	4.208	376.98	2281.56	0.315	0.6804	6.95
100	101.3	958.4	4.212	419.1	2255.50	0.283	0.6827	7.52

附录 5 乙醇 – 水气液相平衡数据(101.3kPa)

乙醇的摩尔分数		乙醇的摩尔分数	
液相 x	气相 y	液相 x	气相 y
0.00	0.00	0.45	0.635
0.01	0.11	0.50	0.657
0.02	0.175	0.55	0.678
0.04	0.273	0.60	0.698
0.06	0.340	0.65	0.725
0.08	0.392	0.70	0.755
0.10	0.43	0.75	0.785
0.14	0.482	0.80	0.820
0.18	0.513	0.85	0.855
0.20	0.525	0.894	0.894
0.25	0.551	0.90	0.898
0.30	0.575	0.95	0.942
0.35	0.595	1.0	1.0
0.40	0.614		

附录6 乙醇–水溶液的密度

kg/L

浓度/%（质量）	温度/℃				
	15	20	25	30	35
1	0.9972	0.9964	0.9952	0.9938	0.9922
2	0.9954	0.9945	0.9934	0.9919	0.9903
3	0.9936	0.9928	0.9916	0.9901	0.9885
4	0.9920	0.9910	0.9898	0.9884	0.9867
5	0.9903	0.9894	0.9882	0.9867	0.9850
6	0.9888	0.9878	0.9866	0.9851	0.9834
7	0.9873	0.9863	0.9850	0.9835	0.9817
8	0.9858	0.9848	0.9835	0.9819	0.9801
9	0.9844	0.9833	0.9819	0.9803	0.9785
10	0.9830	0.9819	0.9804	0.9788	0.9768
11	0.9817	0.9805	0.9790	0.9772	0.9753
12	0.9804	0.9791	0.9775	0.9757	0.9737
13	0.9791	0.9778	0.9761	0.9742	0.9722
14	0.9779	0.9764	0.9747	0.9728	0.9706
15	0.9767	0.9751	0.9733	0.9713	0.9691
16	0.9755	0.9739	0.9720	0.9699	0.9676
17	0.9743	0.9726	0.9706	0.9684	0.9661
18	0.9731	0.9713	0.9692	0.9670	0.9645
19	0.9719	0.9700	0.9678	0.9655	0.9629
20	0.9707	0.9686	0.9664	0.9640	0.9613
21	0.9694	0.9673	0.9650	0.9624	0.9597
22	0.9682	0.9659	0.9635	0.9609	0.9581
23	0.9669	0.9645	0.9620	0.9593	0.9564
24	0.9656	0.9631	0.9605	0.9577	0.9548
25	0.9642	0.9612	0.9590	0.9561	0.9531
26	0.9629	0.9602	0.9574	0.9544	0.9513
27	0.9614	0.9587	0.9558	0.9527	0.9496
28	0.9600	0.9571	0.9541	0.9510	0.9477
29	0.9584	0.9555	0.9524	0.9492	0.9459
30	0.9569	0.9538	0.9507	0.9474	0.9440
31	0.9552	0.9521	0.9489	0.9456	0.9421

浓度/%（质量）	温度/℃				
	15	20	25	30	35
32	0.9536	0.9504	0.9471	0.9437	0.9402
33	0.9519	0.9486	0.9452	0.9418	0.9382
34	0.9501	0.9468	0.9434	0.9399	0.9363
35	0.9483	0.9449	0.9415	0.9379	0.9342
36	0.9465	0.9431	0.9395	0.9359	0.9322
37	0.9446	0.9411	0.9376	0.9339	0.9302
38	0.9427	0.9392	0.9356	0.9319	0.9281
39	0.9408	0.9372	0.9335	0.9298	0.9260
40	0.9388	0.9352	0.9315	0.9277	0.9238
41	0.9368	0.9331	0.9294	0.9256	0.9217
42	0.9348	0.9311	0.9273	0.9234	0.9195
43	0.9327	0.9290	0.9252	0.9213	0.9173
44	0.9306	0.9268	0.9230	0.9191	0.9151
45	0.9285	0.9247	0.9208	0.9169	0.9129
46	0.9264	0.9226	0.9187	0.9147	0.9107
47	0.9243	0.9204	0.9165	0.9125	0.9084
48	0.9221	0.9182	0.9143	0.9103	0.9062
49	0.9200	0.9160	0.9121	0.9080	0.9040
50	0.9178	0.9138	0.9098	0.9058	0.9017
51	0.9156	0.9116	0.9076	0.9035	0.8994
52	0.9133	0.9094	0.9053	0.9012	0.8971
53	0.9111	0.9071	0.9031	0.8990	0.8948
54	0.9088	0.9048	0.9008	0.8967	0.8925
55	0.9066	0.9026	0.8985	0.8944	0.8902
56	0.9043	0.9003	0.8962	0.8921	0.8878
57	0.9021	0.8980	0.8939	0.8898	0.8855
58	0.8998	0.8957	0.8916	0.8874	0.8832
59	0.8975	0.8934	0.8893	0.8851	0.8808
60	0.8952	0.8911	0.8970	0.8828	0.8785
61	0.8929	0.8888	0.8845	0.8804	0.8762
62	0.8906	0.8865	0.8923	0.8781	0.8338
63	0.8883	0.8842	0.8800	0.8757	0.8714
64	0.8860	0.8818	0.8776	0.8734	0.8690
65	0.8836	0.8795	0.8753	0.8710	0.8667
66	0.8813	0.8771	0.8729	0.8686	0.8643
67	0.8790	0.8748	0.8705	0.8662	0.8619

浓度/%（质量） 密度	温度/℃				
	15	20	25	30	35
68	0.8766	0.8724	0.8682	0.8639	0.8595
69	0.8742	0.8700	0.8658	0.8615	0.8571
70	0.8719	0.8677	0.8634	0.8591	0.8547
71	0.8695	0.8653	0.8610	0.8567	0.8523
72	0.8671	0.8629	0.8586	0.8543	0.8494
73	0.8647	0.8605	0.8562	0.8518	0.8473
74	0.8623	0.9581	0.8538	0.8494	0.8450
75	0.8599	0.8556	0.8513	0.8470	0.8426
76	0.8575	0.8532	0.8489	0.8445	0.8401
77	0.8550	0.8508	0.8465	0.8421	0.8377
78	0.8526	0.8484	0.8440	0.8397	0.8352
79	0.8502	0.8459	0.8416	0.8372	0.8328
80	0.8477	0.8434	0.8391	0.8347	0.8303
81	0.8452	0.8410	0.8366	0.8322	0.8278
82	0.8428	0.8385	0.8342	0.8297	0.8253
83	0.8403	0.8360	0.8316	0.8272	0.8227
84	0.8378	0.8335	0.8291	0.8247	0.8203
85	0.8352	0.8310	0.8266	0.8222	0.8177
86	0.8327	0.8284	0.8240	0.8196	0.8152
87	0.8301	0.8258	0.8215	0.8171	0.8126
88	0.8275	0.8232	0.8189	0.8145	0.8100
89	0.8249	0.8206	0.8163	0.8119	0.8074
90	0.8223	0.8180	0.8136	0.8092	0.8048
91	0.8196	0.8153	0.8109	0.8066	0.8021
92	0.8169	0.8126	0.8082	0.8038	0.7994
93	0.8143	0.8098	0.8055	0.8011	0.7967
94	0.8113	0.8070	0.8027	0.7984	0.7939
95	0.8085	0.8042	0.7999	0.7955	0.7911
96	0.8057	0.8014	0.7971	0.7927	0.7883
97	0.8027	0.7985	0.7942	0.7898	0.7854
98	0.7998	0.7955	0.7912	0.7868	0.7825
99	0.7967	0.7924	0.7881	0.7838	0.7795
100	0.7936	0.7893	0.7851	0.7808	0.7764

附录7 乙醇–水溶液浓度与折射率的关系(101.3kPa，20℃)

浓度/%	折射率 n_D	浓度/%	折射率 n_D	浓度/%	折射率 n_D
0.0	1.3330	17.0	1.3447	68.0	1.3650
0.5	1.3333	18.0	1.3455	70.0	1.3652
1.0	1.3336	19.0	1.3462	72.0	1.3654
1.5	1.3339	20.0	1.3469	74.0	1.3655
2.0	1.3342	22.0	1.3484	76.0	1.3656
2.5	1.3345	24.0	1.3498	78.0	1.3657
3.0	1.3348	26.0	1.3511	80.0	1.3659
3.5	1.3351	28.0	1.3524	81.0	1.3658
4.0	1.3354	30.0	1.3535	82.0	1.3657
4.5	1.3357	32.0	1.3546	83.0	1.3657
5.0	1.3360	34.0	1.3557	84.0	1.3656
5.5	1.3364	36.0	1.3566	85.0	1.3656
6.0	1.3367	38.0	1.3575	86.0	1.3655
6.5	1.3370	40.0	1.3583	87.0	1.3654
7.0	1.3374	42.0	1.3590	88.0	1.3653
7.5	1.3377	44.0	1.3598	89.0	1.3652
8.0	1.3381	46.0	1.3604	90.0	1.3650
8.5	1.3384	48.0	1.3610	91.0	1.3648
9.0	1.3388	50.0	1.3616	92.0	1.3646
9.5	1.3392	52.0	1.3621	93.0	1.3644
10.0	1.3395	54.0	1.3626	94.0	1.3642
11.0	1.3403	56.0	1.3630	95.0	1.3639
12.0	1.3410	58.0	1.3634	96.0	1.3636
13.0	1.3417	60.0	1.3638	97.0	1.3633
14.0	1.3425	62.0	1.3641	98.0	1.3630
15.0	1.3432	64.0	1.3644	99.0	1.3622
16.0	1.3440	66.0	1.3647	100.0	1.3614

附录8 二氧化碳在水中的亨利系数

kPa

温度/℃	0	5	10	15	20	25	30	35	40	45	50	60
亨利系数 $E \times 10^{-5}$	0.738	0.888	1.05	1.24	1.44	1.66	1.88	2.12	2.36	2.60	2.87	3.46

附录9 二氧化碳密度

温度/℃	二氧化碳密度/kg·m^{-3}	温度/℃	二氧化碳密度/kg·m^{-3}
0	1.964	45	1.686
5	1.928	50	1.660
10	1.894	55	1.634
15	1.861	60	1.610
20	1.830	65	1.586
25	1.799	70	1.563
30	1.769	75	1.541
35	1.741	80	1.519
40	1.713		

参 考 文 献

1 李发永，孙亮. 化工原理实验指导. 东营：石油大学出版社，2001.
2 蒋维钧，雷良恒，刘茂林等. 化工原理. 北京：清华大学出版社，2003.
3 姚玉英. 化工原理. 天津：天津大学出版社，2004.
4 陈敏恒，丛德滋，方图南等. 化工原理. 北京：化学工业出版社，2001.
5 郭庆丰，彭勇. 化工基础实验. 北京：清华大学出版社，2004.
6 冯亚云，冯朝伍，张金利. 化工基础实验. 北京：化学工业出版社，2000.
7 史贤林，田恒水，张平. 化工原理实验. 上海：华东理工大学出版社，2006.
8 江体乾. 化工数据处理. 北京：化学工业出版社，1984.